轨道交通装备制造业职业技能鉴定指导丛书

电机装配工

中国北车股份有限公司　编写

中国铁道出版社

2015年·北京

图书在版编目(CIP)数据

电机装配工/中国北车股份有限公司编写．—北京：中国铁道出版社，2015.2

(轨道交通装备制造业职业技能鉴定指导丛书)

ISBN 978-7-113-19305-8

Ⅰ.①电… Ⅱ.①中… Ⅲ.①电机－装配－职业技能－鉴定－教材 Ⅳ.①TM305

中国版本图书馆 CIP 数据核字(2014)第 226078 号

书　　名：轨道交通装备制造业职业技能鉴定指导丛书
电机装配工

作　　者：中国北车股份有限公司

策　　划：江新锡　钱士明　徐　艳

责任编辑：徐　艳　　　**编辑部电话**：010-51873193

封面设计：郑春鹏

责任校对：龚长江

责任印制：郭向伟

出版发行：中国铁道出版社(100054，北京市西城区右安门西街 8 号)

网　　址：http://www.tdpress.com

印　　刷：北京鑫正大印刷有限公司

版　　次：2015 年 2 月第 1 版　2015 年 2 月第 1 次印刷

开　　本：787 mm×1092 mm　1/16　印张：12.5　字数：310 千

书　　号：ISBN 978-7-113-19305-8

定　　价：39.00 元

序

在党中央、国务院的正确决策和大力支持下，中国高铁事业迅猛发展。中国已成为全球高铁技术最全、集成能力最强、运营里程最长、运行速度最高的国家。高铁已成为中国外交的新名片，成为中国高端装备"走出国门"的排头兵。

中国北车作为高铁事业的积极参与者和主要推动者，在大力推动产品、技术创新的同时，始终站在人才队伍建设的重要战略高度，把高技能人才作为创新资源的重要组成部分，不断加大培养力度。广大技术工人立足本职岗位，用自己的聪明才智，为中国高铁事业的创新、发展做出了重要贡献，被李克强同志亲切地赞誉为"中国第一代高铁工人"。如今在这支近5万人的队伍中，持证率已超过96%，高技能人才占比已超过60%，3人荣获"中华技能大奖"，24人荣获国务院"政府特殊津贴"，44人荣获"全国技术能手"称号。

高技能人才队伍的发展，得益于国家的政策环境，得益于企业的发展，也得益于扎实的基础工作。自2002年起，中国北车作为国家首批职业技能鉴定试点企业，积极开展工作，编制鉴定教材，在构建企业技能人才评价体系、推动企业高技能人才队伍建设方面取得明显成效。为适应国家职业技能鉴定工作的不断深入，以及中国高端装备制造技术的快速发展，我们又组织修订、开发了覆盖所有职业(工种)的新教材。

在这次教材修订、开发中，编者们基于对多年鉴定工作规律的认识，提出了"核心技能要素"等概念，创造性地开发了《职业技能鉴定技能操作考核框架》。该《框架》作为技能人才评价的新标尺，填补了以往鉴定实操考试中缺乏命题水平评估标准的空白，很好地统一了不同鉴定机构的鉴定标准，大大提高了职业技能鉴定的公信力，具有广泛的适用性。

相信《轨道交通装备制造业职业技能鉴定指导丛书》的出版发行，对于促进我国职业技能鉴定工作的发展，对于推动高技能人才队伍的建设，对于振兴中国高端装备制造业，必将发挥积极的作用。

中国北车股份有限公司总裁：

2015.2.7

前　言

鉴定教材是职业技能鉴定工作的重要基础。2002年，经原劳动保障部批准，中国北车成为国家职业技能鉴定首批试点中央企业，开始全面开展职业技能鉴定工作。2003年，根据《国家职业标准》要求，并结合自身实际，组织开发了《职业技能鉴定指导丛书》，共涉及车工等52个职业(工种)的初、中、高3个等级。多年来，这些教材为不断提升技能人才素质、适应企业转型升级、实施"三步走"发展战略的需要发挥了重要作用。

随着企业的快速发展和国家职业技能鉴定工作的不断深入，特别是以高速动车组为代表的世界一流产品制造技术的快步发展，现有的职业技能鉴定教材在内容、标准等诸多方面，已明显不适应企业构建新型技能人才评价体系的要求。为此，公司决定修订、开发《轨道交通装备制造业职业技能鉴定指导丛书》(以下简称《丛书》)。

本《丛书》的修订、开发，始终围绕促进实现中国北车"三步走"发展战略、打造世界一流企业的目标，努力遵循"执行国家标准与体现企业实际需要相结合、继承和发展相结合、坚持质量第一、坚持岗位个性服从于职业共性"四项工作原则，以提高中国北车技术工人队伍整体素质为目的，以主要和关键技术职业为重点，依据《国家职业标准》对知识、技能的各项要求，力求通过自主开发、借鉴吸收、创新发展，进一步推动企业职业技能鉴定教材建设，确保职业技能鉴定工作更好地满足企业发展对高技能人才队伍建设工作的迫切需要。

本《丛书》修订、开发中，认真总结和梳理了过去12年企业鉴定工作的经验以及对鉴定工作规律的认识，本着"紧密结合企业工作实际，完整贯彻落实《国家职业标准》，切实提高职业技能鉴定工作质量"的基本理念，在技能操作考核方面提出了"核心技能要素"和"完整落实《国家职业标准》"两个概念，并探索、开发出了中国北车《职业技能鉴定技能操作考核框架》；对于暂无《国家职业标准》、又无相关行业职业标准的40个职业，按照国家有关《技术规程》开发了《中国北车职业标准》。经2014年技师、高级技师技能鉴定实作考试中27个职业的试用表明：该《框架》既完整反映了《国家职业标准》对理论和技能两方面的要求，又适应了企业生产和技术工人队伍建设的需要，突破了以往技能鉴定实作考核中试卷的难度与完整性评估的"瓶颈"，统一了不同产品、不同技术含量企业的鉴定标准，提高了鉴定考核的技术含量，保证了职业技能鉴定的公平性，提高了职业技能鉴定工作质量和管理水平，将成为职业技能鉴定工作、进而成为生产操作者技能素质评价的新标尺。

本《丛书》共涉及98个职业（工种），覆盖了中国北车开展职业技能鉴定的所有职业（工种）。《丛书》中每一职业（工种）又分为初、中、高3个技能等级，并按职业技能鉴定理论、技能考试的内容和形式编写。其中：理论知识部分包括知识要求练习题与答案；技能操作部分包括《技能考核框架》和《样题与分析》。本《丛书》按职业（工种）分册，并计划第一批出版74个职业（工种）。

本《丛书》在修订、开发中，仍侧重于相关理论知识和技能要求的应知应会，若要更全面、系统地掌握《国家职业标准》规定的理论与技能要求，还可参考其他相关教材。

本《丛书》在修订、开发中得到了所属企业各级领导、技术专家、技能专家和培训、鉴定工作人员的大力支持；人力资源和社会保障部职业能力建设司和职业技能鉴定中心、中国铁道出版社等有关部门也给予了热情关怀和帮助，我们在此一并表示衷心感谢。

本《丛书》之《电机装配工》由永济新时速电机电器有限责任公司《电机装配工》项目组编写。主编张跃飞；主审牛志钧，副主审冯列万、贾健、贺兴跃；参编人员廉永峰、靳宏杰、尤佰鹏、李祥成、丁新、丁磊、蔡卫国。

由于时间及水平所限，本《丛书》难免有错、漏之处，敬请读者批评指正。

中国北车职业技能鉴定教材修订、开发编审委员会

二〇一四年十二月二十二日

目　录

电机装配工(职业道德)习题

一、填 空 题

1. 职业道德是从事一定职业的人们在职业活动中应该遵循的(　　)的总和。
2. 社会主义职业道德的基本原则是(　　)。
3. 职业化也称“专业化”,是一种(　　)的工作态度。
4. 职业技能是指从业人员从事职业劳动和完成岗位工作应具有的(　　)。
5. 加强职业道德修养要端正(　　)。
6. 强化职业道德情感有赖于从业人员对道德行为的(　　)。
7. 敬业是一切职业道德基本规范的(　　)。
8. 敬业要求强化(　　)、坚守工作岗位和提高职业技能。
9. 诚信是企业形成持久竞争力的(　　)。
10. 公道是员工和谐相处,实现(　　)的保证。
11. 遵守职业纪律是企业员工的(　　)。
12. 节约是从业人员立足企业的(　　)。
13. 合作是企业生产经营顺利实施的(　　)。
14. 奉献是从业人员实现(　　)的途径。
15. 奉献是一种(　　)的职业道德。
16. 社会主义道德建设以社会公德、(　　)、家庭美德为着力点。
17. 中国北车的使命是(　　)。
18. 利用工作之便盗窃公司财产的,将依据国家法律追究(　　)。
19. 爱岗敬业既是职业道德的基本内容之一,也是焊工(　　)的基本内容之一。
20. 认真负责的工作态度能促进(　　)的实现。
21. 从电机装配工职业道德角度来说,吃苦耐劳是一种(　　)。
22. 刻苦学习是电机装配工职业守则的(　　)之一。
23. 团结协作应作为电机装配工日常工作的(　　)来执行。
24. 合作是从业人员汲取(　　)的重要手段。
25. 电机装配工从业人员应严格执行(　　)。
26. 团结互助有利于营造人际和谐气氛,有利于增强企业的(　　)。
27. 企业员工应树立(　　)、提高技能的勤业意识。
28. 道德是靠舆论和内心信念来发挥和(　　)社会作用的。
29. 职业道德不仅是从业人员在职业活动中的行为要求,而且是本行业对社会所承担的(　　)和义务。
30. 文明生产是指在遵章守纪的基础上去创造整洁、(　　)、优美而又有序的生产环境。

二、单项选择题

1. 社会主义职业道德以(　　)为基本行为准则。

(A)爱岗敬业　　(B)诚实守信

(C)人人为我,我为人人　　(D)社会主义荣辱观

2.《公民道德建设实施纲要》中,党中央提出了所有从业人员都应该遵循的职业道德“五个要求”是:爱岗敬业、(　　)、公事公办、服务群众、奉献社会。

(A)爱国为民　　(B)自强不息　　(C)修身为本　　(D)诚实守信

3. 职业化管理在文化上的体现是重视标准化和(　　)。

(A)程序化　　(B)规范化　　(C)专业化　　(D)现代化

4. 职业技能包括职业知识、职业技术和(　　)职业能力。

(A)职业语言　　(B)职业动作　　(C)职业能力　　(D)职业思想

5. 职业道德对职业技能的提高具有(　　)作用。

(A)促进　　(B)统领　　(C)支撑　　(D)保障

6. 市场经济环境下的职业道德应该讲法律、讲诚信、(　　)、讲公平。

(A)讲良心　　(B)讲效率　　(C)讲人情　　(D)讲专业

7. 敬业精神是个体以明确的目标选择、忘我投入的志趣、认真负责的态度,从事职业活动时表现出的(　　)。

(A)精神状态　　(B)人格魅力　　(C)个人品质　　(D)崇高品质

8. 以下不利于同事信赖关系建立的是(　　)。

(A)同事间分派系　　(B)不说同事的坏话

(C)开诚布公相处　　(D)彼此看重对方

9. 公道的特征不包括(　　)。

(A)公道标准的时代性　　(B)公道思想的普遍性

(C)公道观念的多元性　　(D)公道意识的社会性

10. 从领域上看,职业纪律包括劳动纪律、财经纪律和(　　)。

(A)行为规范　　(B)工作纪律　　(C)公共纪律　　(D)保密纪律

11. 从层面上看,纪律的内涵在宏观上包括(　　)。

(A)行业规定、规范　　(B)企业制度、要求

(C)企业守则、规程　　(D)国家法律、法规

12. 以下不属于节约行为的是(　　)。

(A)爱护公物　　(B)节约资源　　(C)公私分明　　(D)艰苦奋斗

13. 下列哪个选项不属于合作的特征(　　)。

(A)社会性　　(B)排他性　　(C)互利性　　(D)平等性

14. 奉献精神要求做到尽职尽责和(　　)。

(A)爱护公物　　(B)节约资源　　(C)艰苦奋斗　　(D)尊重集体

15. 机关、(　　)是对公民进行道德教育的重要场所。

(A)家庭　　(B)企事业单位　　(C)学校　　(D)社会

16. 职业道德涵盖了从业人员与服务对象、职业与职工、(　　)之间的关系。

(A)人与人 (B)人与社会 (C)职业与职业 (D)人与自然

17. 中国北车团队建设目标是(　　)。

(A)实力、活力、凝聚力 (B)更高、更快、更强

(C)诚信、创新、进取 (D)品牌、市场、竞争力

18. 以下(　　)规定了职业培训的相关要求。

(A)专利法 (B)环境保护法 (C)合同法 (D)劳动法

19. 对待工作岗位,正确的观点是(　　)。

(A)虽然自己并不喜爱目前的岗位,但不能不专心努力

(B)敬业就是不能得陇望蜀,不能选择其他岗位

(C)树挪死,人挪活,要通过岗位变化把本职工作做好

(D)企业遇到困难或降低薪水时,没有必要再讲爱岗敬业

20. 以下(　　)的工作态度是焊工职业守则所要求的。

(A)好逸恶劳 (B)投机取巧 (C)拈轻怕重 (D)吃苦耐劳

21. 以下体现了严于律己思想的是(　　)。

(A)以责人之心责己 (B)以恕己之心恕人

(C)以诚相见 (D)以礼相待

22. 电机装配工应刻苦学习,钻研业务,努力提高(　　)素质。

(A)道德和文化 (B)科学和文化 (C)思想和文化 (D)思想和科学文化

23. 以下体现互助协作精神思想的是(　　)。

(A)助人为乐 (B)团结合作 (C)争先创优 (D)和谐相处

24. 爱岗敬业的具体要求不包括(　　)。

(A)树立职业理想 (B)强化职业责任 (C)提高职业技能 (D)诚实守信

25. 工艺文件内容与实际工作不一致时,下列(　　)做法是合适的。

(A)严格执行工艺文件,继续作业

(B)不执行工艺文件,但根据经验继续作业

(C)为不影响生产任务,根据经验继续作业

(D)停止作业,及时反映情况

26. 坚持(　　),创造一个清洁、文明、适宜的工作环境,塑造良好的企业形象。

(A)文明生产 (B)清洁生产 (C)生产效率 (D)生产质量

27. 忠于职守,热爱本职是社会主义国家对每个从业人员的(　　)。

(A)起码要求 (B)最高要求 (C)全面要求 (D)局部要求

28. 职业道德是促使人们遵守职业纪律的思想基础和(　　)。

(A)工作基础 (B)动力 (C)结果 (D)源泉

29. 产业工人的职业道德的要求是(　　)。

(A)廉洁奉公 (B)为人师表

(C)精工细作、文明生产 (D)治病救人

30. 掌握必要的职业技能是(　　)。

(A)每个劳动者立足社会的前提 (B)每个劳动者对社会应尽的道德义务

(C)竞争上岗的唯一条件 (D)为人民服务的先决条件

三、多项选择题

1. 对从业人员来说，下列属于最基本的职业道德要素的是(　　)。
(A)职业理想　(B)职业良心　(C)职业作风　(D)职业守则
2. 职业道德的具体功能包括(　　)。
(A)导向功能　(B)规范功能　(C)整合功能　(D)激励功能
3. 职业道德的基本原则是(　　)。
(A)体现社会主义核心价值观
(B)坚持社会主义集体主义原则
(C)体现中国特色社会主义共同理想
(D)坚持忠诚、审慎、勤勉的职业活动内在道德准则
4. 以下(　　)既是职业道德的要求，又是社会公德的要求。
(A)文明礼貌　(B)勤俭节约　(C)爱国为民　(D)崇尚科学
5. 职业化行为规范要求遵守行业或组织的行为规范包括(　　)。
(A)职业思想　(B)职业文化　(C)职业语言　(D)职业动作
6. 职业技能的特点包括(　　)。
(A)时代性　(B)专业性　(C)层次性　(D)综合性
7. 加强职业道德修养有利于(　　)。
(A)职业情感的强化　(B)职业生涯的拓展
(C)职业境界的提高　(D)个人成才成长
8. 敬业的特征包括(　　)。
(A)主动　(B)务实　(C)持久　(D)乐观
9. 诚信的本质内涵是(　　)。
(A)智慧　(B)真实　(C)守诺　(D)信任
10. 诚信要求(　　)。
(A)尊重事实　(B)真诚不欺　(C)讲求信用　(D)信誉至上
11. 公道的要求是(　　)。
(A)平等待人　(B)公私分明　(C)坚持原则　(D)追求真理
12. 平等待人应树立以下哪些观念(　　)。
(A)市场面前顾客平等的观念　(B)按贡献取酬的平等观念
(C)按资排辈的固有观念　(D)按德才谋取职业的平等观念
13. 职业纪律的特征包括(　　)。
(A)社会性　(B)强制性　(C)普遍适用性　(D)变动性
14. 节约的特征包括(　　)。
(A)个体差异性　(B)时代表征性　(C)社会规定性　(D)价值差异性
15. 一个优秀的团队应该具备的合作品质包括(　　)。
(A)成员对团队强烈的归属感　(B)合作使成员相互信任，实现互利共赢
(C)团队具有强大的凝聚力　(D)合作有助于个人职业理想的实现

16. 求同存异要求做到(　　)。

(A)换位思考,理解他人　(B)胸怀宽广,学会宽容

(C)端正态度,纠正思想　(D)和谐相处,密切配合

17. 奉献的基本特征包括(　　)。

(A)非功利性　(B)功利性　(C)普遍性　(D)可为性

18. 中国北车的核心价值观是(　　)。

(A)诚信为本　(B)创新为魂　(C)崇尚行动　(D)勇于进取

19. 中国北车企业文化核心理念包括(　　)。

(A)中国北车使命　(B)中国北车愿景

(C)中国北车核心价值观　(D)中国北车团队建设目标

20. 下列不利于社会和谐稳定的行为是(　　)。

(A)交通肇事　(B)聚众闹事　(C)见义勇为　(D)互帮互助

21. 下列违反相关法律、法规规定的行为是(　　)。

(A)伪造证件　(B)民间高利贷

(C)出售盗版音像制品　(D)贩卖毒品

22. 坚守工作岗位要做到(　　)。

(A)遵守规定　(B)坐视不理　(C)履行职责　(D)临危不退

23. 下列(　　)思想或态度是不可取的。

(A)工作后不用再刻苦学习　(B)业务上难题不急于处理

(C)要不断提高思想素质　(D)要不断提高科学文化素质

24. 遵纪守法的具体要求是(　　)。

(A)学法　(B)知法　(C)守法　(D)用法

25. 团结互助的基本要求是(　　)。

(A)平等尊重　(B)顾全大局　(C)互相学习　(D)加强协作

26. 牵引未来是指(　　)。

(A)推动社会进步　(B)牵引行业进步

(C)引领员工进步　(D)成为轨道交通装备行业世界级企业

27. 接轨世界是指(　　)。

(A)接轨先进理念　(B)接轨一流科技　(C)接轨全球市场　(D)接轨一流企业

28. 下列说法不正确的是(　　)。

(A)职业道德素质差的人,也可能具有较高的职业技能,因此职业技能与职业道德没有什么关系

(B)相对于职业技能,职业道德居次要地位

(C)一个人事业要获得成功,关键是职业技能

(D)职业道德对职业技能的提高具有促进作用

29. 下列关于职业道德与职业技能关系的说法,正确的是(　　)。

(A)职业道德对职业技能具有统领作用

(B)职业道德对职业技能有重要的辅助作用

(C)职业道德对职业技能的发挥具有支撑作用

(D)职业道德对职业技能的提高具有促进作用

30. 关于严守法律法规，不正确的说法是(　　)。

(A)只要品德端正，学不学法无所谓

(B)金钱对人的诱惑力要大于法纪对人的约束

(C)法律是由人执行的，执行时不能不考虑人情和权力等因素

(D)严守法纪与职业道德要求在一定意义上具有一致性

四、判 断 题

1. 职业道德是企业文化的重要组成部分。(　　)
2. 职业活动内在的职业准则是忠诚、审慎、勤勉。(　　)
3. 职业化的核心层是职业化行为规范。(　　)
4. 职业化是新型劳动观的核心内容。(　　)
5. 职业技能是企业开展生产经营活动的前提和保证。(　　)
6. 文明礼让是做人的起码要求，也是个人道德修养境界和社会道德风貌的表现。(　　)
7. 敬业会失去工作和生活的乐趣。(　　)
8. 讲求信用包括择业信用和岗位责任信用，不包括离职信用。(　　)
9. 公道是确认员工薪酬的一项指标。(　　)
10. 职业纪律与员工个人事业成功没有必然联系。(　　)
11. 节约是从业人员事业成功的法宝。(　　)
12. 艰苦奋斗是节约的一项要求。(　　)
13. 合作是打造优秀团队的有效途径。(　　)
14. 奉献可以是本职工作之内的，也可以是职责以外的。(　　)
15. 社会主义道德建设以为人民服务为核心。(　　)
16. 集体主义是社会主义道德建设的原则。(　　)
17. 中国北车的愿景是成为轨道交通装备行业世界级企业。(　　)
18. 适当的赌博会使员工的业余生活丰富多彩。(　　)
19. 忠于职守就是忠诚地对待自己的职业岗位。(　　)
20. 爱岗敬业是奉献精神的一种体现。(　　)
21. 严于律己宽以待人，是中华民族的传统美德。(　　)
22. 工作应认真钻研业务知识，解决遇到的难题。(　　)
23. 思想素质的提高与多接触网络文学有直接关系。(　　)
24. 工作中应谦虚谨慎，戒骄戒躁。(　　)
25. 安全第一，确保质量，兼顾效率。(　　)
26. 为了实现共同的利益和目标，人与人之间要互相帮助。(　　)
27. 每个从业人员都要遵守纪律和法律，尤其要遵守职业纪律和与职业活动相关的法律法规。(　　)
28. 每个职工都有保守企业秘密的义务和责任。(　　)
29. “诚信为本、创新为魂、崇尚行动、勇于进取”是中国北车的核心价值观。(　　)
30. 市场经济条件下，首先是讲经济效益，其次才是精工细作。(　　)

电机装配工(职业道德)答案

一、填 空 题

1. 行为规范　2. 集体主义　3. 自律性　4. 业务素质
5. 职业态度　6. 直接体验　7. 基础　8. 职业责任
9. 无形资产　10. 团队目标　11. 重要标准　12. 品质
13. 内在要求　14. 职业理想　15. 最高层次　16. 职业道德
17. 接轨世界、牵引未来　18. 刑事责任　19. 职业守则　20. 个人价值
21. 敬业精神　22. 基本内容　23. 基本规范　24. 智慧和力量
25. 工艺文件　26. 凝聚力　27. 钻研业务　28. 维护
29. 道德责任　30. 安全、舒适

二、单项选择题

1. D　2. D　3. B　4. C　5. A　6. B　7. C　8. A　9. B
10. D　11. D　12. C　13. B　14. D　15. B　16. C　17. A　18. D
19. A　20. D　21. A　22. D　23. B　24. D　25. D　26. A　27. A
28. B　29. C　30. D

三、多项选择题

1. ABC　2. ABCD　3. ABD　4. ABCD　5. ACD　6. ABCD　7. BCD
8. ABC　9. BCD　10. ABCD　11. ABCD　12. ABD　13. ABCD　14. BCD
15. AC　16. ABD　17. ACD　18. ABCD　19. ABCD　20. AB　21. ABCD
22. ACD　23. AB　24. ABCD　25. ABCD　26. ABC　27. ABC　28. ABC
29. ACD　30. ABC

四、判 断 题

1. √　2. √　3. ×　4. √　5. √　6. √　7. ×　8. ×　9. √
10. ×　11. √　12. √　13. √　14. √　15. √　16. √　17. √　18. ×
19. √　20. √　21. √　22. √　23. ×　24. √　25. √　26. √　27. √
28. √　29. √　30. ×

电机装配工(初级工)习题

一、填 空 题

1. 斜度符号“∠”的方向应与斜度方向(　　)。
2. 当投影线互相平行并与投影面垂直时,则物体在投影面上所得的投影叫做(　　)。
3. 投影线相互平行的投影法称为(　　)投影法。
4. 基本尺寸相同的,相互结合的孔和轴公差带之间的关系称为(　　)。
5. 尺寸基准是指图样中标注尺寸的(　　)。
6. 在一对配合中,相互结合的孔、轴的(　　)相同。
7. 在一对配合中,孔的上偏差 $E_S=+0.033$ mm,下偏差 $E_I=0$,轴的上偏差 $e_s=-0.02$ mm,下偏差 $e_i=-0.041$ mm,其最小间隙为(　　)。
8. 金属材料在外力作用下抵抗塑性变形或断裂的能力称为(　　)。
9. 45 钢中的平均含碳量为(　　)。
10. 电工材料可分为导电材料、磁性材料和(　　)材料。
11. 衡量导电材料导电能力的重要技术参数是(　　)。
12. 表征物质导磁能力的物理量是磁导率,磁导率越大表示物质的导磁性能(　　)。
13. 圆锥齿轮传动可用于两轴(　　)的传动场合。
14. 带传动的特点是能缓冲吸振,传动较平稳,过载时有(　　)的能力。
15. 齿轮传动能保持瞬时传动比恒定不变,因而传动平稳、(　　)、可靠。
16. 轮廓算术平均偏差(　　)为最常用的评定参数。
17. 形位公差代号包括形位公差的符号、框格、指引线、数值、形状、(　　)。
18. 电流的方向与参考方向一致时,电流为(　　)。
19. 电流的大小用(　　)来衡量。
20. 电位与电压都是用来描述(　　)作功本领大小的物理量。
21. 电路中任意两意间的电压等于这两点的(　　)。
22. “长对正,高平齐,宽相等”是表达了(　　)的关系。
23. 电动势的方向总是由(　　)。
24. 电流通过导体使导体发热的现像称为(　　)。
25. 电炉的电阻是 44 Ω,使用时的电流是 5A,则供电线路的电压为(　　)。
26. 串联电阻越多,等效电阻(　　)。
27. 并联电阻越多,等效电阻(　　)。
28. 电感量同为 L 的两个线圈串联,其等效电感量为(　　)。
29. 电容量同为 C 的两个电容器并联,其等效电容量为(　　)。
30. 通电导线或线圈周围的磁场方向用(　　)来判定。

31. 感应电流的磁通总是(　　)原磁通的变化,这个规律称为楞次定律。

32. 直导线在磁场中切割磁力线所产生的感生电动势的方向用(　　)来判定。

33. 提高功率因数的意义是为了提高供电设备的(　　)和输电效率。

34. 提高功率因数的方法是给感性负载并联一个适当的(　　),进行并联补偿。

35. 三相负载的连接方法有(　　)和三角形两种。

36. 三相负载三角形连接时,$I_{线}=$(　　)$I_{相}$。

37. 机件向基本投影面投影所得图形称为(　　)视图。

38. 剖视图中,凡被剖切的部分应画上(　　)符号。

39. 假想用剖切面将机件的某处切断,仅画出(　　)的图形,称为剖面图。

40. 三相异步电动机铭牌上给出的额定电流表示电动机在额定工作状态下运行时定子电路输入的(　　)电流。

41. 开关在线路中主要是实现对电路(　　)的控制。

42. 电压表应与被测电路(　　)联。

43. 电流表应与待测电路(　　)联。

44. 兆欧表主要是用来测量(　　)的仪表。

45. 火灾危险场所严禁随意连接(　　)。

46. 当电器发生火警时,应立即(　　),再进行灭火。

47. 生产性毒物进入人体的途径有(　　)、消化道和皮肤。

48. 有爆炸或火灾危险的场所,应选用(　　)型熔断器。

49. 锯条的安装松紧应适宜,(　　)正确,不准歪斜。

50. 淬火后高温回火称为(　　),可使钢获得很高的韧性和足够的强度。

51. 不准使用手柄已开裂、松动或(　　)的锉刀。

52. 钻孔时,从安全的角度考虑,严禁戴(　　)。

53. 百分表的精度为(　　)。

54. 导电材料可分为普通导电材料和(　　)。

55. 铝作为导电材料的最大优点是(　　)。

56. 电磁线从材质上分,可有(　　)和铜芯线。

57. 磁性材料按其磁特性和应用,可以概括分为(　　)软磁材料和特殊材料三类。

58. 淬火后必须(　　),用来消除脆性和内应力。

59. 鼠笼式异步电动机按其外壳的防护型式不同分为开启式、防护式和(　　)。

60. 机车用同步发电机的通风方式为(　　)和强迫通风两种形式。

61. 直流发电机,电枢绕组中的电流为(　　)。

62. 支流电动机中,换向器将电刷外电路中的(　　)转换为绕组内的交变电流。

63. 直流发电机中,换向器是将电枢绕组中的(　　)转换为电刷间的直流电。

64. 不论何种型式的三相异步电动机均由定子和(　　)两大部分组成。

65. 直流电机电枢绕组嵌完线圈后,所有线圈经换向器形成(　　)。

66. 磁极线圈套装时塞紧块的作用是保证线圈与铁芯之间紧固,无(　　)。

67. 三相异步电动机的定、转子铁芯如用非铁磁材料制成,其铁芯磁导率将(　　),使电动机励磁电抗将减少。

68. 异步牵引电动机根据转子结构的不同，可分为(　　)和绕线制两种。
69. 转子动平衡品质不好，会造成整机(　　)。
70. 对于导磁零件，切削应力过大时，导磁性能(　　)，铁损耗增大。
71. 电枢绕组匝间短路通常用(　　)检查。
72. 使用动平衡机时，应先用校验转子对平衡机精度进行(　　)。
73. 转子动平衡的方法有去重法和(　　)两种。
74. 按照笼型绕组制造工艺的不同，笼型转子分为铸铝笼型转子和(　　)两种。
75. 磁稳定性是衡量(　　)品质的重要指标之一。
76. 直流串励式电动机是励磁绕组和(　　)串联。
77. 直流并励式电动机是励磁绕组和电枢绕组(　　)。
78. 为改善直流电机的换向性能，换向极绕组应与电枢绕组(　　)。
79. 增大绕线式异步电动机转子回路电阻值，启动电流将(　　)。
80. 绕线式转子绕组与定子绕组形式基本相同，三相绕组的末端一般做(　　)联结。
81. 当绕线转子异步电动机的三相转子绕组有一相开路时，该电动机在启动时会出现(　　)现象。
82. 电机转子不平衡量的表示方式有三种量值来表示，其中 $A=ew/1000$ 表示(　　)。
83. 当换向片间的沟槽被电刷粉、金属屑或其他导电物质填满时，会造成换向片间(　　)。
84. 电刷是为换向器或集电环传导(　　)的滑动接触部件，其选择正确与否和电机能否正常允许有密切关系。
85. 直流电动机的基本原理是有电流的导体在(　　)作用下而产生运动的根本原理。
86. 转子不平衡的原因主要是由(　　)引起的。
87. 小功率三相鼠笼式异步电动机的转子常用(　　)转子。
88. 隐极式同步发电机的转子上的小槽是嵌放(　　)绕组。
89. 通电线圈插入铁芯后它的磁场将会(　　)。
90. 磁极线圈套装时应尽可能使线圈与磁极间的空气隙减小，目的是为了(　　)。
91. 电机绕组对地耐压试验的电压为工频(　　)电。
92. 磁极线圈套装时塞紧块的作用是保证(　　)之间紧固无相对移动。
93. 直流电机定子装配过程中因主极内径偏大会造成速率特性(　　)。
94. 磁极连线紧固螺栓使用的扣片起(　　)作用。
95. 绕组在嵌装过程中，(　　)绝缘最易受机械损伤。
96. 交流发电机定子绕组的联线方式一般采用(　　)。
97. 定子匝间和耐压试验过程中，易发生(　　)和匝间短路两种电气故障。
98. 直流电机的换向极绕组与电枢绕组连接方式是(　　)。
99. 直流电机换向极的作用是(　　)。
100. 异步交流电动机的定子由(　　)、机座、定子铁芯三大部分组成。
101. 直流电机主极气隙的大小主要影响电机的(　　)。
102. 磁极线圈和铁芯套装之前，线圈必须进行(　　)。
103. 磁极装配热压套装的作用是使(　　)结合成坚实的整体。

104. 双层绕组可以灵活选择(　　),从而改善电机的电磁性能。

105. 直流定子磁极装配过程中因磁极线圈在铁芯上松动易造成磁极线圈(　　)。

106. 直流电机换向极的气隙分为(　　)气隙和第二气隙。

107. 直流定子装配校极过程中,使用卡钳和(　　)对磁级间距进行检测并使用打棍对磁极进行调整。

108. 交流电机的绕组一般为(　　)式绕组,直流电机的绕组一般是闭合式绕组。

109. 直流电机中,补偿绕组的作用是(　　)。

110. 脉流牵引电动机的补偿绕组与换向极绕组连线方式是(　　)。

111. 直流电机定子装配后检查主极铁芯(　　)和同心度,是为了保证电机装配后的主极气隙。

112. 直流电动机的换向极气隙(　　)时,则会使换向极补偿偏弱。

113. 直流电机换向极采用(　　)气隙可以减少换向极的漏磁通,使换向极磁路处于低饱和状态。

114. 直流电机定子主要包括(　　)、换向极、机座和电刷装置等。

115. 直流电机按励磁方式分类可分为:(　　)和他励式。

116. 在一对配合中,相互结合的孔、轴的(　　)相同。

117. 电流通过导体使导体发热的现象称为电流的(　　)。

118. 轴承的原始游隙是指轴承在未安装前(　　)。

119. 润滑脂的主要指标是(　　)。

120. 轴承装配常用的方法有(　　)两种。

121. 电机总装后,对轴承装配要进行(　　)、轴承端面跳动量和转子轴向窜动量的检查。

122. 转子动平衡不好,会造成电机(　　)。

123. 转子不平衡的原因主要是由(　　)引起的。

124. 异步电机的气隙比直流电动机的气隙(　　)。

125. 测量绝缘电阻应选用(　　)。

126. 三相负载的连接方法有(　　)和三角形两种。

127. 工装在使用之前应进行(　　)。

128. 在空间互差120°电角度的三相定子绕组中通入三相对称交流电,则在定、转子的空气隙中产生(　　)。

129. 电机总装后,对轴承装配要进行(　　)、轴承端面跳动量和转子轴向窜动量的检查。

130. 异步电动机在接通电源的瞬间,转差率 $S=$(　　)。

131. 油压机在使用时,应严格按照维护保养的要求,向各注油部位注入合乎(　　)的油脂。

132. 异步牵引电动机根据转子结构的不同,可分为(　　)两种。

133. 三相异步电动机的定、转子之间的气隙过大时,电机的空载电流将(　　)。

134. 在异步电动机的机座上有一块铭牌,其作用是供(　　)之用。

135. 交流发电机的磁极由(　　)组成。

136. 三相异步电动机的极数越多,空载电流与额定电流的比值就(　　)。

137. 鼠笼式异步电动机按其外壳的防护型式不同分为开启式、(　　)和封闭式。

138. 当三相绕组的线圈数等于槽数时，绕组为(　　)。

139. 绝缘材料分为气体绝缘材料、液体绝缘材料和(　　)。

140. 磁性材料按其磁特性和应用，可以概括分为(　　)软磁材料和特殊材料三类。

141. 三相异步电动机转速与转矩之间的关系曲线为电动机的(　　)。

142. 根据三相交流电机的原理，要求三相绕组是(　　)。

143. 在几何作图中尺寸分为：定形尺寸和(　　)尺寸。

144. 表面粗糙度代号中的数字其单位是(　　)。

145. 常用的洛氏硬度的表示方法为(　　)。

146. 淬火的目的是使钢得到(　　)，从而提高钢的韧性和耐磨性。

147. 直流电动机的主磁极的气隙偏小时，电机转速将(　　)。

148. 电容量同为 C 的两个电容器串联，其等效电容量为(　　)。

149. 通电导线或线圈周围的(　　)用来右手定则判定。

150. 感应电流的磁通总是阻碍原磁通的变化，这个规律称为(　　)。

151. 判定通电线圈在磁场中的(　　)用左手定则。

152. 我国工频交流电的周期为(　　)。

153. 正弦交流电有效值与最大值的关系是(　　)。

154. 在纯电阻正弦交流电路中，电压与电流的相位关系为(　　)。

155. 纯电感交流电路中的有功功率为(　　)。

156. 纯电容交流电路中的有功功率为(　　)。

157. 提高功率因数的方法是给感性负载并联一个适当的(　　)，进行并联补偿。

158. 三相负载的连接方法有(　　)和三角形两种。

159. 直流电机的气隙比异步电动机的气隙(　　)。

160. 电压表应与被测电路(　　)联。

161. 电流表应与待测电路(　　)联。

162. 兆欧表主要是用来测量(　　)的仪表。

163. 三相异步电动机转速与转矩之间的关系曲线为电动机的(　　)。

164. 在异步电动机的机座上有一块铭牌，其作用是供(　　)之用。

165. 某异步电机额定电压为 690 V，当进行冷态绝缘测试时，采用兆欧表选用的挡为(　　)。

166. 有刷同步发电机进行空载特性试验时，(　　)只允许向同一方向调节，不得反复。

167. 在热套套试验链轮之前要检查(　　)，接触面达 80%以上。

168. 为实现功率输送，要求送电端和受电端的电压有一定(　　)。

169. 为了输送无功功率，要求送电端和受电端的电压有一定(　　)。

二、单项选择题

1. 在平行投影法中，投影线与投影面垂直的投影称为(　　)。

(A)斜投影　　(B)正投影　　(C)中心投影　　(D)平行投影

2. 当零件具有对称平面时，在垂直于对称平面的投影面上投影所得图形，可以对称中心线为界，一半画成剖视图，另一半画成视图，称为(　　)剖视图。

(A)全　(B)半　(C)局部　(D)单一

3. 当物体上的平面(或直线)与投影面平行时,其投影反映实形(或实长),这种投影特性称为(　　)性。

(A)积聚　(B)收缩　(C)真实　(D)一般

4. 对三个投影面都倾斜的直线称为(　)投影面线。

(A)垂直　(B)平行　(C)倾斜　(D)一般

5. 当机件上具有若干相同结构(齿槽孔等),并按一定规律分布时,只需要画出几个完整结构,其余用细实线相连,或表明中心位置,并注明总数。这属于(　　)画法。

(A)某些结构的示意　(B)较小结构的简化

(C)相同结构的简化　(D)复杂结构的简化

6. 物体上两表面连接处相切,则视图上两表面间(　)线。

(A)无　(B)有　(C)可有可无　(D)划细实

7. 零件的名称材料重量比例等在零件图的(　　)中查找。

(A)标题栏　(B)完整的尺寸　(C)一组视图　(D)技术要求

8. 根据零件的加工工艺过程,为方便装卡定位和测量而确定的基准称为(　)基准。

(A)工艺　(B)设计　(C)主要　(D)辅助

9. 图纸上选定的基准称为(　　)基准。

(A)工艺　(B)设计　(C)主要　(D)辅助

10. 看零件图时通过技术要求可以了解(　　)。

(A)零件概况　(B)质量指标　(C)各部大小　(D)零件形状

11. 当孔的上偏差小于相配合的轴的下偏差时,此配合的性质是(　　)。

(A)过盈配合　(B)过渡配合　(C)间隙配合　(D)无法确定

12. 浸渍漆的最高允许工作温度为180℃时,其绝缘材料的等级为(　　)。

(A)B级　(B)F级　(C)H级　(D)C级

13. 电机所用绝缘漆的耐热等级一般可分为(　　)级。

(A)4　(B)5　(C)7　(D)10

14. 对绝缘等级为H级的电机其最高烘焙温度为(　)。

(A)120℃　(B)150℃　(C)180℃　(D)200℃

15. 真空压力浸漆时,真空度一般要求为(　)。

(A)大于1500 Pa　(B)小于1500 Pa　(C)大于400 Pa　(D)小于400 Pa

16. 真空压力浸漆时,压力一般要求为(　)。

(A)0.1～0.2 MPa　(B)0.2～0.3 MPa

(C)0.3～0.4 MPa　(D)0.4～0.5 MPa

17. 直流电动机将(　　)。

(A)机械能转变成电能　(B)电能转变成机械能

(C)交流电变为直流电　(D)直流电变为交流电

18. 直流发电机将(　　)。

(A)电能转变为机械能　(B)机械能转变为电能

(C)直流电变为交流电　(D)交流电变为直流电

19. 直流电动机的电磁转矩为(　　)。
(A)拖动转矩　(B)制动转矩　(C)输出转矩　(D)输入转矩
20. 测量云母板厚度时,应选用(　　)。
(A)游标卡尺　(B)外径千分尺　(C)钢直尺　(D)卡钳
21. 绝缘材料为F级时,它的最高允许工作温度是(　　)。
(A)120℃　(B)130℃　(C)155℃　(D)180℃
22. 将机件的部分结构用大于原图形的比例所画出的图形是(　　)。
(A)全剖视图　(B)局部视图　(C)局部放大图　(D)向视图
23. 与投影面倾斜角度小于或等于(　　)的圆或圆弧,其投影可用圆或圆弧代替。
(A)15°　(B)20°　(C)25°　(D)30°
24. 当回转体零件上的平面在图形中不能充分表达时,可用两条相交的(　　)简化表示这些平面。
(A)点划线　(B)双点划线　(C)细实线　(D)粗实线
25. 在装配中,可用(　　)简化表示带传动中的带。
(A)点划线　(B)双点划线　(C)细实线　(D)粗实线
26. 在装配中,可用(　　)简化表示链传动中的链。
(A)点划线　(B)双点划线　(C)细实线　(D)粗实线
27. 角度尺寸数字一律写成(　　)方向。
(A)水平　(B)垂直　(C)与尺寸线垂直　(D)与尺寸线水平
28. 同一基本尺寸的表面,若具有不同的公差时,应用(　　)分开,分别标注其公差。
(A)点划线　(B)双点划线　(C)细实线　(D)虚线
29. 用螺纹密封的管螺纹的螺纹代号是(　　)。
(A)G　(B)M　(C)R　(D)Tr
30. 对于公差等级低于IT8或基本尺寸>500 mm的配合,推荐选择(　　)。
(A)孔的公差等级比轴高一级　(B)同级孔轴配合
(C)孔的公差等级比轴低一级　(D)孔轴公差等级可以相同,也可以不相同
31. 国家标准规定,工业企业噪声不应超过(　　)。
(A)50 dB　(B)85 dB　(C)100 dB　(D)120 dB
32. 工作场地要有良好的自然光或局部照明,以保持工作面照明度达(　　)。
(A)30～50 Lx　(B)50～100 Lx　(C)100～150 Lx　(D)150～200 Lx
33. 球墨铸铁中的碳是以(　　)形式分布于金属基体中。
(A)片状石墨　(B)团絮状石墨　(C)球状石墨　(D)Fe_3C
34. 液压传动的动力部分的作用是将机械能转变为液体的(　　)。
(A)热能　(B)电能　(C)压力势能　(D)动能
35. 液压传动系统的工作部分的作用是将液压势能转化为(　　)。
(A)机械能　(B)原子能　(C)光能　(D)内能
36. 内径千分尺的刻线方向与外径千分尺的刻线方向有(　　)区别。
(A)相反　(B)相同　(C)垂直　(D)交叉
37. 效率低的运动副接触形式是(　　)接触。

(A)齿轮　(B)凸轮　(C)螺旋面　(D)滚动轮

38. 传动比大而且准确传动有(　　)传动。

(A)带　(B)链　(C)齿轮　(D)涡轮蜗杆

39. 限制工件自由度少于六点的定位,叫做(　　)定位。

(A)不完全　(B)完全　(C)过　(D)欠

40. 我国规定的常用安全电压是(　　)V。

(A)42　(B)36　(C)24　(D)6

41. 额定电压在(　　)V及以上的配电装置,称为高压配电装置。

(A)250　(B)1000　(C)3000　(D)4000

42. 绕弹簧式,钢丝直径在(　　)以下的采用冷绕法。

(A)4 mm　(B)6 mm　(C)8 mm　(D)10 mm

43. 相同材料的弯曲,弯曲半径越小,变形(　　)。

(A)越大　(B)越小　(C)不变　(D)可能大,也可能小

44. 细长轴类弯曲一般采用(　　)方法进行校直。

(A)压力法　(B)锤击法　(C)抽平法　(D)伸长法

45. 锯割的速度以每分钟(　　)次为宜。

(A)10～20　(B)20～40　(C)40～60　(D)60～80

46. 锯条的粗细是用(　　)长度内的齿数表示的。

(A)15 mm　(B)20 mm　(C)25 mm　(D)35 mm

47. 钻头直径大于13 mm时,柄部一般做成(　　)形式的。

(A)直柄　(B)莫氏锥柄　(C)方柄　(D)直柄锥柄都有

48. 一般工件钻直径超过30 mm的大孔,可分两次钻削,先用(　　)倍孔径的钻头钻孔,然后再用要求孔径一样的钻头钻孔。

(A)0.3～0.4　(B)0.5～0.7　(C)0.8～0.9　(D)1～1.2

49. 弯管时最小的弯曲半径,必须大于管子直径的(　　)倍。

(A)2　(B)3　(C)4　(D)5

50. 销连接在机械中主要是定位,有时还可作为安全装置的(　　)零件。

(A)传动　(B)固定　(C)过载剪断　(D)定位

51. 尺寸链中封闭环(　　)等于所有增环基本尺寸与所有减环基本尺寸之差。

(A)基本尺寸　(B)公差　(C)上偏差　(D)下偏差

52. 圆锥面的过盈连接要求配合的接触面积达到(　　)以上,才能保证配合的稳固性。

(A)60％　(B)75％　(C)90％　(D)100％

53. 下列(　　)为形状公差项目符号。

(A)⊥　(B)∥　(C)◎　(D)○

54. 装配精度完全依赖于零件(　　)的装配方法是完全互换法。

(A)形状精度　(B)制造精度　(C)加工误差　(D)位置精度

55. 用力矩扳手使预紧力达到给定值的方法是(　　)。

(A)控制扭矩法　(B)控制螺栓伸长法

(C)控制螺母扭角法　(D)控制工件变形法

56. 为提高低碳钢的切削加工性,通常采用(　　)处理。
(A)完全退火　(B)球化退火　(C)去应力退火　(D)正火
57. 采用三角带传动时,摩擦力是平带的(　　)倍。
(A)5　(B)6　(C)2　(D)3
58. 电机绕组上的直流电阻一般用(　　)进行测量。
(A)欧姆表　(B)万用表　(C)双臂电桥　(D)单臂电桥
59. 下列绕组中必须使用转子端部绑扎设备的是(　　)。
(A)异步电动机的定子绕组　(B)同步发电机的电枢绕组
(C)直流电动机的电枢绕组　(D)笼型电动机的转子绕组
60. 数字式万用表的频率特性较差,测量交流电的频率范围为45～500 Hz,且显示的是正弦波的(　　)。
(A)幅值　(B)有效值　(C)平均值　(D)最大值
61. 双臂电桥的测量阻值主要在(　　)。
(A)1 Ω以上　(B)1 Ω以下　(C)10 Ω以上　(D)0.1 Ω以下
62. 笼型转子采用钎焊时,钎焊的加热方式有(　　)感应加热。
(A)低频　(B)中频　(C)高频　(D)超高频
63. 同步电机转子有隐极式和凸极式两种结构形式。隐极式转子铁芯外圆为圆柱形,没有显露的磁极,外圆开有辐射分布的槽,以放置磁极绕组。另外有(　　)的圆周是不开槽的,形成成对的大齿,大齿数就是该电动机的磁极数,大齿中心就是磁极的中心。
(A)1/3　(B)1/4　(C)2/3　(D)3/4
64. 同步电机转子上的绕组称为励磁绕组,为(　　)线圈,绕组用扁铜线连续绕制,然后垫匝间绝缘、包对地绝缘制成。励磁绕组是通过集电环与外面的直流电源接通的。
(A)链式　(B)同心式　(C)叠形　(D)蛙形
65. 对于转速在1500 r/min及以下的(　　)电机,一般将转子磁极做成凸极式结构。
(A)同步　(B)压接　(C)交流　(D)直流
66. 隐极式转子铁芯一般由转子冲片、转子支架、空心转轴和(　　)组成。
(A)护环　(B)中心环　(C)键　(D)平衡块
67. 凸极式同步电机的10极转子装配时,其磁极装配次序为1,6,2,7,3,8,(　　)。
(A)4,9,5,10　(B)5,9,4,10　(C)5,10,4,9　(D)4,5,9,10
68. 电机绝缘结构按耐热性分为70、90、105、120、130、155、(　　)、200、220、250十个耐热等级。
(A)175　(B)180　(C)185　(D)165
69. 电枢绕组的类型有波绕组、叠绕组和(　　)绕组。
(A)链式　(B)同心式　(C)交叉式　(D)混合式
70. 在保证电机运行可靠性和寿命的情况下,尽量选用(　　)绝缘材料。
(A)较薄的　(B)较厚的　(C)较硬的　(D)较软的
71. 直流电机电枢绕组嵌完线圈后,所有线圈经换向器形成(　　)。
(A)一条支路　(B)两条支路
(C)闭合回路　(D)与极数相同的并联支路

72. 正弦交流电的三要素是指(　　)。

(A)最大值、平均值、瞬时值　　(B)最大值、角频率、初相位

(C)周期、频率、角频率有效值　　(D)瞬时值、平均值、最大值

73. 对称三相负载三角形连接时,下列关系正确的是(　　)。

(A)$U_{\Delta线}=\sqrt{3}U_{\Delta相}$　$I_{\Delta线}=I_{\Delta相}$　　(B)$U_{\Delta线}=\sqrt{3}U_{\Delta相}$　$I_{\Delta线}=\sqrt{3}U_{\Delta相}$

(C)$U_{\Delta线}=U_{\Delta相}$　$I_{\Delta线}=\sqrt{3}I_{\Delta相}$　　(D)$U_{\Delta线}=U_{\Delta相}$　$I_{\Delta线}=I_{\Delta相}$

74. 一个线圈由 4 个元件组成,铁芯槽数为 50,则换向片数是(　　)。

(A)250　　(B)400　　(C)200　　(D)100

75. 磁极连线的紧固螺栓的锁紧靠(　　)。

(A)弹垫　　(B)螺母　　(C)连接片的张力　　(D)扣片

76. 绕组在嵌装过程中,(　　)绝缘最易受机械损伤。

(A)端部　　(B)鼻部　　(C)槽口　　(D)槽中

77. 电枢线圈数等于电枢槽数的 1/2 时,绕组为(　　)。

(A)单层绕组　　(B)双层绕组　　(C)单叠绕组　　(D)单波绕组

78. 一台 $Z_U=S=K=15, 2P=4$ 的单波左行绕组,采用短距,第二节距 y_2 为(　　)。

(A)7　　(B)3　　(C)4　　(D)5

79. 交流电机与直流电机的电枢绕组是(　　)。

(A)产生旋转磁场　　(B)电机能量转换的枢纽

(C)产生电磁转矩　　(D)产生感应电势

80. 直流牵引电动机电枢铁芯结构主要由后支架、端板、(　　)、转轴及换向器等组成。

(A)机座　　(B)端盖　　(C)铁芯冲片　　(D)刷架盒

81. 异步电动机工作时,其转差率的范围为(　　)。

(A)$0<S\leqslant 1$　　(B)$0<S<\infty$　　(C)$-\infty<S<0$　　(D)$-\infty<S\leqslant 0$

82. 电机绕组线圈的两个边所跨的距离称为(　　)。

(A)极距　　(B)节距　　(C)槽距　　(D)换向节距

83. H 级绝缘材料的最高工作温度为(　　)。

(A)90℃　　(B)105℃　　(C)120℃　　(D)180℃

84. 直流电机为了消除环火而加装了补偿绕组,正确的安装方法是补偿绕组应与(　　)。

(A)励磁绕组串联　　(B)励磁绕组并联　　(C)电枢绕组串联　　(D)电枢绕组并联

85. 对电动机绕组进行浸漆处理的目的是加强(　　)、改善电动机散热能力以及提高绕组机械强度。

(A)机械强度　　(B)防水性　　(C)整体性　　(D)绝缘强度

86. 电机铁芯常采用硅钢片叠装而成,是为了(　　)。

(A)节省材料　　(B)便于制造　　(C)节约成本　　(D)减少铁耗

87. 改变三相异步电动机转向正确的方法是(　　)。

(A)改变电源电压极性　　(B)调换任意两根电源相序

(C)调换三根电源相序　　(D)改变电源电流方向

88. 交流电机定子绕组的短路主要是(　　)短路和相间短路。

(A)匝间　　(B)线间　　(C)相间　　(D)片间

89. 定于铁芯由硅钢片叠成,片间涂以绝缘漆是为了(　　)。

(A)粘住硅钢片　(B)增加摩擦力　(C)填充片间间隙　(D)减小涡流损耗

90. 我国工频电压的频率是(　　)。

(A)40 Hz　(B)50 Hz　(C)60 Hz　(D)70 Hz

91. 交流电动机定子的三相绕组星接时,直流电阻误差不应大于(　　)。

(A)±2%　(B)±5%　(C)±10%　(D)±15%

92. 电机铁芯常采用硅钢片叠装而成,是为了(　　)。

(A)减少铁芯损耗　(B)增加铁芯损耗　(C)减少线圈损耗　(D)增加线圈损耗

93. 电机定子线圈与铁芯绝缘被破坏,叫(　　)。

(A)断路　(B)接地　(C)匝短　(D)导通

94. 电机定子线圈与线圈之间的绝缘被破坏,叫(　　)。

(A)断路　(B)接地　(C)匝短　(D)导通

95. 电机用的云母带,为(　　)绝缘材料。

(A)A级　(B)B级　(C)F级　(D)E级

96. 电动机是利用(　　)原理而工作的。

(A)电磁感应　(B)变压器　(C)发电机　(D)机械

97. 使用中的氧气瓶和乙炔瓶应垂直放置,并固定起来,氧气瓶和乙炔气瓶的距离不得小于(　　)。

(A)5 m　(B)6 m　(C)8 m　(D)10 m

98. 电容器在直流回路中相当于(　　)。

(A)阻抗　(B)开路　(C)短接　(D)电抗

99. 电感线圈在直流回路中相当于(　　)。

(A)阻抗　(B)开路　(C)电抗　(D)短接

100. 定子铁芯是磁路的一部分,由(　　)厚的硅钢片叠成。

(A)0.35～0.5 mm　(B)0.1～0.2 mm　(C)0.1～0.35 mm　(D)0.5～1 mm

101. 触电伤员如神智不清,应就地仰面躺平,且确保气道通畅,并用(　　)时间,呼叫伤员或轻拍其肩部,以判定伤员是否意识丧失。

(A)3 s　(B)4 s　(C)5 s　(D)6 s

102. 下列不属于异步电动机是(　　)。

(A)三相笼型电动机　(B)同步电动机

(C)绕线异步电动机　(D)隔爆异步电动机

103. 换向极铁芯与(　　)之间的空气隙叫第一气隙。

(A)机座　(B)转子　(C)线圈　(D)换向器

104. 三相异步电动机的旋转方向与通入三相绕组的三相电流(　　)有关。

(A)大小　(B)方向　(C)相序　(D)频率

105. 旋转磁极式交流发电机电刷的作用是(　　)。

(A)电流的引入装置　(B)电压的引出或引入的装置

(C)励磁电流的引入装置　(D)电流的引出的装置

106. 交流电路视在功率的单位是(　　)。

(A)瓦　(B)乏尔　(C)伏安　(D)焦耳

107. 直流发电机将(　　)。

(A)电能转变为机械能　(B)机械能转变为电能

(C)直流电变为交流电　(D)交流电变为直流电

108. 直流电机空载时,物理中性面(　　)。

(A)与几何中性面重合　(B)顺电机转向移开几何中性面

(C)逆电机转向移开几何中性面　(D)与主极轴线重合

109. 直流发电机负载时,物理中性面(　　)。

(A)与几何中性面重合　(B)顺电枢转向移开几何中性面

(C)逆电机转向移开几何中性面　(D)与主极轴线重合

110. 电刷与刷盒间隙要符合要求,一般为(　　)。

(A)0.05～0.25 mm　(B)0.10～0.50 mm

(C)0.15～0.75 mm　(D)0.2～0.95 mm

111. 双臂电桥的测量阻值主要在(　　)。

(A)1 Ω 以上　(B)1 Ω 以下　(C)10 Ω 以上　(D)0.1 Ω 以下

112. 在牵引电机中同一线圈的各个线匝之间的绝缘为(　　)。

(A)匝间绝缘　(B)对地绝缘　(C)外包绝缘　(D)层间绝缘

113. 直流电机总装后首先要检查(　　)。

(A)气隙　(B)刷架装配尺寸　(C)磁极垂直度　(D)绝缘电阻

114. 电动势是 2 V,内阻是 0.1 Ω 的电源,当外电路断开时,电路中的电流和端电压分别是(　　)。

(A)0,2 V　(B)20 V,2 V　(C)20 A,0 V　(D)0,0

115. 如图 1 所示,独立回路的个数有(　　)个。

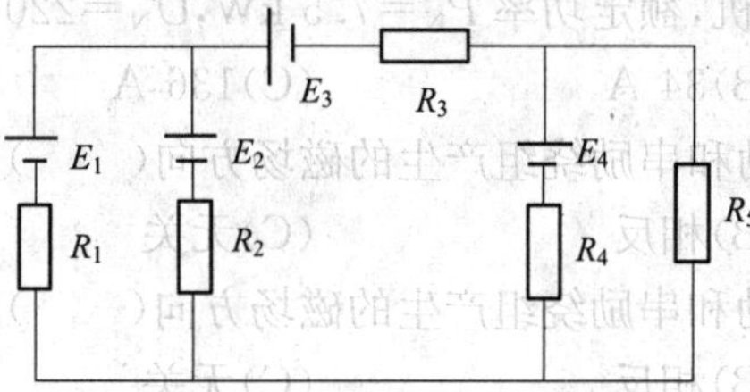

E_3 R_3 E_1 E_2 E_4 R_5 R_1 R_2 R_4

图 1

(A)4　(B)3　(C)6　(D)5

116. 纯电阻交流电路中,下列关系正确的是(　　)。

(A)$i=\frac{U}{R}$　(B)$i=\frac{u}{R}$　(C)$I=\frac{U}{R}$　(D)$i=\frac{\dot{U}}{R}$

117. 在电机装配图中,装配尺寸链中封闭环所表示的是(　　)。

(A)零件的加工精度　(B)零件尺寸大小

(C)装配精度　(D)装配游隙

118. 基本尺寸相同,相互结合的孔和轴公差带之间的关系称为(　　)。

(A)配合公差 (B)配合 (C)过盈 (D)最小间隙

119. 滚动轴承代号常为四位数字,从右向左数起,第三位数字表示( )。

(A)轴承内径 (B)轴承外廓系列 (C)轴承类型 (D)游隙系列

120. 正确检测电机匝间绝缘的方法是( )。

(A)工频对地耐压试验 (B)测量绝缘电阻

(C)中频匝间试验和匝间脉冲试验 (D)测量线电阻

121. 向心轴承主要承受( )载荷。

(A)径向 (B)轴向 (C)切向 (D)径向和轴向

122. 为了直接控制加工过程,减少产生废品,可以采用( )。

(A)主动测量 (B)被动测量 (C)接触测量 (D)综合测量

123. 样板是( )量具。

(A)专用 (B)通用 (C)万能 (D)标准

124. 产品质量是否合格,是以( )来判断的。

(A)质检员水平 (B)技术标准 (C)工艺条件 (D)工艺标准

125. 三相异步电动机改变转子电阻的大小不会影响( )。

(A)最大转矩 (B)临界转差率 (C)堵转转矩 (D)额定转矩

126. 手摇发电机式兆欧表在使用前,指针应指示在刻度盘的( )。

(A)“0”处 (B)“∞”处 (C)中央处 (D)任意位置

127. 牵引电机的超速试验,主要是考核电机旋转部分的( )。

(A)电气强度 (B)绝缘强度 (C)机械强度 (D)紧固强度

128. 一台他励发电机,额定功率为 $P_N=16$ kW,$U_N=220$ V,则发电机的额定电流为( )。

(A)363.5 A (B)1 454 A (C)72.7 A (D)727 A

129. 一台他励直流电动机,额定功率 $P_N=7.5$ kW,$U_N=220$ V,则额定电流 I_N为( )。

(A)68 A (B)34 A (C)136 A (D)17 A

130. 差复励发电机,并励和串励绕组产生的磁场方向( )。

(A)相同 (B)相反 (C)无关 (D)均有可能

131. 积复励发电机,并励和串励绕组产生的磁场方向( )。

(A)相同 (B)相反 (C)无关 (D)均有可能

132. 电枢反应使直流发电机的物理中性线( )。

(A)顺电枢转向移开几何中性线 (B)逆电枢转向移开几何中性线

(C)保持原来位置不变 (D)均有可能

133. 电枢反应使直流电动机的物理中性线( )。

(A)顺电枢转向移开几何中性线 (B)逆电枢转向移开几何中性线

(C)保持原来位置不变 (D)均有可能

134. 直流发电机的空载损耗由( )构成。

(A)铁损耗+机械损耗 (B)铁损耗−机械损耗

(C)电磁功率−输出功率 (D)电枢铜耗+铁损耗

135. 牵引电机的刷握距离换向器表面的距离一般为( )。

(A)1～2 mm (B)2～5 mm (C)5～6 mm (D)7～8 mm

136. 电机是一种利用( )原理进行机电能量转换的电气设备。

(A)旋转磁场 (B)感应电流 (C)电磁感应 (D)电枢反应

137. 直流电机电刷装置的作用是( )。

(A)换向 (B)直流电的引入装置

(C)直流电的引出装置 (D)直流电的引入或引出装置

138. 直流电动机的工作特性是指( )。

(A)转矩特性、转速特性和效率特性 (B)直流电能转变成机械能的特性

(C)转矩特性、开路特性和外特性 (D)转速特性、换向性能和效率特性

139. 某正弦交流电的表达式 $u=220\sqrt{2}\sin(314t-30°)$ V，则对应的电压有效值为( )。

(A)$220\sqrt{2}$ V (B)220 V (C)110 V (D)440 V

140. 额定电压在 380 V 的交流异步电机，用( )兆欧表测量绕组绝缘电阻。

(A)500 V (B)1 000 V (C)1 500 V (D)3 000 V

141. 异步电动机作为发电机运行时，其转差率( )。

(A)S 值大于 1 (B)S 值在 0 与 1 之间变化

(C)S 值等于 1 (D)S 值小于 0

142. 交流电机与直流电机的电枢绕组是( )。

(A)产生旋转磁场 (B)产生感应电势流过负载电流

(C)产生电磁转矩 (D)产生感应电势

143. 在三相对称绕组中通入三相对称电流时，电机内部将产生( )。

(A)恒定磁场 (B)旋转磁场 (C)脉动磁场 (D)匀强磁场

144. 已知 $R_1>R_2>R_3$，若将此三个电阻串联接在电压为 U 的电源上，获得最大功率的电阻是( )。

(A)R_1 (B)R_2 (C)R_3 (D)无法确定

145. 绕线式异步电动机转子绕组一般接成( )。

(A)星形 (B)三角形 (C)双星形 (D)星/三角形

146. 直流电动机采用降低电源电压的方法起动，其目的是( )。

(A)使起动过程平稳 (B)减小起动电流

(C)减小起动转矩 (D)增加启动转矩

147. 直流电机正常运行时，火花等级不能超过( )级。

(A)1 (B)$1\frac{1}{4}$ (C)$1\frac{1}{2}$ (D)2

148. 用电阻法测得的绕组温度是绕组的平均温度，绕组最热点的温度比平均温度高出( )。

(A)5℃～10℃ (B)15℃ (C)20℃ (D)10℃～15℃

149. 直流电机的磁场削弱指的是削弱( )。

(A)主极电流 (B)附加极电流

(C)电枢电流 (D)主极和附加极电流

150. 用伏安法测电阻时，绕组中通入的电流为( )。

(A)电机的额定电流　　(B)小于10%的电机额定电流
(C)20%电机的额定电流　　(D)10%～20%的电机额定电流

151. 为减小剩磁,电磁线圈的铁芯应采用(　　)。
(A)硬磁性材料　　(B)非磁性材料　　(C)软磁性材料　　(D)矩磁性材料

152. 直流电机空载试验中,被试验电机是(　　)。
(A)电动机状态
(B)发电机状态
(C)可以是电动机状态,也可以是发电机状态
(D)空载状态

153. 交流电路中的无功功率的单位是(　　)。
(A)W　　(B)VA　　(C)Var　　(D)J/s

154. 旋转磁极式交流发电机电刷的作用是(　　)。
(A)电流的引入装置　　(B)电压的引出或引入装置
(C)励磁电流的引入装置　　(D)电流的引出装置

155. 三相异步电动机空载运行时,其功率因素一般为(　　)。
(A)$\cos\phi_0=0$　　(B)$\cos\phi_0<0.2$　　(C)$\cos\phi_0>0.5$　　(D)$\cos\phi_0=1$

156. 优质碳素结构钢是含碳小于(　　)的碳素钢,这种钢中所含的硫、磷及非金属夹杂物比碳素结构钢少,机械性能较为优良。
(A)10%　　(B)11%　　(C)7%　　(D)8%

157. 正反转电动机法是依靠(　　)校正电机的中性位。
(A)电动机的正反转速率　　(B)电枢绕组正负电刷之间的感应电势
(C)正反转时的电枢电压　　(D)正反转时的励磁电流

158. 下列仪表准确度等级中,型式试验测量仪表常使用的为(　　)。
(A)0　　(B)0.5　　(C)1.0　　(D)1.5

159. 在RL串联正弦交流电路中,电路中的总阻抗随电源的频率增大而(　　)。
(A)增大　　(B)减小　　(C)不变　　(D)无法确定

160. 以下机组可以完成串励直流电机的速率换向试验的是(　　)。
(A)升压机、励磁机、磁削机　　(B)线路机、励磁机
(C)升压机、励磁机、线路机　　(D)升压机、励磁机

161. 电机用硅钢片做成各种形状的铁芯,主要是利用硅钢片的(　　)。
(A)高导磁性能　　(B)磁饱和性能
(C)磁滞性能　　(D)小剩磁性能

162. 脉流电动机的补偿绕组与换向极绕组之间的连接为(　　)。
(A)先串联后并联　　(B)并联
(C)哪种连接都可以　　(D)串联

三、多项选择题

1. 绘图中应用细实线的是(　　)。
(A)可见轮廓线　　(B)尺寸线　　(C)可见过渡线　　(D)螺纹的牙底线

2. 普通外螺纹的精度等级分为(　　)。
(A)精密　(B)中等　(C)粗糙　(D)标准
3. 同一直径 d 的普通螺纹,按螺距 P 大小分为(　　)。
(A)粗牙　(B)细牙　(C)内螺纹　(D)外螺纹
4. 下列应用于梯形螺纹的有(　　)。
(A)千斤顶　(B)丝杠　(C)管接头　(D)刀架丝杠
5. 下列属于紧固件的有(　　)。
(A)螺栓　(B)双头螺柱　(C)紧定螺钉　(D)螺母
6. 图样标注的尺寸包括(　　)。
(A)尺寸数字　(B)尺寸线　(C)尺寸界线　(D)标注尺寸的符号
7. 线性尺寸的公差标注有(　　)形式。
(A)极限偏差标注　(B)公差带标注
(C)极限偏差与公差带同时标注　(D)任意形式
8. 下列不属于碳素工具钢的是(　　)。
(A)Q235A　(B)T9　(C)9SiCr　(D)GCr15
9. 下列选择基轴制的是(　　)。
(A)与滚动轴承配合的轴　(B)与滚动轴承相配的轴承座孔
(C)直接用冷拉棒料做轴　(D)轴承盖与轴承座孔配合
10. 电机上常用的密封方式有(　　)。
(A)密封胶　(B)O 形环密封
(C)迷宫密封　(D)法兰连接垫片密封
11. 绘图中应用粗实线的是(　　)。
(A)可见轮廓线　(B)尺寸线　(C)可见过渡线　(D)螺纹的牙底线
12. 下列属于基本视图的是(　　)。
(A)主视图　(B)俯视图　(C)向视图　(D)斜视图
13. 电工仪表按照电流制分为(　　)。
(A)直流电表　(B)交流电表　(C)交直流电表　(D)感应电表
14. 绝缘材料的性能有(　　)。
(A)良好的耐热性　(B)良好的耐潮性
(C)良好的介电性能　(D)良好的机械强度
15. 属于电机故障有(　　)。
(A)接地　(B)匝短　(C)轴承损坏　(D)电机振动异音
16. 绝缘材料等级包括(　　)。
(A)D 级绝缘　(B)A 级绝缘　(C)F 级绝缘　(D)C 级绝缘
17. 轴承润滑脂的选择主要考虑(　　)。
(A)速度　(B)温度　(C)载荷　(D)轴承类型
18. 轴承的径向游隙分为(　　)。
(A)原始游隙　(B)安装游隙　(C)工作游隙　(D)动态游隙
19. 常用的刀具材料有(　　)。

(A)碳素工具钢　(B)合金工具钢　(C)硬质合金　(D)高速钢

20. 电机的机械损耗包括(　　)。

(A)轴承摩擦　(B)电刷与换向器的摩擦

(C)励磁损耗　(D)铁芯损耗

21. 键连接中常用的键类型有(　　)。

(A)平键　(B)半圆键　(C)楔键　(D)花键

22. 铆钉连接中被铆接的材料通常是(　　)。

(A)低碳钢　(B)铝合金板材　(C)高碳钢　(D)合金钢

23. 铆钉材料必须具有(　　)。

(A)高的弹性　(B)高的塑性　(C)不可淬性　(D)耐冲击性

24. 销的主要作用是(　　)。

(A)定位　(B)连接

(C)安全装置中的过载剪断元件　(D)固定

25. 轴的材料一般是(　　)。

(A)碳素钢　(B)合金钢　(C)工具钢　(D)高碳钢

26. 直流电机主极等分不均会造成(　　)。

(A)换向不良　(B)火花增大　(C)振动偏大　(D)异音

27. 电机磁极连线头采用焊接时,通常采用(　　)。

(A)铜焊　(B)银焊　(C)感应焊　(D)电阻焊

28. 电工材料是由(　　)组成。

(A)导电材料　(B)半导体材料　(C)绝缘材料　(D)磁性材料

29. 交流绕组按绕组层数可分为(　　)。

(A)单层绕组　(B)多层绕组　(C)单双层绕组　(D)双层绕组

30. 同步发电机转子的主要组成部分是(　　)。

(A)转子绕组　(B)转子铁芯　(C)机座　(D)转轴

31. 漆包线按绝缘层结构分类(　　)。

(A)薄绝缘　(B)厚绝缘　(C)加厚绝缘　(D)复合绝缘

32. 支架绝缘的作用(　　)。

(A)增加绕组对地电气绝缘强度　(B)增加绕组匝间绝缘强度

(C)保护绕组绝缘不受损伤　(D)增加绕组相间绝缘强度

33. 嵌线前准备工作有(　　)。

(A)熟悉图纸和工艺要求　(B)准备好所需要的工具和材料

(C)清除铁芯槽内的毛刺、焊渣　(D)检查线圈绝缘是否良好

34. 转子绑扎方法一般有(　　)。

(A)带磁钢丝绑扎　(B)无磁钢丝绑扎

(C)无纬玻璃丝带绑扎　(D)普通钢丝绑扎

35. 无纬玻璃丝带绑扎相对于钢丝绑扎优点有(　　)。

(A)减少端部漏磁　(B)增加绕组的爬电距离,提高绝缘强度

(C)工艺简单、工艺性好　(D)延伸率和弹性模量比钢丝高

36. 匝间绝缘损坏(击穿)的原因是(　　)。
(A)匝间电压过高　(B)电机短时过载
(C)匝间绝缘损坏　(D)电机绕组电阻偏大
37. 磁极连线常用的方法(　　)。
(A)螺栓连接　(B)无纬带绑扎　(C)焊接　(D)点焊
38. 动压超速试验的目的是(　　)。
(A)超过实际工作转速的情况下,检验换向器的制造质量
(B)高于实际工作温度的情况下,检验换向器的制造质量
(C)在额定转速的情况下,检验换向器的制造质量
(D)低于实际工作温度的情况下,检验换向器的制造质量
39. 造成换向器片间短路的原因有(　　)。
(A)片间绝缘不清洁　(B)毛刺未清除干净
(C)V 型绝缘或绝缘环套筒不清洁　(D)烘压过程有问题
40. 组装滑环的要求有(　　)。
(A)组装牢靠　(B)绝缘可靠不应有破损
(C)两滑环间距符合图纸要求　(D)滑环表面光洁度符合图纸要求
41. 换向器与转轴的装配方式按照过盈量的大小可分为(　　)。
(A)间隙装配　(B)热套　(C)粘接　(D)冷压
42. 直流发电机电枢绕组的作用是(　　)。
(A)切割磁力线　(B)电机能量转换的枢纽
(C)产生电磁转矩　(D)产生感应电势
43. 对于导磁零件,下面说法正确的是(　　)。
(A)切削应力过大时,导磁性能增大　(B)切削应力过大时,导磁性能减弱
(C)切削应力过大时,铁损耗变小　(D)切削应力过大时,铁损耗增大
44. 下列属于铁磁物质的是(　　)。
(A)铁　(B)镍　(C)铜　(D)钴
45. 单层绕组的特点有(　　)。
(A)每个槽内只有一条线圈边　(B)绕组的线圈数等于槽数
(C)槽利用率相对双层绕组高　(D)无层间绝缘
46. 交流电机的定子一般包括(　　)。
(A)定子铁芯　(B)定子绕组　(C)机座　(D)换向器
47. 铁芯损耗包括(　　)。
(A)涡流损耗　(B)磁滞损耗　(C)热损耗　(D)摩擦损耗
48. 定子装配过程中可能要做的试验有(　　)。
(A)匝间耐压试验　(B)对地耐压试验　(C)介质损耗试验　(D)空载试验
49. 交流电机绕组按相数可分为(　　)。
(A)单相绕组　(B)双相绕组　(C)三相绕组　(D)多相绕组
50. 测量电机的对地绝缘性能所用的仪器应该是(　　)。
(A)兆欧表　(B)微欧计　(C)浪涌测试仪　(D)对地耐压测试仪

51. 常见数显兆欧表的量程规格为(　　)。
(A)50 V　(B)500 V　(C)1 000 V　(D)2 500 V
52. 下列关于交流双层绕组的连线规律,说法正确的是(　　)。
(A)双层绕组一般均采用短距绕组
(B)双层绕组一般均采用整距绕组
(C)绕组端部连线规律一般为反串,即首－尾－尾－首
(D)绕组不能采用并联支路的形式
53. 下列参数与绝缘电阻有关的是(　　)。
(A)涡流损耗　(B)吸收比　(C)谐波因数　(D)极化指数
54. 浸漆的主要步骤包括(　　)。
(A)预烘　(B)浸漆　(C)漆烘干　(D)浸水
55. 下列物质属于固体绝缘材料的是(　　)。
(A)云母　(B)亚胺薄膜　(C)变压器油　(D)Nomex 纸
56. 下列常被用作绕组的材料是(　　)。
(A)铁　(B)锡　(C)铜　(D)铝
57. 定子铁芯一般包括(　　)。
(A)压圈　(B)冲片　(C)扣片或拉杆　(D)套筒
58. 发电机产生的高次谐波的危害有(　　)。
(A)电机电动势波形畸变,供电质量下降,用电设备性能受影响
(B)增加发电机本身的损耗
(C)高次谐波产生的电场影响临近的电信线路
(D)使电机的效率下降,温升升高
59. 交流异步电动机中的定子部分有(　　)。
(A)电枢　(B)铁芯　(C)外壳　(D)端盖
60. 三视图指(　　)。
(A)主视图　(B)左视图　(C)俯视图　(D)右视图
61. 改善交流电动机的旋转磁场质量时,一般采用的方法有(　　)。
(A)电源质量高些　(B)集中绕组　(C)整距分布绕组　(D)短距绕组
62. 交流异步电动机改善磁场质量时,一般采用的方法为(　　)。
(A)长距分布绕组　(B)集中绕组　(C)整距分布绕组　(D)短距分布绕组
63. 三相交流异步电动机改善磁场质量时,一般采用(　　)。
(A)整距分布绕组　(B)集中绕组　(C)电源质量高些　(D)短距绕组
64. 三相交流异步电机改善磁场质量时,可以采用(　　)。
(A)长距分布绕组　(B)集中绕组　(C)电源质量高些　(D)短距绕组
65. 电机轴承装配采用的方法有(　　)。
(A)冷压　(B)热套　(C)直接锤击　(D)冷套
66. 三相交流感应电机提高旋转磁场质量时,一般采用(　　)。
(A)电源质量高些　(B)集中绕组　(C)整距分布绕组　(D)短距分布绕组
67. 三相交流异步电动机的运行状态一般可以分为(　　)。

(A)电动机状态　(B)电磁制动状态　(C)发电机状态　(D)反接制动状态

68. 三相交流感应电动机的运行状态分别为(　　)。

(A)电动机反接制动状态　(B)电磁制动状态

(C)发电机状态　(D)电动机状态

69. 交流异步电动机的运行状态分别为(　　)。

(A)电动机反接制动状态　(B)电磁制动状态

(C)发电机状态　(D)电动机状态

70. 三相交流感应电动机的运行状态分别为(　　)。

(A)电动机状态　(B)电磁制动状态　(C)发电机状态　(D)能耗制动状态

71. 全员安全教育活动中三不伤害原则是指(　　)。

(A)不伤害他人　(B)不伤害自己

(C)不被别人伤害　(D)不让别人受伤害

72. 电动机内部冒火或冒烟的原因可能是(　　)。

(A)电枢绕组有短路

(B)电动机内部各引线的连接点不紧密

(C)电动机内部各引线的连接点有短路、接地

(D)鼠笼式两极电动机在启动时,由于启动时间较长,启动电流较大,转子绕组中感应电压较高,因而鼠笼与铁芯之间产生微小的火花,启动完毕后,火花也就消失了

73. 电动机有不正常的振动和响声的原因可能是(　　)。

(A)电动机的基础不平或地脚螺丝松动电动机安装得不好

(B)滚动轴承的电动机轴颈轴承的间隙过小或过大

(C)滚动轴承装配不良或滚动轴承有缺陷

(D)电动机的转子和轴上所有的皮带轮、飞轮、齿轮等平衡不好

74. 电动机修理后但未更换线圈空载损耗变大的原因可能是(　　)。

(A)滚动轴承的装配不良

(B)滑动轴承与转轴之间的摩擦阻力过大

(C)电动机的风扇或通风管道有故障

(D)润滑脂的牌号不适合或装得过多

75. 交流异步电机超速试验的方法有(　　)。

(A)提高被试电机电源频率　(B)提高拖动机转速

(C)提高被试电机的电压　(D)提高被试电机的电流

76. 改善直流电机换向的主要方法有(　　)。

(A)加装换向极　(B)移动电刷位置

(C)正确选择电刷牌号　(D)加装补偿绕组

77. 内燃机车的电传动装置依牵引发电机和牵引电动机所采用的电流制不同可分为(　　)。

(A)直-直传动系统　(B)交-直传动系统

(C)交-直-交传动系统　(D)交-交传动系统

78. 属于直流电机出厂试验项目的是(　　)。

(A)小时温升 (B)超速 (C)堵转试验 (D)效率

79. 直流电机电磁制动的常用方法是(　　)。

(A)能耗制动 (B)反接制动 (C)回馈制动 (D)机械制动

80. 数据测量误差按性质分(　　)。

(A)系统误差 (B)随机误差 (C)过失误差 (D)绝对误差

81. 电机从新产品研制、批量生产直至运行考核,可分以下阶段(　　)。

(A)新产品研制 (B)小批生产 (C)批量生产阶段 (D)型式试验

82. 测量电机振动试验的主要目的是(　　)。

(A)考核电机运转的平稳性 (B)分析转子动平衡质量

(C)考核电机装配质量 (C)考核电机电磁设计的合理性

83. 直流电机产生环火的主要原因有(　　)。

(A)与换向器上电位特性有关 (B)与主极磁场有关

(C)与换向极电阻有关 (D)与片间电压过高有关

84. 电机试验前应准备的主要工作是(　　)。

(A)准备好被试电机的技术条件和试验大纲,熟悉所要求的试验项目及试验方法

(B)准备好有关仪器、仪表、工装、量具及试验记录表格

(C)试验设备、导线等处于正常状态

(D)电机外形尺寸、安装尺寸及外观质量应符合产品的外形图

85. 下列兆欧表选用正确的是(　　)。

(A)电机绕组额定电压$U \leqslant 500$ V时选用电压量程为500 V的兆欧表

(B)电动机绕组额定电压$500 < U \leqslant 3300$ V时选用电压量程为1000 V的兆欧表

(C)电动机绕组额定电压>3300 V时选用电压量程为$\geqslant 2500$ V的兆欧表

(D)电动机绕组额定电压3000 V时选用电压量程为3000 V的兆欧表

86. 使用电流互感器必须注意的是(　　)。

(A)原边串入主回路 (B)副边不允许开路

(C)副边要牢固接地 (D)副边不允许短路

87. 试验齿轮热套时应注意(　　)。

(A)轴锥上通油孔是否畅通

(B)轴锥面和齿轮内锥面应无凸起伤痕

(C)按工艺文件加热到需要的温度和保温时间

(D)达到温度后取出齿轮进行热套

88. 电机进行耐压试验时必须注意(　　)。

(A)做耐压试验时周围应设置围栏,并应有高压危险等警示牌

(B)试验时不得少于两人,并有专人监护,无关人员不得进入围栏

(C)工作时应穿戴好绝缘防护用品(绝缘手套、绝缘靴)

(D)试验前检查地线是否良好,确认无误后方可操作,试验后应对地放电,以免伤人

89. 直流电机采用升压机和线路机进行互馈试验时,升压机和线路机的作用是(　　)。

(A)升压机供给两台电机的铜损耗 (B)线路机提供两台电机的空载损耗

(C)线路机供给被试电机机械损耗 (D)升压机供给被试电机的铜损耗

四、判 断 题

1. 锥度是指正圆锥底圆直径与圆锥高度之比。(　　)
2. 用正投影法绘制的投影图称为视图。(　　)
3. 任何物体都可看成是由点、线、面等几何元素所构成。(　　)
4. 立体表面上的点,其投影一定位于立体表面的同面投影。(　　)
5. 任何复杂的零件都可以看作由若干个基本几何体组成。(　　)
6. 设计图样上所采用的基准,称工艺基准。(　　)
7. 标注尺寸时,不允许出现封闭的尺寸链。(　　)
8. 零件图的尺寸标注,必须做到正确、完整、清晰、合理。(　　)
9. 轴套类另件的主要加工方法是车削。(　　)
10. 逆时针方向旋进的螺纹称为右旋螺纹。(　　)
11. 凡牙型、直径和螺距符合标准的称为标准螺纹。(　　)
12. 如果一对孔、轴装配后有间隙,则这对配合就称为间隙配合。(　　)
13. 相互配合的孔和轴,其基本尺寸必须相同。(　　)
14. 允许间隙或过盈的变动量,叫配合公差。(　　)
15. T3 是 3 号工业纯铜的代号。(　　)
16. 磁性材料由软磁材料和硬磁材料组成。(　　)
17. 铝作为导电材料最大的优点是导电性能好。(　　)
18. 变压器的铁芯通常用硬磁材料制作。(　　)
19. 要求传动比准确的传动应选用带传动。(　　)
20. 齿轮传动能保持瞬时传动比恒定不变,因而传动运动平稳。(　　)
21. 錾油槽时,錾子的后角要随曲面而变动,倾斜度保持不变。(　　)
22. 选择锉刀尺寸规格的大小仅仅取决于加工余量的大小。(　　)
23. 细齿锉刀,适用于锉削硬材料或狭窄的平面。(　　)
24. 手锯在回程中,也应施加压力,这样可加快锯削速度。(　　)
25. 粗齿锯条适用于锯硬钢、板料及薄壁管子等,而细齿锯条适用于黄铜、铝及厚工件。(　　)
26. 套螺纹时,材料受到板牙切削刃挤压而变形,所以套螺纹前圆杆直径应稍小于螺纹大径的尺寸。(　　)
27. 通过电阻的电流增大到原来的 2 倍时,它所消耗的功率也增大到原来的 2 倍。(　　)
28. 在电路闭合状态下,输出端电压随负载电阻的大小而变化。(　　)
29. 串联电阻越多,等效电阻越大。(　　)
30. 并联电阻越多,等效电阻越大。(　　)
31. 交流电的无功功率就是无用功率。(　　)
32. 交流电路中的功率因数总是小于或者等于 1。(　　)
33. 三相负载采用星形连接时,中线电流为零。(　　)
34. 局部视图是不完整的基本视图。(　　)

35. 重合剖面的图形对称，一般不必标注。( )

36. 轴类零件一般由几段不同形状、不同直径的共轴线回转体组成。( )

37. 端盖类零件主要形体为平面立体。( )

38. 适当地选择绕组的节距，可以改善电机的电磁性能。( )

39. 润滑脂的针入度过小时，说明润滑脂太硬。( )

40. 润滑脂的滴点越高，则润滑脂耐高温。( )

41. 熔管的工作电压大于额定电压时，有可能出现当熔体熔断时发生电弧不能熄灭的危险。( )

42. 由于存在测量误差，所以通过测量所得的尺寸并非尺寸的真值。( )

43. 已经制好的电压表串联适当的分压电阻后，还可以进一步扩大量程。( )

44. 三相三线不对称负载的有功功率可采用一表法进行测量。( )

45. 在使用电压高于 36 V 的手电钻时，必须戴好绝缘手套，穿好绝缘鞋。( )

46. 电源开关应远离可燃物料存放地点 3 m 以上。( )

47. 为了防止导线局部过热或产生火花，危险场所内的线路均不得有中间接头。( )

48. 在爆炸危险场所采用保护接零时，选择熔断器熔体应按单相短路电流大于其额定电流的 4 倍来检验。( )

49. 机床加工中，不允许用手指或棉纱浇注冷却液。( )

50. 硅钢片一般用于交变磁场中。( )

51. 不同类型的硬磁材料的磁性能都是相同的。( )

52. 在强磁场下，最常用的软磁材料是硅钢片。( )

53. 判断电动机的旋转方向时，用左手定则。( )

54. 测量小电流时，应把电流表并入被测电路中。( )

55. 铁芯可以用中频感应加热器来加热。( )

56. 冲片绝缘层主要用途是防止涡流的产生。( )

57. 当磁通发生变化时，导体或线圈中就会有感应电流产生。( )

58. 交流电的周期越长，说明交流电变化得越快。( )

59. 绝缘材料在使用过程中剥层、表面打折均会造成绝缘性能降低。( )

60. 单层绕组的槽利用率比双层绕组高。( )

61. 双层绕组层间绝缘的作用与相间绝缘的作用完全相同。( )

62. 磁极连线头采用焊接时，最好采用铜焊。( )

63. 联线焊接时线圈引线不允许多次弯折。( )

64. 磁极联线焊接必须要牢靠、紧固。( )

65. 转子绑扎无纬带时，只要绑扎拉力达到要求，绑无纬带匝数不足不会对电机有任何影响。( )

66. 转子绑无纬带的参数有绑扎拉力、绑扎匝数、无纬带宽、绑扎机转速及绑扎拉力。( )

67. 直流电机的主极铁芯一般用整块钢制成。( )

68. 直流电动机中，换向器将电枢绕组中的交流电变为电刷两端的直流电。( )

69. 直流电动机的电枢电动势为电枢反电势。( )
70. 电枢反应是指电枢磁场对主磁场的影响。( )
71. 电机在运行中振动大,一定是转子动平衡不好。( )
72. 相间绝缘的作用是将不同相的绕组隔开。( )
73. 一个线圈由 4 个元件组成,铁芯槽数为 50,则换向片数是 150。( )
74. 直流电机电枢绕组嵌完线圈后,所有线圈经换向器形成闭合回路。( )
75. 磁极连线的紧固螺栓可以通过扣片锁紧。( )
76. 绕组在嵌装过程中,槽口绝缘最易受机械损伤。( )
77. 直流电动机电枢线圈数等于电枢槽数的 1/2 时,绕组为单层绕组。( )
78. 直流牵引电动机钢丝绑扎一般选用无磁钢丝。( )
79. 绕组嵌线中,绕组接地和匝间短路一般出现在槽口部位。( )
80. 电动机将机械能转变成电能。( )
81. 双层绕组层间绝缘的作用与相间绝缘的作用完全相同。( )
82. 双层绕组嵌线时吊把数与绕组的节距有关。( )
83. 直流电机主极内径偏大会造成速率偏高。( )
84. 直流电机主极等分不均不会造成换向不良,火花增大。( )
85. 直流电机定子磁极连线头采用焊接时,最好采用铜焊。( )
86. 测量三相异步电动机定子绕组对地绝缘电阻就是测量绕组对机壳的绝缘电阻。( )
87. 换向极的气隙越小,电机的换向性能就越好。( )
88. 中小型电机的槽楔有普通槽楔和磁性槽楔两种。( )
89. 双层绕组的线圈数等于铁芯槽数的 2 倍。( )
90. 直流电动机的主磁极的气隙偏小时,电机转速将偏高。( )
91. 直流电机定子装配后检查主极铁芯内径和同心度可保证电机装配后的主极气隙。( )
92. 在嵌线过程中要注意保护线圈绝缘,否则易造成绕组接地或者匝短现象。( )
93. 直流电机定子的磁极联线和引出线螺钉松动将会造成接头烧损或断线故障。( )
94. 电机绕组嵌线后根据操作者需要进行对地耐压和匝间耐压检查。( )
95. 直流电机磁极线圈最易出现的故障是匝短。( )
96. 单叠绕组有时也称串联绕组。( )
97. 单波绕组的定子中,绕组的并联支路数与电机极数相同。( )
98. 不论是空载还是负载,直流电机的磁通都是由主磁极产生的。( )
99. 直流电机定子磁极线圈最易出现接地故障的部位是线圈棱角处。( )
100. 直流电动机主磁极气隙的大小不会对电机的转速造成直接影响。( )
101. 绝大多数直流电机励磁绕组中通以交流励磁电流。( )
102. 直流电机机座除起机械支撑作用外,也可称为机座磁轭,作为电机主磁路的一部分,起到导磁作用。( )
103. 磁极定装就是通过磁极螺栓将磁极牢固正确地固定在机座上。( )
104. 直流电动机主磁极气隙的大小对电机的转速不产生直接影响,主要影响电机的制动

性能。(   )

105. 直流电机定装时,如果换向极安装歪斜,则电机将换向不良。(   )

106. 磁性槽楔一般用于开口槽电机,以改善电机的电磁性能。(   )

107. 交流绕组无法产生感应电动势,而是通过电流产生磁动势,来实现能量的转换。(   )

108. 转轴锥度面属关键部位,其面接触率可通过着色检查。(   )

109. 使用吊环起吊电机时,两根钢丝间的夹角不应大于90°。(   )

110. 电刷在刷盒里的松紧程度应合适。间隙过小,将影响电刷在刷盒内的自由滑动,受热时可能会被"卡死"。(   )

111. 滑动轴承的承载能力比滚动轴承大。(   )

112. 在同一台电机上必须使用同牌号的电刷和同厂家的电刷。(   )

113. 轴承代号G32426T中G代表轴承精度等级。(   )

114. 在不知顶升重物重量的情况下,为省力可以加长千斤顶压把。(   )

115. 电机轴伸径向圆跳动应在轴伸长度的1/3处测量。(   )

116. 高压软管比硬管安装方便,还可以吸收振动。(   )

117. 轴承的最高加热温度是150℃。(   )

118. 锉刀可以当錾子来使用。(   )

119. 力矩扳手可以当紧固工具来使用。(   )

120. 弹簧压力计是利用作用在一定面积活塞上的力与被测压力相平衡的方法来测量压力的。(   )

121. 初始轴承游隙是指轴承在未安装于轴或轴承箱之前的状态下,固定内圈(或外圈),将外圈(或内圈)从一个极限位置移动到另一个极限位置的距离。(   )

122. 螺栓的材料性能等级标成6.8级,其数字6.8代表对螺栓材料的耐腐蚀性要求。(   )

123. 只有选取合适的表面粗糙度,才能有效地减小零件的摩擦与磨损。(   )

124. 连接的螺纹牙型为矩形。(   )

125. 吊特长机组时,要注意因长度过长,4个吊点容易造成机组轴线变形。(   )

126. 普通螺纹分粗牙普通螺纹和细牙普通螺纹两种。(   )

127. 装配图中相同基本尺寸的孔和轴形成配合,为简化设计,国标规定了两种制度,应优先选择基孔制。(   )

128. 金属材料的机械性能有强度、硬度、塑性、弹性与刚性、韧性、抗疲劳性等。(   )

129. 液压系统的工作压力数值是指其绝对压力值。(   )

130. 电机转轴轴伸接触面可以用相应环规来检查。(   )

131. 不要在起重机吊臂下行走。(   )

132. 电流强度大小是指单位时间内通过导体横截面积的电量。(   )

133. 电压是衡量电场做功本领大小的物理量。(   )

134. 电源电动势与电源端电压相等。(   )

135. 通过电阻的电流增大到原来的2倍时,它所消耗的功率也增大到原来的2倍。(   )

136. 在电路闭合状态下，输出端电压随负载电阻的大小而变化。(　　)

137. 不准使用没编号或不精确的量具。(　　)

138. 使用外径千分尺测量时，被测物必须轻轻地与测量头接触，若碰劲过大，应退回一点重来。(　　)

139. 使用游标卡尺时无须检查可直接测量产品。(　　)

140. 一台三相四极异步电动机，如果电源的频率 $f=50$ Hz，则一秒钟内定子旋转磁场在空间转过 25 转。(　　)

141. 异步电动机从电源的输入功率即为电磁功率。(　　)

142. 异步电动机转子机械功率即为电机的输出功率。(　　)

143. 直流电机的机座是电机磁路的一部分。(　　)

144. 绕线式异步电动机的转子绕组和定子绕组都是三相对称绕组。(　　)

145. 不论何种型式的三相异步电动机均由定子和转子两大部分组成。(　　)

146. 电枢反应是指电枢磁场对主磁场的影响。(　　)

147. 当机械负载增加时，同步电动机的转速一定会降低。(　　)

148. 同步发电机励磁绕组中的电流是交流电。(　　)

149. 直流电机的匝间耐压试验就是工频耐压试验。(　　)

150. 三相异步电动机的机座是电机磁路的一部分。(　　)

151. 风机转向判断，风机高速转动后，可在用一张普通纸放置在风机进风口，若纸张发生被吸现象，可判断风机转向正确。(　　)

152. 异步电机堵转试验时，转子采用相应工装阻止其转动，定子通电进行，电流达到额定值，时间要求不超过 10 s。(　　)

153. 电机试验时，电机外壳需可靠接地。(　　)

154. 测得电机效率时，为保证试验结果的准确性和重复性，要求仪器的准确度等级不低于 0.5 级(满量程)。(　　)

五、简 答 题

1. 换向器升高片与电枢绕组焊接方法，一般可分为哪两大类？
2. 转子动平衡不良对电机有何影响？
3. 直流电动机电枢主要由哪四大部件组成？
4. 什么是直流电机电枢绕组的节距？
5. 简述直流电机换向器的作用。
6. 鼠笼型转子常见的故障中断条和断环分别是指什么？
7. 直流电动机按励磁方式可分为哪四种？
8. 什么是并励式直流电动机？
9. 三相异步电动机的转子有哪些分类？
10. 不平衡量减少率是衡量平衡机平衡效率的性能指标，它是指什么？
11. 什么叫作电枢绕组？
12. 对于装有换向极的直流电动机，为了改善换向，应将电刷放置于何位置？

13. 转子校动平衡有哪几种方法?
14. 什么是电机绕组的绝缘电阻?
15. 直流牵引电动机的电枢为什么要预绑钢丝?
16. 交流发电机转子磁极联线时要注意哪些事项?
17. 简述鼠笼式异步电动机转子的结构。
18. 双层绕组的主要优点是什么?
19. 为什么散嵌线圈的绕线模尺寸大小必须适当?
20. 简述电机绕组绕组绝缘处理的主要作用。
21. 绝缘电阻测试的初始电流有哪些部分构成?
22. 分析电刷与刷盒的间隙大小对换向的影响。
23. 什么是电机的环火?
24. 常用的改善直流电机换向的方法有哪些?
25. 空心线圈和带铁磁材料铁芯的线圈有什么区别?
26. 保证直流电机换向极的气隙需要检测哪些参数?
27. 直流电机电刷装置的作用是什么?
28. 试分析三相异步电动机气隙大小对电机的影响。
29. 直流电机主磁极线圈采用扁绕和平绕各有什么优缺点?
30. 铁芯压装的任务是什么?
31. 简述直流电机定装后的检查项目。
32. 交流电机修理时,拆除绕组前应注意什么?
33. 常见电机绝缘电阻偏低的原因有哪些?
34. 当直流电动机转速偏高或偏低,应如何调整刷架圈的位置?
35. 什么是装配精度?
36. 常用电刷的作用是什么?
37. 简述机械振动的基本概念。
38. 什么是换向阀的"位"与"通"?
39. 制作电缆头时,怎样弯曲电缆线芯导体?
40. 平面锉削有哪几种基本锉削方法?
41. 温度传感器安装时探头上一般要涂抹什么东西? 起什么作用?
42. 轴承压装后为什么要检测轴承室端面到轴承端面尺寸?
43. 电机发运时,外漏顶丝孔怎样防锈?
44. 使用吊弓吊转子时,如果转子非吊装端偏高,怎样调节吊耳?
45. 甘油在使用中有什么缺陷?
46. 为什么螺母的螺纹圈数不宜大于10圈(使用过厚的螺母不能提高螺纹连接强度)?
47. 轴承游隙分为哪几种?
48. 轴承的结构有哪些部件?
49. 什么是轴承的原始游隙?
50. 什么叫液压传动? 什么叫气压传动?

51. 液压油的性能指标是什么?
52. 根据防松原理,螺纹防松分哪几类?
53. 什么是换向阀的“滑阀机能”?
54. 电机实际冷态标准是什么?
55. 直流电机空转检查试验的目的是什么?
56. 短时升高电压试验要求有哪些?
57. 什么是同步发电机的空载特性?
58. 怎样做异步电动机的空载试验?
59. 怎样做异步电动机的短路试验?
60. 三相电动机的转子是如何转动起来的?
61. 简述变频调速原理。
62. 电角度和机械角度有什么不同,又有什么关系?
63. 简述直流电动机的工作原理。
64. 什么是电枢反应?
65. 简述直流电动机的电枢反应对电机的影响。
66. 什么是直流电机的换向?
67. 什么是三相异步电动机的转差率?
68. 直流电机中性位通常采用什么测量方法?
69. 退换热套试验齿轮应注意哪些事项?
70. 简述热套链轮步骤。

六、综 合 题

1. 对绕线转子电机,若三相电机定子所加电压平衡,而转子三相电压出现较严重的不平衡现象,请分析原因并给出查找和确定故障点的方法。

2. 电机绕组的绝缘电阻为什么经过一段时间后会下降?

3. 一台正在运行的并励直流电动机,转速为 1 450 r/min。现将它停下来,改变电动机励磁绕组的极性使其反转(其他均不变),当电枢电流的大小与正转相同时,发现转速为 1 500 r/min,试分析是什么原因。

4. 写出交流电机电枢电动势表达式,并解释式中各量的物理意义。

5. 三相鼠笼式异步电动机和三相绕线式异步电动机在结构上的主要区别有哪些?

6. 异步电动机的起动方法分别是哪几类?

7. 发电机转子发生接地故障,常见的原因是什么? 如何处理?

8. 论述同步主发电机转子主要部件的作用。

9. 论述直流电机电枢嵌线的工艺流程。

10. 列举直流牵引电动机刷架装配的质量要求。

11. 烘焙温度对电机的绝缘电阻有何影响?

12. 一台三相异步电动机,定子绕组采用漆包线,浸漆处理后发现有许多气泡,试分析其原因。

13. 一台三相异步电动机的数据为：$P_N=100$ kW，$U_N=380$ V，$I_N=183.5$ A，$\cos\Phi_N=0.9$，定子绕组接法为 Δ，求：效率 η_N 和定子相电流 I。

14. 列举直流电机换向器产生火花的原因。

15. 论述三相异步电动机的转动原理。

16. 论述电机引线钎焊的一般要求。

17. 短距绕组和整距绕组相比较各有什么优缺点？

18. 三相单层整距绕组，极数 $2p=4$，$Q=24$，支路数 $a=1$，画出 A 相叠式绕组展开图(仅画一相即可)。

19. 什么叫基孔制和基轴制，其特点是什么？

20. 锉削要注意哪些事项？

21. 液压和气压传动系统由哪些基本组成部分？各部分的作用是什么？

22. 有一闭式齿轮传动，满载工作几个月后，发现硬度为 200～240 HBS 的齿轮工作表面上出现小的凹坑。试问：(1)这是什么现象？(2)如何判断该齿轮是否可以继续使用？(3)应采取什么措施？

23. 根据图 2 补画俯、左视图。

24. 根据图 3 补画俯视图。

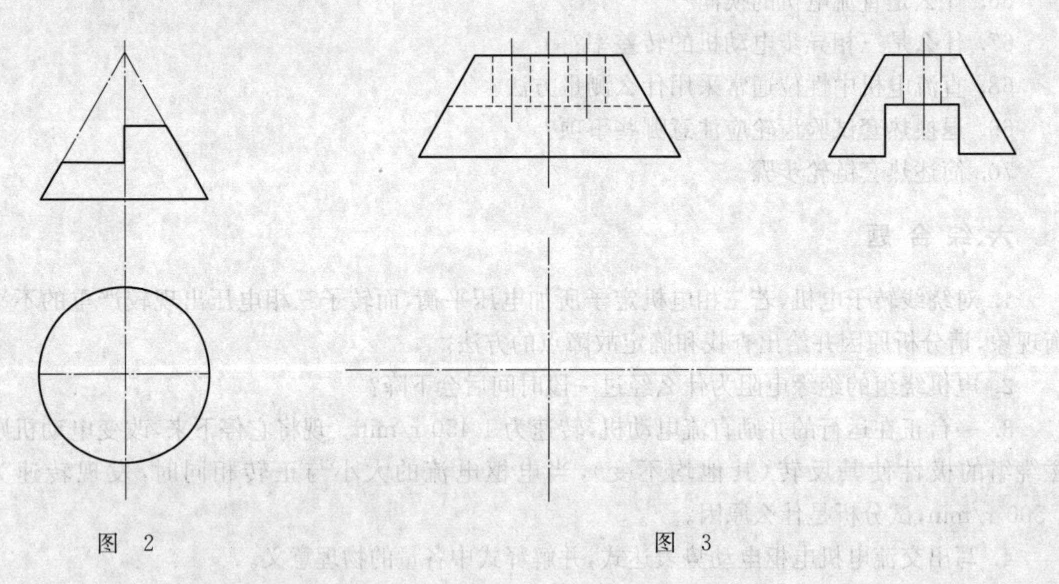

图　2　　　　图　3

25. 工程上常采用哪些方法防止绝缘材料的老化？

26. 转子不平衡的影响有哪些？

27. 某一直流牵引电动机运行时的电压为 750 V，电流为 400 A，试求该牵引电动机此时的功率。如电动机在此功率下运行 6 min，问消耗的电功是多少？

28. 论述换向极第二气隙及其作用。

29. 直流电机火花等级如何判断？

30. 有一台无铭牌的异步电动机，通入 50 Hz 的交流电试转，测得其转速为 997 r/min，问该电机是几极电机？

31. 如何计算通风管道空气的流速和空气量？

32. 个正弦交流电的电压，$u=311\sin(628t+45°)$ V。请计算：(1)电压的最大值与有效值；(2)频率与周期；(3)初相角值。

33. 什么是工频交流耐压试验？目的是什么？怎样做工频交流耐压试验？

34. 有一台异步电动机，其额定频率 $f_N=50$ Hz，额定转速 $n_n=730$ r/min。求该电机的极对数、同步转速及额定运行时的转差率。

35. 论述异步电动机气隙大小对电机的影响。

电机装配工(初级工)答案

一、填 空 题

1. 一致	2. 正投影(或视图)	3. 平行	4. 配合
5. 起点	6. 基本尺寸	7. 0.02 mm	8. 强度
9. 0.45%	10. 绝缘	11. 电阻率(ρ)或电导率($\sigma=1/\rho$)	
12. 越强	13. 相交	14. 自动保护	15. 准确
16. R_a	17. 基准代号	18. 正值	19. 电流强度
20. 电场力	21. 电位之差	22. 三视图	23. 低电位指向高电位
24. 电流的热效应	25. 220 V	26. 越大	27. 越小
28. $2L$	29. $2C$	30. 右手定则	31. 阻碍
32. 右手定则	33. 利用率	34. 电容器	35. 星形
36. $\sqrt{3}$	37. 基本	38. 剖面	39. 断面
40. 线	41. 接通或断开	42. 并	43. 串
44. 绝缘电阻	45. 电源线	46. 切断电源	47. 呼吸道
48. 防爆	49. 方向	50. 调质	51. 无柄
52. 手套	53. 0.01 mm	54. 特殊导电材料	55. 价廉、密度小
56. 铝芯线	57. 硬磁材料	58. 回火	59. 封闭式
60. 自通风	61. 交变电流	62. 直流电	63. 交流电
64. 转子	65. 闭合回路	66. 相对移动	67. 降低
68. 鼠笼式	69. 振动	70. 减弱	71. 中频机组检查
72. 校验	73. 加重法	74. 焊接笼型转子	75. 永磁体
76. 枢绕组	77. 并联	78. 串联	79. 减小
80. 星形	81. 电机不能启动	82. 平衡精度	83. 短路
84. 电流	85. 磁场中受到电磁力的		86. 加工制造和装配
87. 铸铝转子	88. 励磁	89. 增强	90. 便于散热
91. 交流	92. 线圈和铁芯	93. 偏高	94. 锁紧
95. 槽口	96. 星形连接	97. 绕组接地	98. 串联
99. 改善直流电机换向		100. 定子绕组	101. 速率特性
102. 加热	103. 磁极线圈和铁芯	104. 节距	105. 接地
106. 第一	107. 塞尺	108. 开启	109. 改善电机换向
110. 串联	111. 内径	112. 过大	113. 第二
114. 主极	115. 自励式	116. 基本尺寸	117. 热效应

118. 自由状态下的游隙 119. 滴点和针入度 120. 冷压和热套 121. 装配游隙
122. 振动 123. 加工制造和装配 124. 小 125. 兆欧表
126. 星形 127. 检查 128. 旋转磁场 129. 装配游隙
130. 1 131. 规定的 132. 鼠笼式、绕线式 133. 偏大
134. 正确使用电动机 135. 磁极铁芯和励磁绕组 136. 越大
137. 防护式 138. 双层绕组 139. 固体绝缘 140. 硬磁材料
141. 机械特性 142. 对称的 143. 定位 144. 微米
145. HRC 146. 马氏体组织 147. 偏低 148. 0.5C
149. 磁场方向 150. 楞次定律 151. 受力方向 152. 0.02 s
153. $有效值=\frac{最大值}{\sqrt{2}}$ 154. 同相位 155. 零 156. 零
157. 电容器 158. 星形 159. 大 160. 并
161. 串 162. 绝缘电阻 163. 机械特性 164. 正确使用电动机
165. 1 000 V 166. 励磁电流 167. 轴锥接触面 168. 相位差
169. 幅值

二、单项选择题

1. B 2. B 3. C 4. C 5. C 6. A 7. A 8. A 9. B
10. B 11. A 12. C 13. D 14. C 15. D 16. D 17. B 18. B
19. A 20. B 21. C 22. C 23. D 24. C 25. D 26. A 27. A
28. C 29. C 30. B 31. B 32. B 33. C 34. C 35. A 36. A
37. C 38. D 39. A 40. B 41. B 42. C 43. A 44. B 45. B
46. C 47. B 48. B 49. C 50. C 51. A 52. B 53. D 54. B
55. A 56. D 57. D 58. C 59. C 60. B 61. B 62. B 63. A
64. B 65. A 66. D 67. A 68. B 69. D 70. A 71. C 72. B
73. C 74. C 75. D 76. C 77. A 78. C 79. B 80. C 81. A
82. B 83. D 84. C 85. D 86. D 87. B 88. A 89. D 90. B
91. A 92. A 93. B 94. C 95. C 96. A 97. C 98. B 99. D
100. A 101. C 102. B 103. B 104. C 105. C 106. C 107. B 108. A
109. B 110. A 111. B 112. A 113. B 114. A 115. B 116. B 117. C
118. B 119. B 120. C 121. A 122. A 123. A 124. B 125. A 126. D
127. C 128. C 129. B 130. B 131. A 132. A 133. B 134. A 135. B
136. C 137. D 138. A 139. B 140. A 141. D 142. B 143. B 144. A
145. A 146. B 147. B 148. A 149. A 150. B 151. C 152. C 153. C
154. C 155. B 156. D 157. A 158. B 159. A 160. A 161. A 162. D

三、多项选择题

1. BD 2. ABC 3. AB 4. BD 5. ABCD 6. ABCD 7. ABC
8. ACD 9. BC 10. ABCD 11. AC 12. AB 13. ABC 14. ABCD

15. ABCD	16. BCD	17. ABC	18. ABC	19. ABCD	20. AB	21. ABCD
22. AB	23. BC	24. ABC	25. AB	26. AB	27. ACD	28. ABCD
29. ACD	30. ABD	31. ABCD	32. AC	33. ABCD	34. BC	35. ABC
36. AC	37. AC	38. AB	39. ABC	40. ABCD	41. BD	42. ABD
43. BD	44. ABD	45. ACD	46. ABC	47. AB	48. ABC	49. ABCD
50. AD	51. BCD	52. AC	53. BD	54. ABC	55. ABD	56. CD
57. ABC	58. ABCD	59. ABCD	60. ABC	61. CD	62. ACD	63. AD
64. AD	65. ABD	66. CD	67. ABC	68. BCD	69. BCD	70. ABC
71. ABC	72. ABCD	73. ACD	74. ABCD	75. AB	76. ABCD	77. ABCD
78. AB	79. ABC	80. ABC	81. ABC	82. ABCD	83. AD	84. ABCD
85. ABC	86. ABC	87. ABC	88. ABCD	89. AB		

四、判 断 题

1. √	2. √	3. √	4. √	5. √	6. ×	7. √	8. √	9. √
10. ×	11. √	12. ×	13. √	14. √	15. √	16. ×	17. ×	18. ×
19. ×	20. √	21. ×	22. ×	23. √	24. ×	25. ×	26. √	27. ×
28. √	29. √	30. ×	31. ×	32. √	33. ×	34. √	35. √	36. √
37. ×	38. √	39. √	40. √	41. √	42. √	43. √	44. ×	45. √
46. √	47. ×	48. ×	49. √	50. √	51. ×	52. √	53. √	54. ×
55. ×	56. √	57. ×	58. ×	59. √	60. √	61. ×	62. √	63. √
64. √	65. ×	66. ×	67. ×	68. ×	69. √	70. √	71. ×	72. √
73. ×	74. √	75. √	76. √	77. √	78. √	79. √	80. ×	81. ×
82. √	83. √	84. ×	85. √	86. √	87. ×	88. √	89. ×	90. ×
91. √	92. √	93. √	94. ×	95. ×	96. ×	97. ×	98. ×	99. √
100. ×	101. ×	102. √	103. √	104. ×	105. √	106. √	107. ×	108. √
109. ×	110. √	111. √	112. √	113. √	114. ×	115. ×	116. √	117. ×
118. ×	119. ×	120. √	121. √	122. ×	123. √	124. ×	125. √	126. √
127. √	128. √	129. ×	130. √	131. √	132. √	133. √	134. ×	135. ×
136. √	137. √	138. √	139. ×	140. √	141. ×	142. ×	143. √	144. √
145. √	146. √	147. ×	148. ×	149. ×	150. ×	151. ×	152. √	153. √
154. ×								

五、简 答 题

1. 答:钎焊(2.5 分);熔焊(2.5 分)。

2. 答:(1)易导致电机发生振动,产生噪声(2 分);

(2)造成换向不良,影响电机的正常工作(1.5 分);

(3)加速轴承的磨损,缩短电机寿命(1.5 分)。

3. 答:电枢轴(1.5 分)、电枢铁芯(1.5 分)、电枢绕组(1 分)、换向器(1 分)。

4. 答:是指被连接起来的两个元件边或换向片之间的距离(5 分)。

5. 答:换向器是实现电枢绕组中的交变电动势、电流和电刷间的直流电动势、电源之间的相互转换(5 分)。

6. 答:断条是指鼠笼条中一根或数根断裂(2.5 分);断环是指端环中一处或多次裂开(2.5 分)。

7. 答:串励式(1.25 分)、并励式(1.25 分)、复励式(1.25 分)、他励式(1.25 分)。

8. 答:励磁绕组与电枢绕组并联称为并励式电动机(5 分)。

9. 答:三相异步电动机的转子可分为绕线式和鼠笼式两类(5 分)。

10. 答:转子经过一次平衡后所减少的不平衡量与转子的初始不平衡量之比(5 分)。

11. 答:电枢线圈嵌放在电枢铁芯的槽中,电枢线圈按一定的规律和换向器连接起来就构成电枢绕组(5 分)。

12. 答:应将电刷放置在几何中心线上(5 分)。

13. 答:(1)平衡架上的静平衡法(2.5 分);(2)旋转时的动平衡法(2.5 分)。

14. 答:指在相应的电压下,绕组与绕组之间(2.5 分),绕组对地的电阻值(2.5 分)。

15. 答:直流牵引电动机电枢预绑钢丝是为了使上下线圈和电枢铁芯服帖更紧密,从而降低电枢温升(2.5 分),同时还可以给槽楔留下足够的空间,保证打入槽楔时不损伤线圈绝缘(2.5 分)。

16. 答:线圈引线要尽量少弯折(2 分);焊接要可靠,防止过热产生局部热应力(1.5 分);焊接时用湿石棉布保护线圈以防绝缘损坏(1.5 分)。

17. 答:转子结构有轴(1 分)、端环(1 分)、导条(1 分)、转子铁芯(2 分)等。

18. 答:可以选择最有利的节距,抑制了谐波,以使电机的电磁性能得到改善(3 分);所有线圈具有同样的形状和尺寸,便于制造(1 分);可以组成较多的并联支路(1 分)。

19. 答:尺寸太小时,端部长度不够,嵌线困难甚至无法嵌线(2.5 分);尺寸过长时,浪费电磁线,且使绕组电阻和端部漏抗增大,影响电磁性能,还可能造成电机装配困难(2.5 分)。

20. 答:绕组绝缘处理的作用是把带电部件和外壳、铁芯等不带电的部件隔开,把电位不同的各个带电部件隔开,使电流能按一定方向流通(4 分);某些绝缘处理的方式还可以增强绕组的机械性能、散热能力等(1 分)。

21. 答:表面泄漏电流(2 分)、几何电容电流(1 分)、电导电流(1 分)和吸收电流(1 分)。

22. 答:电刷与刷盒的间隙必须适当:间隙过大,电机在正反向运行时,电刷将形成两个工作面,使电刷的中性位偏移,换向火花增大,同时使电刷的磨损加快(2.5 分);间隙过小,电刷在刷盒内活动不灵活,甚至卡死,引起火花(2.5 分)。

23. 答:由于电磁或机械方面的原因,引起电刷下原始电弧(2 分);当换向器片间电压过高,使导电碎片击穿而引起片间电弧(2 分)。当上述两种电弧得以发展,就会使正、负电刷通过空气中的电弧而短路,形成环火(1 分)。

24. 答:加装换向极(2 分);合理地选择电刷(1 分);加装补偿绕组(1 分);小型电机可采用移动电刷的位置等(1 分)。

25. 答:空心线圈因空气磁阻大,产生一定量的磁通需要的磁动势较大,在线圈匝数不变的情况下,需要的电流较大(2.5 分);带铁芯的线圈因铁磁材料的磁导率高,产生同样的磁通需要的磁动势小,线圈中的电流要求较小(2.5 分)。

26. 答:检测换向极内径 d(2.5 分)和同心度($B_{最大}-B_{最小}$)(2.5 分)。

27. 答:电刷装置的作用是通过电刷与换向器表面的滑动接触,将转动的电枢绕组与外电路连接起来(5 分)。

28. 答:电机气隙过大时,空载电流将增大,功率因数降低,铜损耗增大,效率降低(2.5 分);若气隙过小时,不仅给电机装配带来困难,极易形成“扫膛”,还会增加机械加工的难度(2.5 分)。

29. 答:扁绕的优点:散热性好;缺点:内圈增大(2.5 分)。平绕的优点:线圈不易变形,空间利用好;缺点:散热差(2.5 分)。

30. 答:铁芯压装的任务就是将一定数量的冲片整理、压紧(1 分),固定成一个总长度尺寸准确(3 分)、外形整齐、紧密适宜的整体(1 分)。

31. 答:主极铁芯内径及同心度(1 分);主极极尖距离偏差(1 分);主极铁芯不垂直度(1 分);换向极内径及同心度(1 分);换向极铁芯与主极铁芯极尖距离偏差(1 分)。

32. 答:铭牌数据(1 分)、绕组的型式(1 分)、线圈节距(1 分)、线圈匝数(1 分)、并联支路数(1 分)。

33. 答:绝缘受潮(1 分);绝缘老化(1 分);绝缘损伤(1 分);电机绕组和导电部分有灰尘、油污、金属屑(2 分)等。

34. 答:当电机转速偏高时,应顺转向移动刷架圈(2.5 分);当电机转速偏低时,应逆转向移动刷架圈(2.5 分)。

35. 答:装配精度就是机械和产品装配后的实际几何参数,工作性能等参数与理想几何参数,工作性能等参数的符合程度(5 分)。

36. 答:用它与直流电机的换向器(整流子)交流电机的集电环(滑环)作滑动的接触来传导电流以及作起动器的滑动触头(5 分)。

37. 答:机械振动是物体围绕其平衡位置作往复运动的运动方式,常有钟摆运动和弹簧的伸缩运动等(5 分)。

38. 答:换向阀滑阀的工作位置数称为“位”(2.5 分),与液压系统中油路相连通的油口数称为“通”(2.5 分)。

39. 答:弯曲电缆芯线时不应损伤绝缘纸(2 分);芯线的弯曲半径不应小于电缆芯线直径的 10 倍(2 分);制作时要特别小心,使芯线各弯曲部分均匀受力,否则极易损伤绝缘纸(1 分)。

40. 答:平面锉削有顺向锉、交叉锉、推锉等三种基本锉削方法(5 分)。

41. 答:(1)导热硅脂(2 分);(2)加快热量传递,使探头处温度接近被测部位真实温度(3 分)。

42. 答:(1)确保轴承压装到位(2 分);(2)确认轴承已经压平(3 分)。

43. 答:(1)安装螺旋塞帽(2.5 分);(2)在顶丝孔里涂润滑脂(2.5 分)。

44. 答:将吊耳向偏低端移动(5 分)。

45. 答:受温度影响大,低温下(低于 10℃)下流动性很差,导致液压系统无法工作(5 分)。

46. 答:因为螺栓和螺母的受力变形使螺母的各圈螺纹所承担的载荷不等(2 分),第一圈螺纹受载最大,约为总载荷的 1/3(1 分),逐圈递减,第八圈螺纹几乎不受载,第十圈没用(2 分)。所以使用过厚的螺母并不能提高螺纹联结强度。

47. 答:原始游隙、安装游隙、工作游隙(评分标准:少答 1 个扣 1.5 分)。

48. 答:内圈、外圈、滚动体和保持架(评分标准:少答 1 个扣 1 分)。

49. 答:原始轴承游隙是指轴承在未安装于轴或轴承箱之前的状态下(2 分),固定内圈(或外圈)(1 分),将外圈(或内圈)从一个极限位置移动到另一个极限位置的距离(2 分)。

50. 答:液压与气压传动是以流体(液压油或压缩空气)为工作介质进行能量传递和控制的一种传动形式(5 分)。

51. 答:密度、闪火点、黏度、压缩性等(评分标准:答出 3 个给 5 分)。

52. 答:机械防松(2 分)、摩擦防松(1.5 分)、破坏螺纹副关系防松(1.5 分)等。

53. 答:换向阀处于常态位置时,其各油口的连通关系称为滑阀机能(5 分)。

54. 答:将电机在室内放置一段时间,用温度计(或埋置检温计)测量电机绕组铁芯和环境温度,所测温度与冷却介质温度之差应不超过 2 K(2.5 分)。对大中型电机,温度计应有与外界隔热的措施,且放置温度计的时间应不少于 15 min(2.5 分)。

55. 答:空转试验目的主要是为了检查电机的机械连接是否牢固(1.5 分),轴承温升是否正常(1.5 分),油封状态、转子的轴向窜动及径向振动量是否正常(2 分)。

56. 答:短时升高电压试验应在电机空载时进行(1 分),试验的外施电压(电动机)或感应电压(发电机)为额定电压的 130%(2 分),时间 3 min(2 分)。

57. 答:空载特性是指同步发电机的转速 $n=n_N$,电枢电流 $I_a=0$ 时(2 分),调节发电机励磁电流的大小所作得到的电枢端电压(或电枢电势)与励磁电流的关系曲线(2 分),即:$U=f(i_f)$(1 分)。

58. 答:试验前,首先检查一下电动机出线端线头标志是否正确,各部螺丝是否拧紧,转子转动是否灵活(1 分)。检查没问题后,将三相电源接入电动机,使电动机在不拖动负载的情况下空转,然后再检查电动机运转的音响有无杂音,轴承转动是否平稳轻快,三相电流是否平衡(3 分)。当电机运行正常后,空载参数的读取并记录试验数据之前输入功率应稳定,输入功率相隔半小时的两个读数之差应不大于前一个读数的 3%(1 分)。

59. 答:电机短路试验,应在空载试验后进行(1 分)。用专用工装或设备,将电动机的转子固定不转,将三相调压器的输出电压由零值逐渐升高(2 分),当电流达到电动机额定电流时即停止升压,短路时间不超过 10 s(2 分)。

60. 答:对称三相正弦交流电通入对称三相定子绕组,便形成旋转磁场(1.5 分)。旋转磁场切割转子导体,便产生感应电动势和感应电流(1.5 分)。感应电流在旋转磁场中受力,便形成电磁转矩,转子便沿着旋转磁场的转向转动起来(2 分)。

61. 答:异步电动机用变频调速器的原理是将交流顺变成直流,平滑滤波后再经过逆变回路,将直流变成不同频率的交流电(3 分),使电机获得无极调速所需的电压、电流和频率(2 分)。

62. 答:电角度$=P$(电机的极对数)×机械角度(5 分)。

63. 答:电刷将直流电引入电枢绕组后,电枢电流在主磁极的磁场中将产生电磁力,并形成电磁转矩,从而使电机旋转(2 分)。当电枢线圈从一个磁极下转到相邻异性极下时,尽管通过线圈的电流方向改变了(1.5 分),但电磁转矩的方向不变,使电动机沿着一个方向旋转(1.5 分)。

64. 答:直流电机负载时,电枢绕组中有电流流过(1.5 分),根据电流的磁效应,电枢电流也将产生一个磁场(1.5 分)。电枢电流产生的磁场对主磁场的影响称为电枢反应(2 分)。

65. 答:直流电动机的电枢反应使电动机的前极端磁场增强(1.5 分),后极端磁场削弱(1.5 分),物理中性面逆电机转向移开几何中性面(2 分)。

66. 答:直流电机运行时,旋转着的电枢绕组元件从一条支路经过电刷进入另一条支路

(2.5 分),元件中的电流方向改变一次,称为换向(2.5 分)。

67. 答:转速差与同步转速的比值,称为转差率,以 S 表示(5 分)。

68. 答:测定或校正电刷中性位通常采用感应法(5 分)。

69. 答:轮正面应有挡轮装置,挡轮装置距链轮面尺寸(热套尺寸+1.5mm)左右(3 分),保护轴锥面,人员不要站在电机正面,做好安全警示标识(2 分)。

70. 答:(1)根据工艺确定试验链轮,并检测试验链轮相关状态,检查油孔是否通(1.5 分);(2)检查试验链轮与电机转轴的接触面(80%以上)及试验链轮冷装尺寸并记录(1.5 分);(3)按工艺要求,加热试验链轮,热套并记录热套尺寸,确定套入深度是否满足工艺要求(2 分)。

六、综 合 题

1. 答:产生转子三相电压出现较严重不平衡现象的原因有:并头套开裂(2 分);并头套间短路(2 分);电刷与滑环接触不良(2 分);转子绕组有两处或以上的对地短路(2 分)。查找和确定故障点的方法有观察法和仪表法(2 分)。

2. 答:由于电机在使用过程中,潮湿空气、灰尘油污、盐雾、化学腐蚀性气体等的侵入以及电机保养不当等,都可能使绕组的绝缘电阻下降(10 分,答对一项给 2 分)。

3. 答:改变励磁绕组极性,其他均不变,电动机反转后转速提高的原因是总磁通量减少了(5 分)。因为这时励磁磁动势 F_f 与原有的剩磁方向相反,在抵消剩磁后使总磁通量减少,从直流电动机转速公式 $n=\dfrac{U_N-I_aR_a}{C_e\phi}$ 可知,磁通的减少将会引起电动机的转速略有提高(5 分)。

4. 答:交流电机电枢电势表达式 $E\phi=4.44f_1W_1K_{dp1}\phi_m$(5 分)。式中:$E\phi$ 为电枢绕组相电势,单位 V;f 为定子频率,单位为 Hz;W_1 为定子绕组每相串联匝数;K_{dp1} 为绕组系数,综合反映短距布置与分散布置对电枢电势的削弱程度;ϕ_m 为每极磁通量,单位 Wb(5 分)。

5. 答:三相鼠笼式与绕线式异步电动机结构上的主要区别是转子结构不同(4 分)。鼠笼式转子:转子绕组用铸铝或铜条制成(3 分)。绕线式转子:转子绕组与定子绕组一样做成三相对称绕组,它的极对数和定子绕组相同,三相转子绕组一般接成星形(3 分)。

6. 答:异步电动机主要由鼠笼式和绕线式两大类(2 分)。其中鼠笼式异步电动机常用的起动方法由直接起动和降压起动,降压起动又分为自耦变压器降压起动、星形—三角形换接起动以及延边三角形起动等(4 分)。绕线式异步电动机主要采用转子回路串入适当电阻的起动方法(4 分)。

7. 答:发生转子接地故障常见原因有:受潮、滑环下由电刷粉末或油污堆积,引线绝缘破损,以及端部绝缘、槽口绝缘、槽部绝缘老化断裂等(4 分)。若是受潮引起,则可以通入直流电流进行干燥,但开始时不宜超过 50%的额定电流(2 分)。若是由于电枢粉末或油污的影响,使发电机的主要部件逐渐老化,甚至被破坏(2 分)。由于设备制造和运行管理等方面的缺陷及电力系统故障的影响,使发电机的某些部件有可能过早损坏,从而引起故障。为了能够事先掌握发电机的技术特性,及早发现故障隐患,避免运行中酿成大事故,所以,必须进行电气试验(2 分)。

8. 答:解:(1)磁极铁芯——导磁和放置线圈(2 分);

(2)磁极线圈——用来给磁极铁芯进行励磁(2 分);

(3)磁轭支架——安放磁极,是磁路的一部分(2 分);

(4)滑环——滑环与刷架装置联合作用将转动的励磁绕组与外部励磁设备连接起来(2 分);

(5)风扇叶片——通风散热(2分)。

9. 答:确认零部件是否合格→对换向器进行电气检查→前后支架绝缘→嵌均压线→烘焙→耐压试验→嵌电枢线圈→匝间耐压→预绑钢丝→烘焙→耐压→打入槽楔→耐压→打铜楔→粗车换向器→氩弧焊→耐压试验→挑铜沫加填充泥→烘焙→无纬带绑扎→烘白焙(评分标准:答对1项给1分,共10分,错一项扣1分)。

10. 答:电刷压力、刷握间距等分度、刷盒与换向器工作面距离、电刷与刷盒间隙符合要求(2分);正确研磨电刷,保证电机空转时接触面达到80%以上(2分);对带有刷架圈的结构,刷架圈应转动灵活,定位固定要可靠(2分);电机试验后,电刷处在中性线上(2分);各种紧固件应紧固牢靠,螺栓不允许松动(1分);绝缘可靠,对地耐压合格(1分)。

11. 答:电机在烘焙过程中,随着温度的逐渐升高,绕组绝缘内部的水份趋向表面,绝缘电阻逐渐下降,直至最低点(4分);随着温度升高,水份逐渐挥发,绝缘电阻从最低点开始回升(3分);最后随着时间的增加绝缘电阻达到稳定,此时绕组绝缘内部已经干燥(3分)。

12. 答:可能是浸漆后烘干过程中第一阶段的温度过高所致(3分),绕组浸漆后干燥一般分为两个过程(2分),第一阶段为挥发溶剂和水分(2分),第一阶段温度过高,会在绕组表面形成漆膜,阻碍溶剂和水分的挥发,形成气泡(3分)。

13. 答:(1) 输入功率 $P_1=\sqrt{3}U_N I_N\cos\phi_N=\sqrt{3}\times380\times183.5\times0.9=108\,698$ W

$\eta_N=\dfrac{P_N}{P_1}=\dfrac{100\times10^3}{108\,698}=0.92$(5分)

(2)$I=\dfrac{I_N}{\sqrt{3}}=\dfrac{183.5}{\sqrt{3}}=106$ A(5分)

14. 答:(1)电磁原因:过分的超越或者延迟换向,造成局部电流密度过大,接触点烧红形成热放射现象,释放的正离子起主要的传导作用,接触点处电压降增大,导致电刷与换向片之间有较大电压而产生火花(4分)。

(2)电位差原因:电枢反应使极靴下增磁区域的气隙磁场达到很高的值,切割此处磁场的电枢线圈就会产生较高的感应电势,与这些线圈相连的换向片之间的电位差就会较高,当电位差到达一定程度,就会使片间的空气游离击穿,形成电弧,从而产生电位差火花(4分)。

(3)机械原因:换向器偏心或者片间云母绝缘突出、转子平衡不良、电刷和换向器表面粗糙,造成电刷和换向器接触不良或发生振动产生火花(2分)。

15. 答:对称三相正弦交流电通入对称三相定子绕组,便形成旋转磁场。旋转磁场切割转子导体,便产生感应电动势和感应电流。感应电流受到旋转磁场的作用便形成电磁转矩,转子便沿着旋转磁场的转向逐步转动起来(5分)。转子转速不断升高,但不可能达到同步转速。如果$n=n_1$,则转子导体与旋转磁场之间就不再存在相互切割运动,也就没有感应电动势和感应电流,也就没有电磁转矩,转子转速就会变慢。由于在电动运行状态下总是$n<n_1$,因此称为“异步”电动机。又因其转子电流是由电磁感应产生的,又称“感应”电动机(5分)。

16. 答:(1)焊前要求清洁,去除氧化皮和杂质(2分);焊接应严密牢固,没有裂痕等缺陷(2分);连接面积不小于导线截面,接触电阻小(2分);焊接加热不应使导线熔化(2分);焊后绝缘包扎前必须打磨去除尖角,接头表面光洁(1分);尽量节省焊料(1分)。

17. 答:整距绕组的两个线圈边的跨距是180°电角度,即线圈的电动势是两线圈边电动势的代数和,节距因数等于1(3分);短距绕组的两个线圈边跨距小于180°电角度,线圈电动势是两个线圈边电动势的相量和，节距因数小于1(3分)；短距绕组的电动势比整距绕组的电动势小，但是同时能较大程度的削弱电动势中的谐波分量，从而改善基波电动势的波形(4分)。

18. 极距 $\tau=\frac{Q}{2p}=\frac{24}{4}=6$(3分)

每极每相槽数 $q=\frac{Q}{2pm}=\frac{24}{4\times 3}=2$(2分)

绕组展开图见图1。

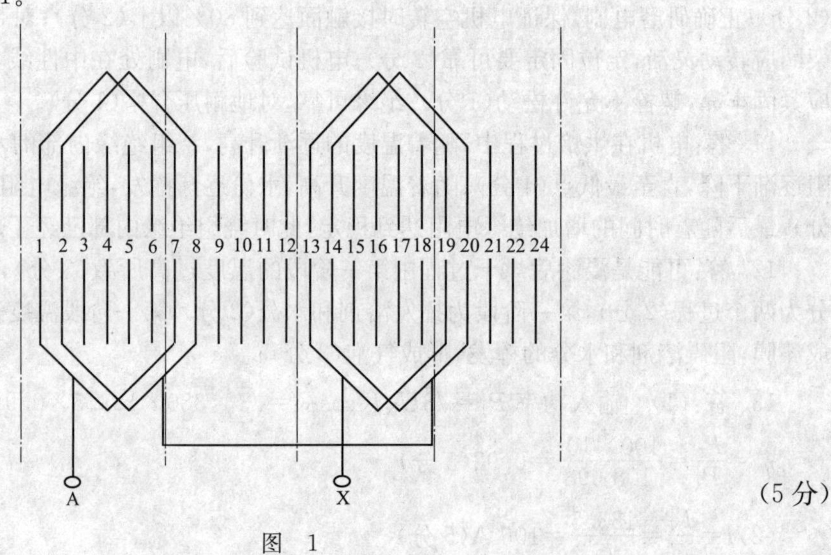

(5分)

图 1

19. 答：以孔的尺寸作基准叫基孔制(2分)，以轴的尺寸作基准叫基轴制(2分)。

基孔制的特点是：在同一公称尺寸和同一精度等级的孔和轴相配合时，孔的极限尺寸保持不变，仅将轴的极限尺寸作适当改变来得到各种不同的配合。在基孔制中，公称尺寸为孔的最小极限尺寸(3分)。

基轴制的特点是：在同一公称尺寸和同一精度等级的孔和轴相配合时，轴的极限尺寸保持不变，仅将孔的极限尺寸作适当改变来得到各种不同的配合。在基轴制中，公称尺寸为轴的最小极限尺寸(3分)。

20. 答：锉削注意事项有(评分标准：每项2分)：

(1)粗锉时，往往施加较大的锉削力，若锉刀从工件表面突然滑开，会造成伤手或其他事故，所以除了保持平稳的锉削姿势外，还要戴上防护手套。

(2)不使用无柄或已断裂的锉刀。锉刀柄应装紧，否则不但无法施加锉削，而且可能因木柄脱落而刺伤手。

(3)禁止用嘴吹工件表面或台虎钳上的切屑，防止细屑飞进眼里，也不能用手抹掉切屑，防止硬刺扎手。清除工作要用毛刷进行。

(4)不能用手指触摸锉削表面，因为手指上的油污粘上锉削面后，会使锉刀打滑。

(5)锉刀很脆，不能当撬棒、锥刀使用。

21. 答：液压与气压传动系统主要由以下几个部分组成(评分标准：每项2分)：

(1)动力装置：把机械能转换成流体的压力能的装置，一般最常见的是液压泵或空气压缩机。

(2)执行装置:把流体的压力能转换成机械能的装置,一般指作直线运动的液(气)压缸、作回转运动的液(气)压马达等。

(3)控制调节装置:对液(气)压系统中流体的压力、流量和流动方向进行控制和调节的装置。例如溢流阀、节流阀、换向阀等。这些元件组合成了能完成不同功能的液(气)压系统。

(4)辅助装置:指除以上三种以外的其他装置,如油箱、过滤器、分水过滤器、油雾器、蓄能器等,它们对保证液(气)压系统可靠和稳定地工作起重大作用。

(5)传动介质:传递能量的流体,即液压油或压缩空气。

22. 答:(1)已开始产生齿面疲劳点蚀,但因"出现小的凹坑",故属于早期点蚀(3分)。

(2)若早期点蚀不再发展成破坏性点蚀,该齿轮仍可继续使用(3分)。

(3)采用高黏度的润滑油或加极压添加剂于油中,均可提高齿轮的抗疲劳点蚀的能力(4分)。

23. 俯、左视图见图2(评分标准:每条线1分,共9分,凡错、漏、多一条线,各扣1分;线粗细符号规定1分)。

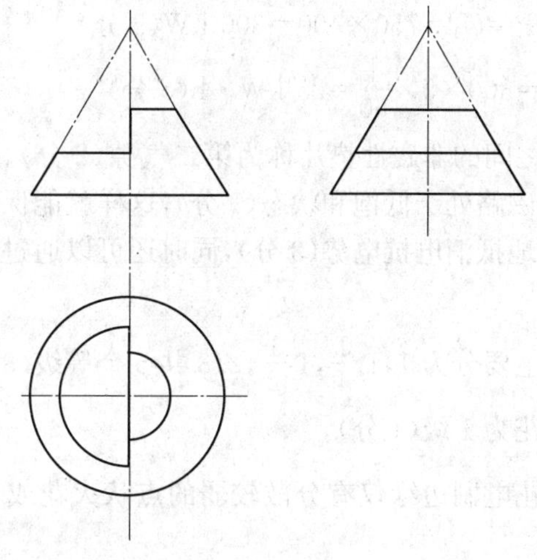

图 2

24. 俯视图见图3(评分标准:每条线0.5分,共9分,凡错、漏、多一条线,各扣1分;线粗细符合规定1分)。

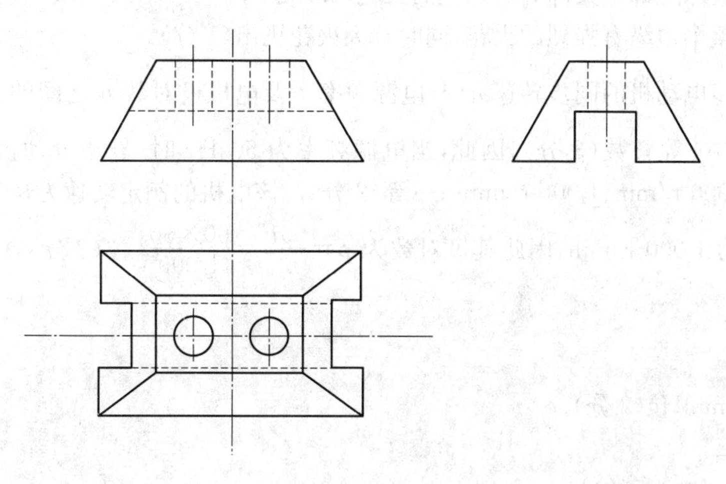

图 3

25. 答:(1)在绝缘材料制造中加入防老剂,常用酚类防老化剂(2.5 分)。(2)户外缘材料,可添加紫外光吸收剂,以吸收紫外光,或隔层隔离,以避免强阳光直接照射(2.5 分)。(3)湿热使用的绝缘材料,可加入防霉剂(2.5 分)。(4)加强高压电气设备的防电晕防局部放电措施(2.5 分)。绝缘材料的老化是一个多因素的问题,关系十分复杂,实际工作中我们必须分清主次,有的放矢,抓住主要矛盾选用绝缘材料。

26. 答:电机转子不平衡所产生的振动对电机的危害很大:

(1)消耗能量,使电机效率降低(2 分);

(2)直接伤害电机轴承,加速其磨损,缩短使用寿命(2 分);

(3)影响安装基础和与电机配套设备的运转,使某些零件松动或疲劳损伤,造成事故(2 分);

(4)直流电枢的不平衡引起的振动会使换向器产生火花(2 分);

(5)产生机械噪声(2 分)。

27. 答:电动机功率为 $P=U_{\mathrm{I}}=750\times400=300$ kW(5 分)

消耗的功率为 $W=Pt=300\times5\times\frac{1}{60}=25$ kW·h(5 分)

28. 答:换向极与机座之间的非磁性垫片称为第二气隙(2 分)。采用第二气隙,可以减少换向极的漏磁通,使换向极磁路处于低饱和状态(3 分),这样就能保证换向磁势和电枢电流成正比,使换向电势可以有效地抵消电抗电势(3 分),同时还可以通过第二气隙的调整使电机获得满意的换向(2 分)。

29. 答:直流电机火花主要分为 $1,1\frac{1}{4},1\frac{1}{2},2,3$ 共 5 个等级(3 分)。

1 级:电刷下无任何火花为 1 级(1 分)。

$1\frac{1}{4}$级:电刷下没有火花电刷边缘仅有分散较弱的点状火花或者非放电性的红色小火花(2 分)。

$1\frac{1}{2}$级:电刷边缘有大部分或全部有轻微的火花(1.5 分)。

2 级:电刷边缘全部或大部分有强烈的火花(1.5 分)。

3 级:电刷整个边缘有强烈的火花,同时有大火花飞出(1 分)。

30. 答:异步电动机的同步转速 n_1 与电源频率 f 及电机极对数 p 之间的关系为 $n_1=\frac{60f}{p}$ 其中 p 为 1、2、3…等整数(3 分),因此,当电源频率为 50 Hz 时,异步电动机的同步转速有 3 000 r/min、1 500 r/min、1 000 r/min……等(2 分)。该电机的额定转速为 997 r/min,与它接近的同步转速为 1 000 r/min,因此其极对数为 $p=\frac{60F}{n_1}=\frac{60\times50}{1\ 000}=3$(3 分),极数为 $2p=2\times3=6$(2 分)。

31. 答:

$H_{\mathrm{d}}=\gamma\frac{V}{2g}$ mmHg(2 分)

$V=\sqrt{\frac{2g}{\gamma}H_{\mathrm{d}}}$ m/s(2 分)

式中 g——重力加速度，$g=9.81\ \mathrm{m/s^2}$；

γ——空气的比重，与气候条件和海拔高度有关，在 0 ℃和大气压力 760 mmHg 时为 $1.29\ \mathrm{kg/m^3}$，一般情况下取 $1.2\ \mathrm{kg/m^3}$(1 分)。

如果测量压力 H_d 处的风道截面积 S 为已知，则送入的空气量 Q 为：

$Q=SV=S\sqrt{\dfrac{2g}{\gamma}H_d}\ \mathrm{m^3/s}$(2 分)

其中 $H_d=\left(\dfrac{\sqrt{H_{d1}}+\sqrt{H_{d2}}+\cdots\cdots+\sqrt{H_{dn}}}{n}\right)^2$(2 分)

式中：H_{d1}、H_{d2}……H_{dn}为在 1～n 个位置所测得的动压力，n 为测量位置的总数(1 分)。

32. 答：由 $u=311\sin(628t+45°)$V 可知：

(1)电压的最大值 $U_m=311$ V，则电压有效值 $u=\dfrac{U_m}{\sqrt{2}}=220$ V(3 分)。

(2)因为 $\omega=628$，所以频率 $f=\dfrac{\omega}{2\pi}=\dfrac{628}{2\times3.14}=100$ Hz(3 分)，周期 $T=1/f=1/100=0.01$ s(2 分)。

(3)初相角 $\phi=45°$(2 分)。

33. 答：(1)耐交流高压试验是属检查试验(2 分)。

(2)工频交流耐压试验是在试品上施加频率为 50 Hz，数值为绝缘规范或标准规定的正弦交流电压，以考核绝缘的介电强度(3 分)。

(3)加于电机的电压，应从低于试验电压全值的 1/3～1/2 开始，在 10～15 s 内逐渐升到全值，维持 1 min，然后在 10～15 s 的时间内，将试验电压逐渐降低到试验电压的 1/3～1/2 以后，再切断电源。用接地棒使电机充分放电，再进行拆线等操作(5 分)。

34. 答：解：由于异步电动机的同步转速 n_1、电源频率 f_N 及电机极对数 p 之间的关系为 $p=\dfrac{60f_N}{n_1}$(2 分)。又由于电机的额定转速 n_N 与同步转速 n_1 十分接近，所以是电机极对数为 $p=\dfrac{60f_N}{n_1}\approx\dfrac{60\times50}{730}=4.11\approx4$(2 分)。同步转速为 $n_1=\dfrac{60\ f_N}{p}=\dfrac{60\times50}{4}=750$ r/min(1 分)。额定运行时的转差率为 $S_N=\dfrac{n_1-n_N}{n_1}=\dfrac{750-730}{750}=0.026\ 7$(2.5 分)。该电机的极对数 $p=4$，同步转速为 750 r/min，额定运行时的转差率为 0.026 7(2.5 分)。

35. 答：由 $U_1\approx E_1=4.44fN_1K_1\phi_m$(2 分)可知，在 U、f、N_1一定时，ϕ_m 一定(3 分)。气隙增大时，磁阻增大(2 分)，为了维持磁通大小不变，空载电流将增大(2 分)，这将影响电机的输出功率，使电机出力不足(1 分)。

电机装配工(中级工)习题

一、填 空 题

1. 投影线相互平行的投影法称为( )投影法。
2. 用剖切平面完全地剖开零件所得的剖视图称为( )剖视图。
3. 用剖面局部地剖开零件所得的剖视图称为( )剖视图。
4. 假想用剖切面将零件的某处切断,仅画出( )的图形称为剖面图。
5. 按剖面图在视图中的配置位置不同,分为( )和移出剖面。
6. 将机件的部分结构,用大于原图形所采用的比例画出的图形,称为( )图。
7. 某一尺寸减其基本尺寸所得的代数差叫( )。
8. 某孔为 $\phi30^{+0.05}_{-0.02}$,则其公差为( )。
9. 配合就是基本尺寸( )的,相互结合的孔和轴的公差带之间的关系。
10. 过盈配合的轴的外径一定( )孔的内径。
11. 基准孔的基本偏差代号是( )。
12. 金属材料在断裂前产生永久性变形的能力称为( )。
13. GC_r15 钢是( )钢的牌号。
14. 淬火的目的是提高( ),增加耐磨性。
15. 带传动是依靠带与带轮接触处的( )来传递运动和动力的。
16. 三角带的截面形状是( ),工作面是带的两侧面。
17. 有一链传动,主动轮齿数为 20,从动轮齿数为 60,则其传动比 i_{12}=( )。
18. 外啮合齿轮传动,两轮的转向( )。
19. 液压传动是利用( )作为工作介质,借助于运动着的压力油来传递动力和运动的。
20. 液压泵是液压系统中的( )元件,用来把机械能转换为液压能。
21. 锉刀的形状,要根据加工工件的( )进行选择。
22. 普能锉刀按断面形状可分为平锉、方锉、圆锉、( )和半圆锉五种。
23. 钻床的主参数用( )表示。
24. 全电路欧姆定律的表达式为( )。
25. 依据支路电流法解得的电流为负值时,说明电流参考方向与实际方向( )。
26. 所谓支路电流法就是以支路电流为未知量,依据( )定律列方程求解的方法。
27. 已知交流电路中,某元件的阻抗与频率成正比,该元件是( )。
28. 纯电感正弦交流电路中,有功功率为( )。
29. 描述磁场中各点磁场强弱和方向的物理量是( )。
30. 磁路欧姆定律的表达式为( )。
31. 单相桥式整流电路中,若变压器次级电压 U_2=100 V,则负载两端的电压的平均值为

(　　)V。

32. 一台机器或一个部件是由若干个零件按一定的相互关系和技术要求(　　)而成的。

33. 表达部件或整台机器的工作原理、装配关系、连接方式及其结构形状的图样,称为(　　)图。

34. 单一实际要素的形状所允许的变动全量,称为(　　)公差。

35. 关联实际要素的位置对基准所允许变动全量,称为(　　)公差。

36. 零件表面具有的较小间距和峰谷所组成的微观几何形状特征,称为(　　)。

37. 表示若干个零部件装配在一起的图样,叫(　　)。

38. 零件草图是绘制零件工作图的(　　)。

39. 零件二次测绘遇到复杂的平面轮廓时,可用(　　)法将零件的轮廓在纸上印出。

40. 向心轴承主要承受(　　)载荷。

41. 推力轴承主要承受(　　)载荷。

42. 当径向载荷较大、轴向载荷较小,且转速高时,应优先选用(　　)。

43. 当轴承同时承受径向载荷和轴向载荷时,应选用(　　)。

44. 滑动轴承的主要优点是传动平稳,承载能力(　　),能获得很高的旋转精度。

45. 推力滑动轴承只承受(　　)载荷。

46. 当电器设备发生火灾时,应立即(　　)。

47. 电器设备发生火灾,未断电前严禁用水或(　　)灭火。

48. 工件将要锯断时(　　),速度要慢,行程要小,以免工件坠落将脚砸伤和损坏锯条。

49. 磁性材料按其磁特性和应用,可以分为(　　)、硬磁性材料和特殊材料三类。

50. 发电机是将(　　)的旋转机械。

51. 电动机是将(　　)的旋转机械。

52. 电动机的输出功率(　　)输入功率,输出功率与输入功率之比为电动机的效率。

53. 直流电机按励磁方式可分为(　　)。

54. 当三相异步电动机运行于(　　)状态时,S 趋近于零。

55. 异步电动机的调速方法有变极调速,(　　)和改变转差率调速。

56. 绕线式异步电动机通常采用在转子电路中串(　　)进行调速。

57. 螺纹的五要素是螺纹牙型、(　　)、螺距、导程、线数和旋向。

58. 轴承的游隙分为(　　)。

59. 在电机装配图中,装配尺寸链中封闭环所表示的是(　　)。

60. 为了改善电动机的启动及运行性能,鼠笼式异步电动机转子铁芯一般采用(　　)结构。

61. 磁极线圈套装时应尽可能使线圈与磁极间的空气隙减小,目的是为了(　　)。

62. 隐极式同步发电机的转子上的小槽是嵌放(　　)绕组。

63. 当电枢线圈数等于电枢槽数的一半时,绕组为(　　)。

64. 转子不平衡的原因主要是由(　　)引起的。

65. 直流牵引电动机电枢绕组的元件数和换向片数(　　)。

66. 电枢绕组是直流电机进行(　　)的部件。

67. 直流发电机中,当电枢在磁场中旋转时,电枢绕组将产生(　　)。

68. 异步电动机的转子磁场的转速(　　)定子磁场的转速。

69. 测试同步发电机转子绕组和励磁机绕组的绝缘电阻,使用(　　)的兆欧表。

70. 换向器表面精车是为了使换向器表面(　　)达到要求。

71. 动平衡是为了消除转子内因(　　),而引起的力偶不平衡和静力不平衡。

72. 异步电动机运行过程中,其转子转速 n(　　)旋转磁场的转速。

73. 直流电动机和发电机的电枢反应,使电动机的输出转矩(　　)。

74. 将直流电机电枢绕组各并联支路中电位相等的点,即处于相同磁极下(　　)的点用导线连接起来(通常连接换向片),就称该导线为均压线。

75. 同步电机是指转子转速与旋转磁场的转速(　　)的一种三相交流电机。

76. 凸极式同步电机的特点是转子上由显露的磁极,励磁绕组为集中绕组,转子的磁轭与磁极一般不是整体的,且多为极对数大于(　　)。

77. 不论何种形式的集电环,集电环都与套筒固定在一起,集电环中环与环之间、各环和套筒之间(　　)。

78. 异步电动机绕线型转子绕组与定子绕组形式基本相同,三相绕组的末端作(　　)连接。

79. 电动机的鼠笼转子发生故障时,检查的方法有定子绕组通三相低压电流、(　　)、转子断条检查器。

80. 他励式直流发电机励磁绕组由(　　)供电,与电枢无关。

81. 直流电动机电枢绕组上积有灰尘会(　　)和影响散热。

82. 为改善直流电机的换向性能,换向极绕组应与(　　)串联。

83. 定、转子铁芯多采用 0.35 mm 或 0.5 mm 厚的涂漆硅钢片叠压而成,是为了减少(　　)。

84. 衡量动平衡机的性能指标有(　　)和不平衡量减少率。

85. 一台他励直流电动机在恒转矩负载运行中,若其他条件不变,只是降低电枢电压,则在重新运行后,其电枢电流将(　　)。

86. 发电机是将(　　)能转变为电能的设备。

87. 直流发电机的电枢是由原动机拖动旋转,在电枢绕组中产生(　　),将机械能转换成电能。

88. 磁稳定性是衡量(　　)品质的重要指标之一。

89. 同步牵引发电机定子联线卡子的作用是(　　)。

90. 直流电机主极的作用是(　　)。

91. 在负载较大或变化剧烈的大型直流电机中,常在定子主极铁芯上开槽,增加补偿绕组来消除(　　)畸变。

92. 直流单叠绕组的磁极数 $2p=4$ 时,则电机的并联支路数为(　　)。

93. 直流电机定子换向极第二气隙作用:减小直流电机换向极的漏磁和降低(　　)的饱和度。

94. 电机绕组匝间耐压正确的检测方法分为(　　)和脉冲匝间试验两种。

95. 定子匝间试验过程中造成绝缘损坏击穿的原因可能是匝间电压过高或(　　)。

96. 直流定子主磁极的作用是(　　)。

97. 单叠绕组的连线规律是将同一磁极下相邻的元件依次(　　)形成一条支路。

98. 交流电机包括同步电机和(　　)电机,两者即可用作发电机,也可以用作电动机。

99. 交流电机的绕组按相数可分为(　　)绕组、两相绕组、三相绕组和多绕组。

100. 异步电机定子机座作用固定(　　),将电机固定在安装基础上。

101. 自励式直流电机按照励磁绕组与电枢绕组间联结方式不同分类可分为:串励、并励和(　　)。

102. 直流电机定子换向极同心度偏差过大时导致换向极磁场(　　)影响换向。

103. 直流电机定子主要包括主极 、换向极、(　　)和电刷装置等。

104. 直流电机定子装配后检查换向极铁芯内径和(　　),是为了保证电机装配后的换向极气隙。

105. 交流定子三相电阻的不平衡度过大时,绕组可能有(　　)现象。

106. 直流牵引电动机的换向极气隙过大时,则换向极补偿偏弱;气隙过小时,则换向极补偿(　　)。

107. 交流电机定子铁芯线圈装配中,双层绕组的定子线圈数与(　　)数相等。

108. 功率较大的三相异步电机采用(　　)绕组,小功率三相异步电机一般采用单层绕组。

109. 直流牵引电动机的主极气隙偏大时,则电机的速率会(　　)。

110. 直流电机换向极铁芯与机座之间的气隙称为(　　)。

111. 直流电机的气隙是(　　)和电枢之间的间隙,是主磁路的重要组成部分。

112. 直流电机与交流电机相比较,最主要的缺点是(　　)问题。

113. 直流电机中改善换向的主要方法是:安装换向极、移动电刷位置、(　　)、选用合适的电刷。

114. 同步电机的定子铁芯一般采用硅钢片叠成的目的是减少交变磁场在定子铁芯中引起的(　　)和涡流损耗。

115. 直流电机定子装配主极铁芯的不垂直度一般要求不大于(　　)。

116. 直流牵引电动机定子装配过程中使用卡钳和塞尺对换向极等分度进行检测的目的是避免因换向极的(　　)影响电机的换向性能。

117. 一台 $Z_U=S=K=15$,$2p=4$ 的单波左行绕组,采用短距,第二节距 y_2 为(　　)。

118. 电动机是将(　　)的旋转机械。

119. 电动机的输出功率(　　)输入功率,输出功率与输入功率之比为电动机的效率。

120. 电动机的(　　)之间的关系曲线,称为电动机的机械特性。

121. 异步电动机的调速方法有变极调速、(　　)和改变转差率调速。

122. 直流电机按励磁方式可分为(　　)。

123. 轴承的游隙分为原始游隙、工作游隙和(　　)。

124. 异步电动机的能量转换是在(　　)进行的。

125. 绕线式异步电动机的最大转矩与转子电路的电阻大小(　　),与电源电压的平方成正比。

126. 三相异步电动机负载不变而电源电压降低时,其定子电流将(　　)。

127. 向空间互差 120°电角度的三相定子绕组中通入三相对称交流电,则在电动机的空气隙中产生(　　)。

128. 当三相异步电动机运行于(　　)状态时,S 趋近于零。

129. 磁性材料的内部有(　　)结构,因而在外磁场的作用下具有磁化的特性。

130. 电机空气隙的大小对(　　)的影响很大。

131. 滚动轴承是(　　)轴的部件。

132. 交流双层叠绕组每相的最多并联支路数 $a=$(　　)。

133. 三相绕组的首端与首端之间应相差(　　)电角度。

134. 三相异步电动机定子绕组产生的旋转磁场的转速与电源的(　　)成正比,与磁极对数成反比。

135. 一台三相异步电动机额定数据为:$P_N=40$ kW,$U_N=380$ V,$n_N=950$ r/min,$\eta=84\%$,$\cos\phi=0.79$,则 $I_N=$(　　)。

136. 绕线式异步电动机通常采用在转子电路中串(　　)进行调速。

137. 轴承代号 G32426T 中 G 代表(　　)。

138. 在电机装配图中,装配尺寸链中封闭环所表示的是(　　)。

139. 三相异步电动机的某相绕组发生匝间短路时,三相电流会(　　)。

140. 校动平衡就是要在转子旋转的情况下通过消除(　　)从而达到平衡。

141. 对同一介质,外施不同电压,所得电流不同,则绝缘电阻(　　)。

142. 绝缘材料在外施电压的作用下被击穿时的电场强度称为(　　)。

143. 楞次定律的主要内容是:感生电流产生的磁场总是(　　)原磁场的变化。

144. 当轴承同时承受径向载荷和轴向载荷时,应选用(　　)。

145. 匝间绝缘是指同一线圈(　　)之间的绝缘。

146. 单相异步电动机的定子绕组通入单相正弦交流电时,产生的磁场为(　　)。

147. 电机绕组对地耐压试验的电压为(　　)交流电。

148. 直流电机电刷下产生火花的原因有(　　)、机械和工作环境方面的原因。

149. 在电路测量中,CT 表示(　　)。

150. 轴承是用来支承轴的。滚动轴承根据受载荷方向不同分为(　　)、向心推力轴承和推力轴承三类。

151. 某台两极三相异步电动机,转差率 $S_N=0.04$,则 $n_N=$(　　)。

152. 根据零件互换程度的不同,可分为完全互换和(　　)。

153. 依据支路电流法解得的电流为负值时,说明电流参考方向与实际方向(　　)。

154. 交流耐压试验是检查绝缘(　　)最有效和最直接的试验项目。

155. 环火是指电机(　　)之间被强烈的电弧所短路。

156. 电动机的(　　)和转速 n 之间的关系曲线,称为电动机的机械特性。

157. 感应法测量中性位时所用的电压表是(　　)。

158. 直流电动机温升试验线路采用(　　)线路。

159. 纯电感正弦交流电路中,有功功率为(　　)。

160. 电测指示仪表误差包括(　　)和附加误差。前者是仪表本身固有的误差。后者是外界条件影响引起的误差。

161. 在 RLC 串联正弦交流电路中,$R=20\ \Omega$,$L=63.5$ mH,$C=80\ \mu$f,电源电压 $u=$

$220\sqrt{2}\sin(314t+30°)$V,则电路中的总阻抗 $Z=$(　　)Ω。

162. 描述磁场中各点磁场强弱和方向的物理量是(　　)。

163. R-L 串联交流电路的阻抗是(　　)。

164. 在电路测量中,PT 表示(　　)。

165. 单相半波整流电路中,若变压器次级电压 $U_2=100$ V,则负载两端的电压为(　　)。

166. 单相全波整流电路每只二极管承受的反向电压为(　　)。

167. 单相全波整流电路中,若变压器次级电压为 U_2,则整流输出的电压为(　　)。

168. 单相桥式整流电路中,若变压器次级电压 $U_2=100$ V,则负载两端的电压的平均值为(　　)。

169. 单相电容启动电动机,定子上有两套绕组,即(　　)绕组。

170. 电磁接触器是一种用来(　　)交直流主电路和控制电路的自动控制电器。

171. 接触器是利用由(　　)配合动作使触头打开或闭合的电器。

172. 继电器是一种根据某种(　　)的变化而接通或断开控制电路,实现自动控制和保护电力拖动装置的电器。

173. 直流电机电枢绕组的元件数和换向片数(　　)。

二、单项选择题

1. 相互配合的孔和轴,其(　　)必须相同。

(A)公差带　(B)基本偏差　(C)极限偏差　(D)基本尺寸

2. 重合剖面的轮廓线是用(　　)绘制。

(A)粗实线　(B)细实线　(C)粗点划线　(D)双点划线

3. 下列属于基本视图的是(　　)。

(A)向视图　(B)主视图　(C)斜视图　(D)局部视图

4. 尺寸线用(　　)绘制。

(A)粗实线　(B)虚线　(C)细实线　(D)双点划线

5. 斜度标注中,斜度符号的方向应与斜度的方向(　　)。

(A)一致　(B)相反　(C)水平　(D)垂直

6. 标准普通螺纹的螺纹代号是(　　)。

(A)G　(B)M　(C)R　(D)Tr

7. 螺纹的牙底用 3/4 圈的(　　)绘制。

(A)粗实线　(B)细实线　(C)虚线　(D)双点划线

8. 对于基本尺寸≤500 mm 的配合,当公差等级高于或等于 IT8 时,推荐选择(　　)。

(A)孔的公差等级比轴高一级　(B)同级孔轴配合

(C)孔的公差等级比轴低一级　(D)孔轴公差等级可以相同,也可以不相同

9. 采用一般公差的尺寸,在该尺寸后(　　)。

(A)不注出极限偏差　(B)不注出公差带代号

(C)注出极限偏差　(D)注出公差带代号

10. 公差的大小等于(　　)。

(A)实际尺寸减基本尺寸　(B)上偏差减下偏差

(C)最大极限尺寸减实际尺寸 (D)最小极限尺寸减实际尺寸

11. 尺寸的合格条件是(　　)。

(A)实际尺寸等于基本尺寸 (B)实际偏差在公差范围内

(C)实际偏差在上下偏差之间 (D)实际尺寸在公差范围内

12. 最小极限尺寸减去其基本尺寸所得的代数差为(　　)。

(A)上偏差 (B)下偏差 (C)基本偏差 (D)实际偏差

13. 当孔的下偏差大于相配合的轴的上偏差时,此配合的性质是(　　)。

(A)间隙配合 (B)过渡配合 (C)过盈配合 (D)无法确定

14. 金属材料在外力作用下抵抗塑性变形或断裂的能力称为(　　)。

(A)硬度 (B)强度 (C)冲击韧度 (D)弹性

15. 钢 45 按含碳量不同分类,属于(　　)。

(A)中碳钢 (B)低碳钢 (C)高碳钢 (D)共析钢

16. T8 钢按含碳量不同分类,属于(　　)。

(A)中碳钢 (B)低碳钢 (C)高碳钢 (D)亚共析钢

17. 表面热处理是为了改善零件的(　　)化学成分和组织。

(A)内部 (B)表层 (C)整体 (D)中心

18. 带传动具有(　　)的特点。

(A)效率高 (B)过载时会产生打滑现象

(C)传动比准确 (D)传动平稳噪声大

19. 链传动和带传动相比,具有(　　)的特点。

(A)效率高 (B)效率低 (C)传动比不准确 (D)传动能力小

20. 圆柱齿轮传动常用于两轴(　　)。

(A)相交 (B)垂直相交 (C)平行 (D)垂直相错

21. 液压系统的执行元件是(　　)。

(A)电动机 (B)液压缸 (C)液压泵 (D)液压控制阀

22. 錾子刃磨时,经常浸水冷却,以免錾子(　　)。

(A)退火 (B)回火 (C)正火 (D)淬火

23. 锯削软材料或厚材料一般选用(　　)锯条。

(A)粗齿 (B)细齿 (C)硬齿 (D)软齿

24. 一般手锯的往复长度不应小于锯条长度的(　　)。

(A)1/3 (B)2/3 (C)1/2 (D)3/4

25. 用扩孔钻扩孔,扩孔前的钻孔直径为(　　)倍的要求孔径。

(A)0.9 (B)0.8 (C)0.7 (D)1.0

26. 套丝时,应保持板牙的端面与圆杆轴线成(　　)。

(A)水平 (B)垂直 (C)倾斜 (D)一定的角度要求

27. 同一零件在各剖视图中,剖面线的方向和间隔应(　　)。

(A)互相相反 (B)保持一致 (C)宽窄不等 (D)互成一定角度

28. 形位公差的符号"▱"的名称是(　　)。

(A)直线度 (B)平面度 (C)圆柱度 (D)平行度

29. 符号"⌯"的名称是(　　)。

(A)垂直度　　(B)位置度　　(C)对称度　　(D)平行度

30. "○√"符号表示该表面粗糙度是用(　　)方法获得。

(A)去除材料的　　(B)不去除材料的

(C)任意去除材料方法均可　　(D)去或不去除材料均可的

31. 在电机装配图中,装配尺寸链中封闭环所表示的是(　　)。

(A)零件的加工精度　　(B)零件尺寸大小

(C)装配精度　　(D)装配游隙

32. 公制圆锥工具的锥度为(　　)。

(A)1∶10　　(B)1∶15　　(C)1∶20　　(D)1∶25

33. 滚花前工件表面粗糙度的轮廓算术平均偏差 R_a 的最大允许值为(　　)。

(A)3.2 μm　　(B)6.3 μm　　(C)12.5 μm　　(D)25 μm

34. 螺纹通孔长孔和麻花钻或钻头尖加工的孔未注表面粗糙度的 Ra 值不大于(　　)。

(A)3.2 μm　　(B)6.3 μm　　(C)12.5 μm　　(D)25 μm

35. 螺纹加工中未注表面粗糙度的 R_a 值不大于(　　)。

(A)3.2 μm　　(B)6.3 μm　　(C)12.5 μm　　(D)25 μm

36. 材料抵抗硬的物体压入自己表面的能力称为(　　)。

(A)硬度　　(B)强度　　(C)塑性　　(D)弹性

37. 金属材料在外力作用下抵抗塑性变形或断裂的能力称为(　　)。

(A)硬度　　(B)强度　　(C)塑性　　(D)弹性

38. 在一对配合中,孔的上偏差 $E_s=+0.03$ mm,下偏差 $E_i=0$,轴的上偏差 $e_s=-0.03$ mm,下偏差 $e_i=-0.04$ mm,其最大间隙为(　　)。

(A)0.06 mm　　(B)0.07 mm　　(C)0.03 mm　　(D)0.04 mm

39. 电机设计制造中应用的磁性材料是(　　)磁性物质。

(A)铜　　(B)铝　　(C)铁　　(D)银

40. 电机装配中用力矩扳手紧固主要是要控制螺栓的(　　)。

(A)变形　　(B)断裂　　(C)预紧力　　(D)应力

41. 普通细牙螺纹具有(　　)性能。

(A)强度高　　(B)耐磨　　(C)防脱扣　　(D)密封好

42. 经常拆卸的普通螺纹的配合推荐采用(　　)。

(A)H/e　　(B)H/f　　(C)H/g　　(D)H/h

43. 铆钉材料必须具有高的(　　)和不可淬性。

(A)硬度　　(B)强度　　(C)塑性　　(D)弹性

44. 弹性圆柱销不能用于(　　)场合。

(A)冲击　　(B)振动　　(C)多次拆卸　　(D)高精度定位

45. 矩形花键的定心方式为(　　)。

(A)大径定心　　(B)小径定心　　(C)齿侧定心　　(D)无法确定

46. 外锥式电机联轴节的装配方法通常采用(　　)。

(A)机械压入法　　(B)油压法　　(C)感应加热法　　(D)电阻加热法

47. 粘接具有良好的(　　)性能。

(A)耐疲劳强度　(B)耐热　(C)耐老化　(D)抗冲击强度

48. 普通平带的传动比一般不大于(　　)。

(A)3　(B)5　(C)6　(D)10

49. 带传动的传动比不大于(　　)。

(A)3　(B)5　(C)6　(D)10

50. 对于导磁零件,切削应力过大时,铁损耗(　　)。

(A)增大　(B)减小　(C)不变　(D)无关

51. 对于导磁零件,切削应力过大时,导磁性能(　　)。

(A)增大　(B)下降　(C)不变　(D)无关

52. 硬磁材料的特点是经过磁化后(　　)。

(A)具有较高剩磁,较高的矫顽力　(B)具有较高剩磁,较低的矫顽力

(C)具有较低剩磁,较高的矫顽力　(D)具有较低剩磁,较低的矫顽力

53. 耐热等级为C级的浸渍漆其烘焙温度为(　　)。

(A)130 ℃　(B)150 ℃　(C)180 ℃　(D)200 ℃

54. 直流电动机的空载损耗由(　　)构成。

(A)铁损耗+机械损耗　(B)铁损耗－机械损耗

(C)电磁功率－输出功率　(D)电枢铜耗+铁损耗

55. 直流发电机的空载损耗由(　　)构成。

(A)铁损耗+机械损耗　(B)铁损耗－机械损耗

(C)电磁功率－输出功率　(D)电枢铜耗+铁损耗

56. 我国工业企业车间噪声卫生标准为不大于(　　)dB。

(A)80　(B)85　(C)90　(D)95

57. 直流电动机的额定功率是指(　　)。

(A)输入功率　(B)输出的机械功率

(C)电磁功率　(D)全部损耗功率

58. 直流发电机的额定功率是指(　　)。

(A)输出的电功率　(B)输入的机械功率

(C)电磁功率　(D)全部损耗功率

59. 下列不属于按电流角度划分的电机类型的是(　　)。

(A)直流电机　(B)变压器　(C)交流电机　(D)发电机

60. 精车换向器前需用(　　)校两端轴承位径向跳动量。

(A)百分表　(B)千分表　(C)游标卡尺　(D)塞尺

61. 使用游标卡尺测量外径时,两量爪跨距应(　　)工件直径,然后移动游标轻轻接触工件表面。测量时轻微摆动量爪,以找出最小尺寸数值。

(A)稍大于　(B)稍小于　(C)大于等于　(D)小于等于

62. 对称三相绕组在空间位置上应彼此相差(　　)电角度。

(A)60°　(B)120°　(C)180°　(D)360°

63. 尺寸的合格条件是(　　)。

(A)实际尺寸等于基本尺寸　　(B)实际偏差在公差范围内
(C)实际偏差在上、下偏差之间　　(D)实际尺寸在公差范围内

64. 公差的大小等于(　　)。
(A)实际尺寸减基本尺寸　　(B)上偏差减下偏差
(C)最大极限尺寸减实际尺寸　　(D)最小极限尺寸减实际尺寸

65. 制造电机和变压器的硅钢片,属(　　)。
(A)软磁材料　　(B)硬磁材料　　(C)矩磁材料　　(D)非铁磁材料

66. H 级绝缘材料最高允许温度为(　　)。
(A)90°　　(B)120°　　(C)130°　　(D)180°

67. 绕组绝缘表面如果长期存在电晕,将会对绝缘产生电腐蚀和化学腐蚀,加速(　　)。
(A)绝缘变化　　(B)绝缘老化　　(C)绕组老化　　(D)导体老化

68. 双臂电桥的测量阻值主要在(　　)。
(A)1 Ω以上　　(B)1 Ω以下　　(C)10 Ω以上　　(D)0.1 Ω以下

69. 笼型转子采用钎焊时,钎焊的加热方式有(　　)感应加热。
(A)低频　　(B)中频　　(C)高频　　(D)超高频

70. 交流电机与直流电机的电枢绕组是(　　)。
(A)产生旋转磁场　　(B)产生感应电势流过负载电流
(C)产生转矩　　(D)产生感应电势

71. 绕线式异步电动机转子绕组一般接成(　　)。
(A)星形　　(B)三角形　　(C)双星形　　(D)星/三角形

72. 兆欧表可用于测量(　　)。
(A)绕组对机壳的绝缘电阻和绕组之间的绝缘电阻
(B)测量电枢绕组的电阻
(C)测量主极电阻
(D)接地电阻

73. 电机是一种利用(　　)原理进行机电能量转换的电气设备。
(A)旋转磁场　　(B)感应电流　　(C)电磁感应　　(D)电枢反应

74. 影响绝缘电阻率的因素有(　　)。
(A)电流、电压、杂质、温度　　(B)温度、湿度、杂质、电场强度
(C)杂质、电压、电流、湿度　　(D)温度、湿度、电压、杂质

75. 绝缘材料按耐热等级可分为(　　)级。
(A)5　　(B)6　　(C)10　　(D)7

76. 直流电机中,电枢的作用是(　　)。
(A)将交流电变为直流电　　(B)实现电能和机械能的转换
(C)将直流电变为交流电　　(D)带动负载机械

77. 绕组对地耐压试验采用(　　)电源。
(A)50 Hz 正弦交流电　　(B)直流
(C)脉冲　　(D)中频

78. 正确检测电机绕组匝间绝缘的方法有(　　)。

(A)工频对地耐压试验　(B)检查测量绝缘电阻

(C)中频匝间试验　(D)匝间脉冲试验

79. 三相异步电动机与发电机的电枢磁场都是(　　)。

(A)旋转磁场　(B)脉振磁场　(C)波动磁场　(D)恒定磁场

80. 对称三相负载三角形连接时,下列关系正确的是(　　)。

(A)$U_{\Delta线}=\sqrt{3}U_{\Delta相}$　$I_{\Delta线}=I_{\Delta相}$　(B)$U_{\Delta线}=\sqrt{3}U_{\Delta相}$　$I_{\Delta线}=\sqrt{3}U_{\Delta相}$

(C)$U_{\Delta线}=U_{\Delta相}$　$I_{\Delta线}=\sqrt{3}I_{\Delta相}$　(D)$U_{\Delta线}=U_{\Delta相}$　$I_{\Delta线}=I_{\Delta相}$

81. 一个线圈由 4 个元件组成,铁芯槽数为 50,则换向片数是(　　)。

(A)250　(B)400　(C)200　(D)100

82. 绝缘材料超过最高允许温度后,绝缘性能会(　　)。

(A)增强　(B)降低　(C)不变　(D)说不清

83. 相间绝缘的作用是(　　)。

(A)将绕组与铁芯隔开　(B)将同相绕组相互间隔开

(C)绕组匝与匝之间绝缘　(D)将不同相的绕组隔开

84. 直流电机电枢绕组嵌完线圈后,所有线圈经换向器形成(　　)。

(A)一条支路　(B)两条支路

(C)闭合回路　(D)与极数相同的并联支路

85. 一台 $Z_U=S=K=15$,$2p=4$ 的单波左行绕组,采用短距,第二节距 y_2 为(　　)。

(A)7　(B)3　(C)4　(D)5

86. 交流电机与直流电机的电枢绕组是(　　)。

(A)产生旋转磁场　(B)电机能量转换的枢纽

(C)产生电磁转矩　(D)产生感应电势

87. 小功率三相鼠笼式异步电动机的转子常用(　　)。

(A)铜条结构转子　(B)铸铝转子

(C)深槽式转子　(D)斜槽式转子

88. 已知 $R_1>R_2>R_3$,若将此三个电阻并连接在电压为 U 的电源上,获得最大功率的电阻是(　　)。

(A)R_1　(B)R_2　(C)R_3　(D)R_4

89. 嵌线时,槽内绝缘及槽底垫条的作用是防止线圈绝缘在运行中受振动时被磨损及嵌线时被擦伤。对于有防晕层的线圈,一般垫(　　)绝缘材料垫条。

(A)漆膜　(B)磁性　(C)半导体　(D)绝缘体

90. 双层绕组的主要特点是可选用最有利的(　　),如 $y/\tau=5/6$ 的短距来改善磁动势波形。

(A)节距　(B)齿距　(C)槽数　(D)匝数

91. 复励电机的励磁绕组由串并励绕组组成。对于发电机,一般采用(　　)。

(A)平复励　(B)欠复励　(C)加复励　(D)平复励与欠复励

92. 一台三相异步电动机转速为 1 450 r/min,此台电机的同步转速是(　　)r/min。

(A)3 000　(B)1 500　(C)1 000　(D)750

93. 电机绕组上的直流电阻一般用(　　)进行测量。

(A)欧姆表　(B)万用表　(C)双臂电桥　(D)单臂电桥

94. 补偿绕组的结构形式有菱形、同心式和(　　)3种。

(A)交叠式　(B)条式　(C)单层式　(D)双层式

95. (　　)补偿绕组由扁铜电磁线绕制而成,用于开口补偿槽的中型电机。

(A)同心式　(B)条式　(C)单层式　(D)双层式

96. 异步电动机在电动机状态时,转速转差率分别为(　　)。

(A)转速高于同步转速,转差率大于1　(B)转速低于同步转速,转差率大于1

(C)转速高于同步转速,转差率小于1　(D)转速低于同步转速,转差率小于1

97. 三相对称绕组在空间位置上应彼此相差(　　)。

(A)60°电角度　(B)120°电角度　(C)180°电角度　(D)360°电角度

98. 三相异步电动机的旋转方向与通入三相绕组的三相电流(　　)有关。

(A)大小　(B)方向　(C)相序　(D)频率

99. 为改善直流电机的换向性能,换向极绕组应(　　)。

(A)与电枢绕组串联,并且极性正确　(B)与电枢绕组并联,并且极性正确

(C)与补偿绕组并联,并且极性正确　(D)与励磁绕组串联,并且极性正确

100. 三相异步电动机在运行中断相,则(　　)。

(A)必将停止转动　(B)负载转矩不变,转速不变

(C)负载转矩不变,转速下降　(D)适当减少负载转矩,可维持转速不变

101. 对电动机绕组进行浸漆处理的目的是(　　)。

(A)加强绝缘强度改善电动机的散热能力以及提高绕组机械强度

(B)加强绝缘强度改善电动机的散热能力以及提高绕组的导电性能

(C)加强绝缘强度提高绕组机械强度,但不利于散热

(D)改善电动机的散热能力以及提高绕组机械强度,并增加美观

102. 三相异步电动机与发电机的电枢磁场都是(　　)。

(A)旋转磁场　(B)脉振磁场　(C)波动磁场　(D)恒定磁场

103. 直流电机定子装配换向极是为了(　　)。

(A)增加气隙磁场　(B)减小气隙磁场

(C)将交流电变换成直流电　(D)改善换向

104. 换向极第二气隙作用主要是(　　)。

(A)改善换向　(B)改善温升　(C)改善速率　(D)调整定转子间距

105. 下列不属于异步电动机是(　　)。

(A)三相笼型电动机　(B)同步电动机

(C)绕线异步电动机　(D)隔爆异步电动机

106. 加速绝缘材料老化的主要原因是(　　)。

(A)电压过高　(B)电流过大　(C)温度过高　(D)使用不当

107. 电缆线芯的连接采用压接法时,应先压(　　)。

(A)管口侧的坑　(B)中间的坑

(C)管口另一侧的坑　(D)哪个坑都行

108. 电缆导线截面的选择是根据(　　)进行的。

(A)额定电流　　(B)传输电流
(C)传输容量及短路电流　　(D)接触面积

109. 若电机定子绕组是双层迭绕组时其线圈总数与定子铁芯槽总数(　　)。
(A)相等　　(B)线圈总数多
(C)定子铁芯槽总数多　　(D)线圈是槽的 2 倍

110. 大型发电机定子绕组端部的紧固很重要,因为当绕组端部受力时,最容易损坏的部位是线圈的(　　)。
(A)出槽口处　　(B)拐弯处　　(C)端头处　　(D)直线处

111. 电动机原极数少,后改为极数多时,每极铁芯的(　　)。
(A)圆周面积增大,轭部磁通密度增大　　(B)圆周面积减小,轭部磁通密度减小
(C)圆周面积不变,轭部磁通密度不变　　(D)不变

112. 同电源的交流电动机,磁极对数多的电动机,其转速(　　)。
(A)恒定　　(B)波动　　(C)高　　(D)低

113. 使用游标卡尺,卡尺的两个脚合并时,游标上的零线与主尺上的零线应(　　)。
(A)少一格　　(B)多一个　　(C)对齐　　(D)无所谓

114. 交流电动机定子绕组在浸漆前预烘干燥时,对于 A 级绝缘温度应控制在(　　)以下。
(A)(90±5) ℃　　(B)(110±5) ℃　　(C)(130±5) ℃　　(D)(150±5) ℃

115. 高压交流电动机定子的三相绕组,直流电阻误差不应大于(　　)。
(A)2%　　(B)3%　　(C)5%　　(D)10%

116. 直流电机为了消除环火而加装了补偿绕组,正确的安装方法是补偿绕组应与(　　)。
(A)励磁绕组串联　　(B)励磁绕组并联　　(C)电枢绕组串联　　(D)电枢绕组并联

117. 触电伤员如神智不清,应就地仰面躺平,且确保气道通畅,并用(　　)时间,呼叫伤员或轻拍其肩部,以判定伤员是否意识丧失。
(A)3 s　　(B)4 s　　(C)5 s　　(D)6 s

118. 12 V/6 W 的灯炮接在 6 V 电源上,通过灯炮的电流是(　　)。
(A)2 A　　(B)0.25 A　　(C)0.5 A　　(D)4 A

119. 旋转磁极式交流发电机电刷的作用是(　　)。
(A)电流的引入装置　　(B)电压的引出或引入装置
(C)励磁电流的引入装置　　(D)电流的引出装置

120. 直流电动机将(　　)。
(A)机械能转变成电能　　(B)电能转变成机械能
(C)交流电变为直流电　　(D)直流电变为交流电

121. 某台进口的三相异步电动机额定频率为 60 Hz,现工作于 50 Hz 的交流电源上,则电机的同步转速将(　　)。
(A)提高　　(B)降低　　(C)不变　　(D)不一定

122. 在三相对称绕组中通入三相对称电流将产生(　　)。
(A)恒定磁场　　(B)旋转磁场　　(C)脉动磁场　　(D)匀强磁场

123. 三相异步电动机额定运行时,其转差率一般为(　　)。

(A)$S=0$　(B)$S=0.01\sim0.07$　(C)$S=0.004\sim0.007$　(D)$S=1$

124. 直流发电机,将(　　)。

(A)电能转变为机械能　(B)机械能转变为电能

(C)直流电变为交流电　(D)交流电变为直流电

125. 为减小直流电机换向极的漏磁和降低换向极磁路的饱和度,一般(　　)。

(A)采用第一气隙　(B)采用第二气隙

(C)调节电刷与刷盒的距离　(D)调节主极同心度

126. 公差的大小等于(　　)。

(A)实际尺寸减基本尺寸　(B)上偏差减下偏差

(C)最大极限尺寸减实际尺寸　(D)最小极限尺寸减实际尺寸

127. 当三相电源对称时,异步电动机的任一相空载电流与三相电流平均值的偏差不得大于(　　)。

(A)5%　(B)10%　(C)15%　(D)20%

128. 气动扳手气动前在进气口注入少量润滑油(　　)运转几秒钟后,再频繁起动。

(A)高气压　(B)低气压　(C)中气压　(D)手动

129. 交流电路视在功率的单位是(　　)。

(A)瓦　(B)乏尔　(C)伏安　(D)焦耳

130. 直流电动机与交流电动机比较,(　　)。

(A)启动转矩小,启动电流大　(B)启动转矩大,启动电流小

(C)启动转矩大,调速范围大　(D)启动转矩小,启动电流小

131. 直流电动机加上额定电压时,其启动电流的大小取决于(　　)大小。

(A)负载转矩　(B)电枢回路电阻

(C)励磁回路电阻　(D)电枢电压

132. 最小极限尺寸减去其基本尺寸所得的代数差为(　　)。

(A)上偏差　(B)下偏差　(C)基本偏差　(D)实际偏差

133. 正弦交流电的三要素是指(　　)。

(A)最大值、平均值、瞬时值　(B)最大值、角频率、初相位

(C)周期、频率、角频率有效值　(D)瞬时值、平均值、最大值

134. 对称三相负载三角形连接时,下列关系正确的是(　　)。

(A)$U_{\Delta线}=\sqrt{3}U_{\Delta相}$　$I_{\Delta线}=I_{\Delta相}$　(B)$U_{\Delta线}=\sqrt{3}U_{\Delta相}$　$I_{\Delta线}=\sqrt{3}U_{\Delta相}$

(C)$U_{\Delta线}=U_{\Delta相}$　$I_{\Delta线}=\sqrt{3}I_{\Delta相}$　(D)$U_{\Delta线}=U_{\Delta相}$　$I_{\Delta线}=I_{\Delta相}$

135. 三相异步电动机改变转子电阻的大小不会影响(　　)。

(A)最大转矩　(B)临界转差率　(C)堵转转矩　(D)额定转矩

136. 直流电机磨刷后,电刷与换向器的接触面积应达到(　　)以上。

(A)1/4　(B)1/3　(C)1/2　(D)2/3

137. 交流电机与直流电机的电枢绕组是(　　)。

(A)产生旋转磁场　(B)电机能量转换的枢纽

(C)产生电磁转矩　(D)产生感应电势

138. 对三相绕线式异步电动机常采用(　　)调速。

(A)变频　(B)变极

(C)改变转子回路的电阻　(D)调定子电压

139. 使用感应加热器,进行退轴承和套油封作业时,首先应认真仔细地检查感应加热器及联线的绝缘状态是否良好,并正确使用防烫工具和个人防护用品,以免被电击伤和(　　)。

(A)高温烫伤　(B)高空摔伤　(C)工件碰伤　(D)轴承砸伤

140. 对一般三相交流发电机的三个线圈的电动势,正确的说法是(　　)。

(A)它们的最大值不同　(B)它们同时达到最大值

(C)它们的周期不同　(D)它们达到最大值的时间依次落后1/3周期

141. 异步电动机Y-△降压启动时,每相定子绕组上的启动电流是正常工作电流的(　　)倍。

(A)$\sqrt{3}$　(B)$1/\sqrt{3}$　(C)1/3　(D)$1/\sqrt{2}$

142. 直流电动机的空载损耗通常由(　　)构成。

(A)铁损耗＋负载损耗　(B)铁损耗＋机械损耗

(C)电磁功率－输出功率　(D)电枢铜耗＋铁损耗

143. 串励直流电动机具有"软"的机械特性,因此适用于(　　)的场合。

(A)转速要求基本不变　(B)转矩要求基本不变

(C)输出功率基本不变　(D)输出电流基本不变

144. 大中型交流电动机负载试验主要采用(　　)。

(A)同步机馈网　(B)直接负载　(C)水阻负载　(D)互馈

145. 三相异步电动机制动状态时,其转差率为(　　)。

(A)S值大于1　(B)S值在0与1之间变化

(C)S值等于1　(D)S值小于0

146. 用改变电源电压的办法来调节异步电动机的转速主要用于(　　)。

(A)带恒转矩负载的鼠笼式异步电动机　(B)带风机负载的鼠笼式异步电动机

(C)多速的异步电动机　(D)带恒转矩负载的绕线式异步电动机

147. 同步发电机从空载到满载,其端电压(　　)。

(A)升高　(B)降低　(C)不变　(D)都有可能

148. 异步电动机的气隙较大时,电机(　　)。

(A)空载电流大　(B)功率因数高　(C)效率高　(D)效率低

149. 在RC串联正弦交流电路中,电路中的总阻抗随电源的频率增大而(　　)。

(A)增大　(B)减小　(C)不变　(D)无法确定

150. 直流电机反馈试验的最大优点是(　　)。

(A)节省能源　(B)试验台方便操作

(C)容易检测数据　(D)效率高

151. Y连接的三相异步电机,用指南针法判断极相组接线时,若接线正确,则指南针(　　)。

(A)指向一致　(B)相邻两极相一致

(C)指向间隔交替　(D)不确定

152. 直流电机空载试验线路中,发电机励磁(　　)回调。

(A)不允许　(B)允许　(C)按要求　(D)无特殊要求

153. 当移动刷架圈时,火花没有明显变化的火花为(　　)。

(A)电气火花　(B)机械火花

(C)电磁火花　(D)电磁火花和机械火花

154. 电机试验项目中进行匝间绝缘强度试验为了(　　)性能。

(A)考核电枢绕组匝间耐压　(B)考核换向极绕组的匝间耐压

(C)考核换向器片间耐压　(D)考核主极匝间耐压

155. 电机的损耗中(　　)通常是根据该类型电机的技术条件规定进行估算。

(A)铜损耗　(B)铁损耗　(C)机械损耗　(D)杂散损耗

156. 当某相绕组发生匝间短路时,该相绕组的电流较其他两相(　　)。

(A)大　(B)小　(C)一样　(D)没有变化

157. 直流牵引电机起动试验目的是为了考核(　　)。

(A)换向器　(B)电枢绕组　(C)主极绕组　(D)换向极绕组

158. 直流发电机电刷在几何中线上,如果磁路不饱和,这时电枢反应是(　　)。

(A)去磁　(B)助磁

(C)不去磁也不助磁　(D)不助磁

159. 如果并励直流发电机的转速上升20%,则空载时发电机的端电压U_0升高(　　)。

(A)20%　(B)大于20%　(C)小于20%　(D)不确定

160. 三相异步电动机的空载电流比同容量变压器大的原因是(　　)。

(A)异步电动机是旋转的　(B)异步电动机的损耗大

(C)异步电动机有气隙　(D)异步电动机有漏抗

161. 他励直流电动机拖动恒转矩负载进行串电阻调速,设调速前、后的电枢电流分别为I_1和I_2,那么(　　)。

(A)$I_1<I_2$　(B)$I_1=I_2$　(C)$I_1>I_2$　(D)不定

162. 三相异步电动机带恒转矩负载运行,如果电源电压下降,当电动机稳定运行后,此时电动机的电磁转矩(　　)。

(A)下降　(B)增大　(C)不变　(D)不定

163. 三相异步电动机空载试验时施与定子绕组上的电压应从(　　)开始,逐步降低到可能达到的最低电压值,即电流开始回升时为止。

(A)$1.1U_N$　(B)$1.5U_N$　(C)$(1.1\sim1.3)U_N$　(D)$(1.2\sim1.3)U_N$

164. 三相异步电动机在运行中,把定子两相反接,则转子的转速会(　　)。

(A)升高　(B)下降一直到停转

(C)下降至零后再反向旋转　(D)下降到某一稳定转速

165. 直流电机进行换向试验时,移动刷架圈火花没有明显变化的属于(　　)。

(A)电气火花　(B)机械火花

(C)电磁火花　(D)电磁火花和机械火花

166. Y形接法的绕组,一相线电阻正常,两相线电阻无穷大,那么(　　)。

(A)绕组有一相短线　(B)绕组有一相断线

(C)绕组有两相断线 (D)绕组有两相短线

167. 当改变电枢电流的方向使直流电动机反转时,电机的换向条件将(　　)。

(A)变好 (B)变差 (C)不变 (D)不确定

168. 额定电压为 690 V 的风电电机,用(　　)V 兆欧表测量绕组绝缘电阻。

(A)500 (B)1 000 (C)1 500 (D)3 000

三、多项选择题

1. 线性尺寸数字可以注写在(　　)。

(A)尺寸线的上方 (B)尺寸线的中断处

(C)尺寸线的下方 (D)三种均可

2. 铆钉连接中被铆接的材料通常是(　　)。

(A)低碳钢 (B)铝合金板材 (C)高碳钢 (D)中碳钢

3. 下列 45°倒角标注正确的是(　　)。

(A)1×45° (B)2－1×45° (C)45° (D)C1

4. 下列应用细实线的情况是(　　)。

(A)螺纹的牙底线 (B)齿轮的齿根线 (C)可见过渡线 (D)尺寸线

5. 下列螺纹标注正确的是(　　)。

(A)M10-6H (B)M12X0. 5-6H

(C)M10-6H-L (D)M16X1. 5LH-6H-L

6. 下列选择基孔制配合的是(　　)。

(A)$\phi 10\ \frac{H7}{u6}$ (B)$\phi 10\ \frac{N6}{h5}$ (C)$\phi 10\ \frac{H6}{k5}$ (D)$\phi 10\ \frac{h6}{K5}$

7. 下列属于过盈配合的是(　　)。

(A)$\phi 120\ \frac{H7}{u6}$ (B)$\phi 120\ \frac{T6}{h5}$ (C)$\phi 120\ \frac{H7}{k6}$ (D)$\phi 120\ \frac{M7}{h6}$

8. 切削加工后的零件不允许有(　　)。

(A)毛刺 (B)尖棱 (C)倒角 (D)尖角

9. 金属材料消除内应力所用的热处理方法有(　　)。

(A)退火 (B)正火 (C)回火 (D)时效处理

10. 淬火应力最为集中的地方是(　　)。

(A)尖角 (B)圆角 (C)倒角 (D)棱角

11. 下列金属材料中焊接性能良好的是(　　)。

(A)低碳钢 (B)高碳钢 (C)低合金钢 (D)中碳钢

12. 液压基本回路是用于实现(　　)控制的回路。

(A)液体压力 (B)液体流量 (C)液体方向 (D)机体润滑

13. 液压泵的主要参数有(　　)。

(A)压力 (B)流量 (C)转速 (D)效率

14. 常用的划线工具有(　　)。

(A)平台 (B)划线盘 (C)V 型铁 (D)千斤顶

15. 錾子可以錾削(　　)。

(A)平面　(B)键槽　(C)油槽　(D)切断板料

16. 用麻花钻钻孔,孔径增大的原因可能是(　　)。

(A)钻头左右切削刃不对称　(B)钻头弯曲

(C)进给量太大　(D)钻头刃带已严重磨损

17. 牵引电机的绝缘结构有(　　)等方面。

(A)匝间绝缘　(B)对地绝缘　(C)外包绝缘　(D)层间绝缘

18. 下列属于有机绝缘材料的是(　　)。

(A)云母　(B)聚酰亚胺薄膜　(C)石棉　(D)环氧树脂

19. 电机运行时,绝缘所要承受的主要因素是(　　)。

(A)热的作用　(B)机械力的作用

(C)电场的作用　(D)潮湿的作用

20. 电机的铁损耗包括(　　)。

(A)磁滞损耗　(B)涡流损耗　(C)机械摩擦损耗　(D)功率损耗

21. 润滑脂的外观质量标准是指(　　)。

(A)颜色浓度均匀　(B)没有硬块颗粒

(C)没有析油析皂现象　(D)表面没有硬皮层状

22. 下列物理量与媒介质磁导率有关的是(　　)。

(A)磁通　(B)磁感应强度　(C)磁场强度　(D)磁阻

23. 下列配合代号标注正确的是(　　)。

(A)ϕ35H7/k6　(B)ϕ35H7/p6　(C)ϕ35h7/D8　(D)ϕ35h8/H7

24. 下列配合零件应优先选用基轴制的有(　　)。

(A)滚动轴承内圈与轴配合

(B)同一轴与多孔相配,且有不同的配合性质

(C)滚动轴承外圈与外壳孔的配合

(D)轴为冷圆钢,不需要再加工

25. 在拧紧方形或圆形布置的成组螺母纹时,必须(　　)。

(A)对称紧固　(B)依次紧固　(C)无序紧固　(D)交替紧固

26. 对于拆卸后还要重复使用的滚动轴承,拆卸时不能损坏轴承的(　　)。

(A)内圈　(B)外圈

(C)滚动体　(D)配合表面与滚动体

27. 轴承内圈内径为ϕ90 mm的轴承是(　　)。

(A)QJ318　(B)7318　(C)NJ330　(D)NU318

28. 装配尺寸链中的封闭环,其实质就是(　　)。

(A)组成环　(B)要保证的装配精度

(C)装配过程中间接获得尺寸　(D)装配过程最后自然形成的尺寸

29. 常用的刀具材料有(　　)。

(A)碳素工具钢　(B)软质工具钢　(C)高速工具钢　(D)合金工具钢

30. 常用螺纹联结的基本形式有(　　)。

(A)螺栓　(B)双头螺柱　(C)螺旋铆钉　(D)螺钉

31. 常用的夹紧元件有(　　)。

(A)螺母　(B)压板　(C)T 型槽　(D)支撑钉

32. 润滑剂的种类有(　　)。

(A)润滑油　(B)润滑脂　(C)固体润滑剂　(D)润滑液

33. 滑动轴承按工作表面的形状不同可分为(　　)。

(A)圆柱形　(B)椭圆形　(C)多油楔　(D)半圆形

34. 弹簧按所受载荷形式,可分为(　　)。

(A)拉伸弹簧　(B)压缩弹簧　(C)扭转弹簧　(D)弯曲弹簧

35. 齿轮传动常见的失效形式主要有(　　)。

(A)齿的折断　(B)齿面损坏　(C)齿的润滑　(D)齿面平滑

36. 齿轮的齿形曲线一般有(　　)。

(A)渐开线　(B)圆弧线　(C)单曲线　(D)摆线

37. 图样中应用的基本视图有(　　)。

(A)主视图　(B)左视图　(C)右视图　(D)俯视图

38. 标准螺纹包括(　　)螺纹。

(A)普通　(B)梯形　(C)管螺纹　(D)矩形

39. 下列属于合金结构钢的是(　　)。

(A)Q235A　(B)T9　(C)40Cr　(D)35CrMoA

40. 铆钉常用的材料是(　　)。

(A)Q235　(B)1Cr18Ni9Ti　(C)钢 45　(D)40Cr

41. 金属材料分为(　　)。

(A)黑色金属　(B)红色金属　(C)有色金属　(D)钢铁金属

42. 代表金属材料力学性能的是(　　)。

(A)抗拉强度　(B)冲击功　(C)布氏硬度　(D)伸长率

43. 起重机上广泛采用的钢丝绳是(　　)。

(A)双绕绳　(B)交互捻　(C)三绕绳　(D)同向捻

44. 一般起重用的锻造卸扣的材料是(　　)。

(A)20　(B)20Cr　(C)35CrMo　(D)Q235A

45. 兆欧表可以测量(　　)。

(A)定子的绝缘电阻　(B)转子的绝缘电阻

(C)轴承的绝缘电阻　(D)线圈的电阻

46. 下列配合零件,应选用过盈配合的有(　　)。

(A)需要传递足够大的转矩　(B)不可拆联结

(C)有轴向运动　(D)要求定心且常拆卸

47. 如图 1 所示,下列说法正确的是(　　)。

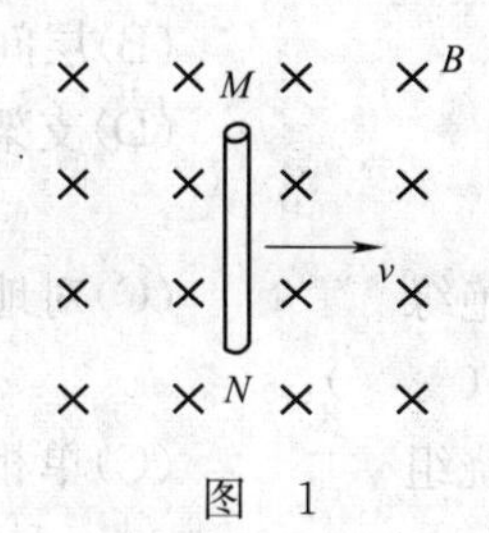

图 1

(A)M点电位高于N点电位　　(B)N点电位高于M点电位

(C)电流从M点流向N点　　(D)电流从N点流向M点

48. 交流绕组按相数可分为(　　)。

(A)叠式绕组　　(B)单相绕组　　(C)单双层绕组　　(D)多相绕组

49. 下面属于单层绕组的特点(　　)。

(A)槽利用率较高　　(B)整个绕组的线圈数等于总槽数

(C)同一槽内导体均属同一项　　(D)整个绕组的线圈数等于总槽数的一半

50. 下面说法错误的是(　　)。

(A)双层绕组槽利用率较单层绕组槽利用率低

(B)双层绕组整个绕组的线圈数等于总槽数的一半

(C)双层绕组同一槽内导体均属同一项

(D)双层绕组槽漏抗比单层绕组小

51. 交流绕组构成的基本原则(　　)。

(A)一定的导体数下,力求绕组的合成电动势和磁动势的波形接近正弦波,获得较大数值的基波电动势和基波磁动势

(B)一定的导体数下,力求绕组的合成电动势和磁动势的波形接近矩形波,获得较大数值的基波电动势和基波磁动势

(C)对于三相绕组,各相的电动势和磁动势要对称,电阻和电抗要平衡

(D)绕组的损耗要小,绝缘和机械强度要可靠,散热条件要好

52. 交流绕组按绕法可分为(　　)。

(A)叠式绕组　　(B)同心式绕组　　(C)单双层绕组　　(D)波式绕组

53. 电机绝缘的介电性能包括(　　)。

(A)绝缘电阻　　(B)局部放电强度　　(C)介点强度　　(D)介质损耗因数

54. 匝间绝缘损坏(击穿)的原因是(　　)。

(A)匝间电压过高　　(B)电机短时过载

(C)匝间绝缘损坏　　(D)电机绕组电阻偏大

55. 电机绝缘在制造和运行过程中,会受到(　　)的作用。

(A)冲击应力　　(B)弯曲应力　　(C)拉应力　　(D)疲劳应力

56. 对于导磁零件,下面说法正确的是(　　)。

(A)切削应力过大时,铁损耗减小　　(B)切削应力过大时,铁损耗不变

(C)切削应力过大时,铁损耗增大　　(D)切削应力过大时,导磁性能减弱

57. 电枢线圈绕组绝缘包括(　　)。

(A)匝间绝缘　　(B)层间绝缘

(C)对地绝缘　　(D)支架绝缘、端部绝缘

58. 换向器绝缘包括(　　)。

(A)绑扎绝缘　　(B)片间绝缘　　(C)对地绝缘　　(D)两端涂封绝缘

59. 直流电机的电枢绕组可分为(　　)。

(A)叠绕组　　(B)混合绕组　　(C)单相绕组　　(D)波绕组

60. 下面说法正确的是(　　)。

(A)电枢绕组是直流电机的电路部分

(B)电枢绕组是直流电机实现能量转换的枢纽

(C)电枢绕组在磁场旋转时,其内便感应电动势

(D)电枢绕组通过电流时,在磁场中受到电磁转矩的作用

61. 电枢的构成部分包括(　　)。

(A)电枢铁芯　　(B)转轴　　(C)电枢绕组　　(D)换向器

62. 换向器的组成部分有(　　)。

(A)换向片　　(B)云母环　　(C)套筒　　(D)槽楔

63. 能体现永磁材料性能的主要参数(　　)。

(A)退磁曲线　　(B)回复线　　(C)内禀退磁曲线　　(D)稳定性

64. 一台 $2p=4$, $Zu=S=K=30$ 的单波绕组,其并联支路为(　　)。

(A)1 对　　(B)2 对　　(C)2 条　　(D)4 条

65. 直流电机电枢嵌线起头不正确,会造成电机(　　)。

(A)速率不准　　(B)嵌线困难　　(C)无法启动　　(D)正反转速率超差

66. 永磁体稳定性主要包括(　　)。

(A)温度稳定性　　(B)磁稳定性　　(C)化学稳定性　　(D)时间稳定性

67. 直流电动机中,电枢的作用是(　　)。

(A)将交流电变为直流电　　(B)实现电能和机械能的转换

(C)将机械能转化为电能　　(D)将电能转化为机械能

68. 换向元件中的电势有(　　)。

(A)自感电势　　(B)电枢反应电势　　(C)电枢电势　　(D)互感电势

69. 直流电动机的空载损耗有(　　)。

(A)铁损耗　　(B)机械损耗

(C)电枢铜耗　　(D)电磁功率一输出功率

70. 正确检测电机匝间绝缘的方法是(　　)。

(A)工频对地耐压试验　　(B)测量绝缘电阻

(C)中频匝间试验　　(D)匝间脉冲试验

71. 直流发电机的电枢绕组是(　　)。

(A)切割磁力线　　(B)电机能量转换的枢纽

(C)产生电磁转矩　　(D)产生感应电势

72. 双层绕组的特点有(　　)。

(A)每个槽内两条条线圈边　　(B)绕组的线圈数等于槽数

(C)槽利用率相对低　　(D)嵌线工时较单层长

73. 交流电机绕组的相带有(　　)。

(A)120°相带　　(B)60°相带　　(C)45°相带　　(D)30°相带

74. 交流电机按槽内线圈边层数分为(　　)电机。

(A)单层绕组　　(B)双层绕组　　(C)三层绕组　　(D)单双层绕组

75. 直流电机主磁极的结构包括(　　)。

(A)主极铁芯　　(B)磁极线圈　　(C)电枢绕组　　(D)极身绝缘

76. 补偿绕组的作用(　　)。

(A)抵消极靴范围内的电枢反应　　(B)消除磁场畸变

(C)改善换向　　(D)加强磁场

77. 电机浸漆处理的目的是(　　)。

(A)提高耐潮性

(B)减缓绝缘老化速度,提高导热性能和散热效果

(C)提高电气性能和力学性能

(D)提高绝缘材料化学稳定性

78. 定子绕组受潮后,可以采用的加热去潮方式有(　　)。

(A)烘箱　　(B)电热器　　(C)通直流电加热　　(D)红外加热

79. 下列可能导致绕组接地的是(　　)。

(A)绕组受潮　　(B)绝缘老化　　(C)嵌线绝缘磕伤　　(D)雷击

80. 下列可能导致绕组匝间短路的是(　　)。

(A)绕组受潮　　(B)绝缘老化　　(C)绕线磕碰伤　　(D)长期过载

81. 拆除绕组时可采用的加热方式是(　　)。

(A)烘箱加热　　(B)通电加热

(C)红外线加热　　(D)乙炔火焰加热槽部

82. 下列可能引起三相电阻不平衡的是(　　)。

(A)机座变形　　(B)连线错误　　(C)绕组匝短　　(D)环境温度高

83. 一般电机绕组连接形式有(　　)。

(A)三角形　　(B)星形　　(C)四方形　　(D)六方形

84. 下列属于绕组直流电阻的是(　　)。

(A)绝缘电阻　　(B)线电阻　　(C)相电阻　　(D)接触电阻

85. 下列关于绕组直流电阻说法正确的是(　　)。

(A)直流电阻是参与损耗计算的参数之一

(B)直流电阻可以使用仪器直接测量

(C)直流电阻无法直接测量,但是可以经计算间接获得

(D)直流电阻测量时必须同时记录绕组温度

86. 下列关于电机气隙的说法正确的是(　　)。

(A)是电机磁路的一部分

(B)通常要求气隙是均匀的

(C)气隙的基本尺寸对电机的性能影响不大

(D)气隙的基本尺寸是由电机的电磁性能决定

87. 用金属铜作为绕组的优点是因为铜的(　　)。

(A)电阻率小,导电性能好　　(B)常温下有良好的机械性能和塑性

(C)焊接性能好　　(D)化学性能稳定

88. 电机绕组采用绝缘导线,对绝缘层的基本要求包括(　　)。

(A)具有足够的机械性能

(B)具有较好的耐溶剂性能,以适应浸漆的需要

(C)具有一定的热稳定性

(D)足够的电气强度

89. 定子热套温度确定需要用到的参数有(　　)。

(A)铁芯机座配合基本尺寸　　(B)环境温度

(C)机座的线性膨胀系数　　(D)最大过盈量

90. 下列关于定子热套说法正确的是(　　)。

(A)铁芯有高于外圆的凸点时不应热套,以免卡死

(B)机座可随意加热,温度越高热套越容易

(C)机座加热后应迅速热套

(D)机座可以反复加热

91. 下列说法正确的是(　　)。

(A)主极气隙有两部分组成　　(B)换向器气隙有两部分组成

(C)气隙不均可能引起电机振动加剧　　(D)第二气隙一般用钢垫片实现

92. 下列属于介电性能指标的是(　　)。

(A)绝缘电阻　　(B)介损因数

(C)局部放电起始电压　　(D)介电强度

93. 下列关于局部放电说法正确的是(　　)。

(A)局部放电是在电场的作用下,在绝缘区域发生的放电短路现象

(B)局部放电常发生在绝缘结构的内部气隙

(C)局部放电对绝缘无损伤

(D)局部放电常伴随热和化学反应

94. 下列关于介电强度说法正确的是(　　)。

(A)介电强度是指单位厚度绝缘的击穿电压值

(B)介电强度试验只能用工频电压测试

(C)绝缘材料的介电强度与温度无关

(D)介电强度测试与加压时间长短有关

95. 下列关于泄露电流的说法正确的是(　　)。

(A)泄露电流是绝缘结构性能的重要指标

(B)泄露电流可重复测量

(C)泄露电流数值可直接由试验设备读取

(D)泄露电流是流过绝缘介质表面的电流

96. 修理电机时发现新绕组难以下线,这种现象可能与(　　)有关。

(A)导线截面比原来小　　(B)导线截面比原来大
(C)槽内没有清理干净　　(D)绝缘层包扎过厚
97. 高压电机泄露电流大,与下列(　　)有关。
(A)电机受潮　　(B)绝缘表面油泥粉尘污染
(C)铁芯松动　　(D)绝缘老化
98. 绕组焊接严重不良,可以通过(　　)的方法检测出来。
(A)测电阻　　(B)检查焊缝质量　　(C)测转速　　(D)测电抗
99. 转子无阻尼绕组的同步发电机,发生忽然三相对称短路时,关于定子短路电流各分量,正确的论述有(　　)。
(A)存在稳定的周期分量
(B)存在瞬态衰减的周期分量,时间常数为 T_d'
(C)存在衰减的非周期分量,时间常数为 T_a
(D)存在衰减的二次谐波分量,时间常数为 T_a
100. 在单相变压器空载接入电网的瞬变过程中,正确的论述有(　　)。
(A)主磁通、励磁电流都经历一个瞬变过程
(B)主磁通由稳态分量和瞬变分量组成
(C)根据磁链不能突变原则,最坏情况下,最大主磁通可达稳态时的约2倍
(D)因电感电路的电流不能突变,最坏情况下,最大电流可达稳态时的约2倍
101. 关于变压器空载接入电网,正确的论述有(　　)。
(A)小型变压器电阻较大,电感小,时间常数小,瞬态时间短,可直接入网
(B)小型变压器电阻较小,电感大,时间常数大,瞬态时间长,不可直接入网
(C)大型变压器电阻小,电感大,时间常数大,瞬态时间长,往往经电阻入网,后再切除电阻
(D)大型变压器电阻大,电感小,时间常数小,瞬态时间短,可直接入网
102. 单相变压器空载,二次侧忽然短路时,正确的论述有(　　)。
(A)短路电流经历一个瞬态过程
(B)主磁通经历一个瞬态过程
(C)短路电流包括稳态短路电流分量和衰减的瞬态分量两个部分
(D)因电感回路电流不能突变,最坏情况下,最大短路电流可达稳定短路电流的约2倍
103. 变压器忽然短路时,对漏磁场、绕组受的电磁力,正确的论述有(　　)。
(A)漏磁场轴向分量大于径向分量　　(B)电磁力轴向分量大于径向分量
(C)轴向电磁力的破坏作用大　　(D)径向电磁力破坏作用大
104. 关于变压器承受大气过电压,正确的论述有(　　)。
(A)电压数值大,作用时间短,等效于给变压器施加高频高压
(B)在动态分析时,主要考虑高压侧绕组的对地电容和匝间电容
(C)在动态过程的初始阶段,绕组电感可以认为是开路的
(D)低压侧绕组因靠近铁芯,对地电容大,可以认为是接地短路的
105. 变压器承受大气过电压时,正确的论述有(　　)。
(A)高压侧绕组各匝的对地电容越大,则各匝间承受电压越均匀
(B)高压侧绕组雷电进入的一端(首端或尾端),匝间承受的初始电压最大

(C)加强高压绕组绝缘可以保护变压器

(D)加强绕组首端、尾端的匝间绝缘可以保护变压器

106. 负载时直流电机的气隙磁场包括(　　)。

(A)定子绕组电流产生的主磁场　　(B)定子绕组电流产生的漏磁场

(C)电枢绕组电流产生漏磁场　　(D)电枢绕组电流产生电枢反应磁场

107. 并励直流电机的损耗包括(　　)。

(A)定子绕组和转子绕组的铜耗　　(B)定子铁芯的铁耗

(C)机械损耗和杂散损耗　　(D)转子铁芯的铁耗

108. 三相交流异步电动机进行等效电路时,必须满足(　　)。

(A)等效前后转子电势不能变　　(B)等效前后磁势平衡不变化

(C)等效前后转子电流不变化　　(D)转子总的视在功率不变

109. 异步电动机等效电路的推导中,一般情况下是转子向定子折算等效,即(　　)。

(A)把转子的频率先与定子频率进行相等,然后再折算其他参数

(B)把转动的转子看作不动的转子,然后进行其他参数的折算

(C)其实就是先进行 $S=1$ 时的讨论,然后进行其他参数的折算

(D)不管进行什么样的折算,能量平衡不能变

110. 三相交流感应电动机进行等效电路时,必须满足(　　)。

(A)等效前后转子电势不能变　　(B)等效前后磁势平衡不变化

(C)不管进行什么样的折算,能量平衡不能变　　(D)转子总的视在功率不变

111. 感应电动机等效电路的推导中,一般情况下是转子向定子折算等效,即(　　)。

(A)等效前后磁势平衡不变化

(B)把转动的转子看作不动的转子,然后进行其他参数的折算

(C)等效前后转子电势不能变

(D)不管进行什么样的折算,能量平衡不能变

112. 交流异步电动机进行等效电路时,必须满足(　　)。

(A)等值前后转子电势不能变　　(B)磁势平衡不变化

(C)能量平衡不变化　　(D)转子总的视在功率不变

113. 决定三相交流异步电动机的输出因素是(　　)。

(A)负载的功率　　(B)负载的转矩　　(C)电源的电压　　(D)电源的频率

114. 影响转子电动势大小的因素,除了与影响定子电动势大小因素相同的外,还有下列因素,分别是(　　)。

(A)转子的转速　　(B)转差率　　(C)电源的电压　　(D)电源的频率

115. 决定三相笼型交流异步电动机相数的因素是(　　)。

(A)笼型转子的导条数　　(B)磁极对数

(C)定子绕组的相数　　(D)电源的频率

116. 三相交流异步电动机转子绕组产生的磁动势是(　　)。

(A)旋转磁动势　　(B)与定子旋转磁动势的旋转速度一样

(C)固定不转的　　(D)相对转子旋转的磁动势

117. 影响三相交流异步电动机转子绕组阻抗的因素是(　　)。

(A)转子的转速　(B)转差率　(C)电源的电压　(D)电源的频率

118. 生产机械负载转矩的特性分类一般可以分为(　　)。

(A)恒转矩负载　(B)恒功率负载　(C)风机类负载　(D)恒转速负载

119. 并励直流发电机发电的条件是(　　)。

(A)并励发电机内部必须有一定的剩磁　(B)励磁绕组接线极性要正确

(C)励磁电阻 $R_f \leqslant R_{fLj}$ 临界电阻　(D)必须先给励磁通电

120. 下列属于直流电机可变损耗的是(　　)。

(A)机械损耗 P_m　(B)电枢绕组本身电阻的损耗

(C)电刷摩擦损耗　(D)电刷接触损耗

121. 电动机空载或加负载时,三相电流不平衡,其可能的原因是(　　)。

(A)三相电源电压不平衡　(B)定子绕组中有部分线圈短路

(C)大修后,部分线圈匝数有错误　(D)大修后,部分线圈的接线有错误

122. 电动机全部或局部过热的可能原因是(　　)。

(A)电动机过载

(C)电源电压较电动机的额定电压过高或过低

(C)定子铁芯部分硅钢片之间绝缘漆不良或铁芯毛刺

(D)转子运转时和定子相摩擦致使定子局部过热

123. 下列属于他励直流电机不变损耗的是(　　)。

(A)轴承损耗　(B)通风损耗　(C)电刷摩擦损耗　(D)周边风阻损耗

124. 电动机电刷冒火滑环过热的可能原因是(　　)。

(A)电刷的牌号或尺寸不符　(B)电刷的压力不足或过大

(C)电刷与滑环的接触面磨的不好　(D)滑环表面不平、不圆或不清洁

125. 在直流电动机的能量转换过程中,下列正确的关系式为(　　)。

(A)$P_1=UI_a$　(B)$P_m=P_1+\Delta P_{cua}$

(C)$P_m=P_2+\Delta P_0$　(D)$P_1=P_m+\Delta P_{cua}$

126. 直流牵引电动机特殊工作点有(　　)。

(A)启动点　(B)额定点

(C)恒功率最高转速点　(D)最大转速点

127. 鼠笼式异步电动机启动方法为(　　)。

(A)在额定电压下直接启动　(B)降压启动

(C)软启动　(D)降电流启动

128. 异步电动机调速方法是(　　)。

(A)改变电动机转差率　(B)改变电源频率

(C)改变电机定子极对数　(D)改变电机电流

129. 数据测量误差按来源分(　　)。

(A)装置误差　(B)方法误差　(C)人员误差　(D)环境误差

130. 三相异步电机空载试验目的是(　　)。

(A)检查电机无异常噪声和振动

(B)得出空载电流与空载电压曲线

(C)得出额定电压时的铁芯损耗和额定转速时的机械损耗
(D)得出杂散损耗
131. 交流电机铁损耗偏大的原因是(　　)。
(A)空载杂散损耗大　　(B)定子铁芯片间绝缘不好
(C)磁路过饱和　　(D)硅钢片质量差
132. 电机试验一般分为(　　)。
(A)型式试验　　(B)例行试验
(C)装车运行试验　　(D)研究性试验
133. 直流电机校正电刷中性位的方法通常有(　　)。
(A)直流电阻法　　(B)正反转电动机法
(C)正反转发电机法　　(D)感应法
134. 使用电压互感器必须注意的是(　　)。
(A)原边串入主回路　　(B)副边要牢固接地
(C)原边并入主回路　　(D)副边不允许短路
135. 使用摇表测量绝缘电阻时应注意(　　)。
(A)测量前先将摇表进行一次开路和短路试验,检查摇表是否良好
(B)摇表的两根线不能用双股绝缘线或绞线
(C)摇表每分钟摇速为 120 r/min
(D)被测体在不带电的情况下进行测量,测完后应对地放电
136. 绕组直流电阻测量仪通常用(　　)。
(A)电桥　　(B)万用表　　(C)数字式微欧计　　(D)伏安法
137. 直流电机采用升压机和励磁机进行速率试验时,(　　)。
(A)试验机组的启动必须遵循先合励磁机,后合升压机的操作程序
(B)试验机组的启动必须遵循先合升压机,后合励磁机的操作程序
(C)试验结束停机时必须遵循先断升压机,后断励磁机的操作程序
(D)试验结束停机时必须遵循先断励磁机,后断升压机的操作程序
138. 笼型电机在起动过程中最小转矩的测量方法是(　　)。
(A)测功机或校正过的直流电机法　　(B)转矩测量仪法
(C)转矩转速仪法　　(D)圆图计算法
139. 绕线式转子电压测量方法是(　　)。
(A)转子静止并开路
(B)转子旋转并开路
(C)定子通入额定电压,在转子集电环间分别测量各线间的电压值
(D)电机在额定频率和额定转速下测定
140. 常用的温度测量方法有(　　)。
(A)温度计法　　(B)埋置检温计法　　(C)电阻法　　(D)局部温度检测器
141. 异步电动机改变转差率的调速方法有(　　)。
(A)转子回路串电阻　　(B)转子回路串电势
(C)改变电源电压　　(D)改变电流

142. 下面属于三相异步电机出厂试验项目的是(　　)。

(A)小时温升　(B)超速　(C)堵转试验　(D)效率

143. 防爆电机通常可分为(　　)。

(A)增安型　(B)隔爆型　(C)正压型　(D)负压型

144. 电工仪表按作用原理主要可分为(　　)。

(A)磁电系　(B)电磁系　(C)电动系　(D)感应系

145. 关于无功功率,下列说法正确的是(　　)。

(A)无功功率不是“无用功率”

(B)无功功率是表示电感元件建立磁场能量的平均功率

(C)无功功率是表示电感元件与外电路进行能量交换的瞬时功率的最大值

(D)无功功率是表示电感元件与电源在单位时间内互换了多少能量

146. 电机产品的三种防护,称为“三防电机”,三防指的是(　　)。

(A)防水　(B)防尘　(C)防湿　(D)防盐雾

147. 电机机械振动产生的主要原因有(　　)。

(A)轴承因质量问题或缺油磨损而导致电机振动

(B)转子动平衡不良,是电机振动

(C)电机机座底脚不平

(D)电机三相绕组不对称

148. 鼠笼式异步电动机降压启动方法有(　　)。

(A)自耦变压器降压启动　(B)Y-△启动

(C)定子绕组串电阻启动　(D)△-Y启动

149. 永磁同步电动机与感应电动机相比,其优点是(　　)。

(A)不需要提供励磁电流

(B)提高了功率因数

(C)减少了定子电流和定子电阻损耗,提高了效率

(D)实现了无刷化,提高了运行可靠性

150. 纯电阻交流电路中,下列说法正确的是(　　)。

(A)电流与电压同向

(B)电压与电流的最大值、有效值和瞬时值之间,都服从欧姆定律

(C)电阻是耗能元件,其平均功率等于电阻两端电压有效值与电流有效值的乘积

(D)电压与电流的频率不同

151. 电压的测量可以用电压表或万用表进行测量,测量时应注意(　　)。

(A)交流电压使用交流电压表

(B)直流电压使用直流电压表

(C)交流表和或万用表必须串接到别测量的电路中

(D)交流表和或万用表必须并接到别测量的电路中

152. 装配后无间隙的孔、轴配合可能是(　　)。

(A)间隙配合　(B)过盈配合　(C)过渡配合　(D)三者均可能

153. 产生误差的主要来源有(　　)等方面。

(A)计量器具误差 (B)基准误差 (C)方法误差 (D)环境及人为误差

154. 机械制造中零件的加工质量包括(　　)。

(A)尺寸精度 (B)位置精度

(C)形状精度 (D)表面几何形状特征

155. 下列属于检测过程四要素的有(　　)。

(A)检测对象 (B)计量单位 (C)检测方法 (D)检测精度

四、判 断 题

1. 交流电机转子主要由转子铁芯、线圈和转轴、端盖、风扇等组成。(　　)

2. 正投影能真实地反映物体的形状和大小。(　　)

3. 一般位置平面的三个投影均为缩小的类似形。(　　)

4. 当剖视图按投影关系配置,中间没有其他图形隔开时,可以不标箭头。(　　)

5. 剖面图仅画出机件断面的图形。(　　)

6. 画在视图轮廓之外的剖面称为重合剖面。(　　)

7. 局部放大图可画成视图、剖视、剖面,它与被放大部位的表达方法无关。(　　)

8. 在不致引起误解时,对于对称机件的视图可以只画一半或四分之一,并在对称中心线两端画出两条与其垂直的平行细实线。(　　)

9. 具有互换性的零件,其实际尺寸一定相同。(　　)

10. 零件的互换性程度越高越好。(　　)

11. 零件的公差可以是正值,也可以是负值,或等于零。(　　)

12. 实际偏差为零的尺寸一定合格。(　　)

13. 在一对配合中,相互结合的孔、轴的基本尺寸相同。(　　)

14. 配合公差永远大于相配合的孔或轴的尺寸公差。(　　)

15. 钢的正火比钢的淬火冷却速度快。(　　)

16. 在相同条件下,三角带的传动能力比平型带的传动能力大。(　　)

17. 带传动能在过载时起安全保护作用。(　　)

18. 与带传动相比,链传动能保证准确的平均传动比,传动功率较大。(　　)

19. 相互啮合的一对齿轮,大齿轮转速高,小齿轮转速低。(　　)

20. 液压传动系统中的压力取决于外界负载。(　　)

21. 液压传动系统中的执行元件的运动速度取决于系统的压力。(　　)

22. 粗齿锉刀,适用于锉削硬材料或狭窄的平面。(　　)

23. 手据在回程中,也应施加压力,这样可加快锯削速度。(　　)

24. 钻小孔时,因钻头直径小,强度低,容易折断,故钻孔时的钻头转速要比钻一般孔为低。(　　)

25. 套螺纹时,材料受到板牙切削刃挤压而变形,所以套螺纹前圆杆直径应稍小于螺纹大径的尺寸。(　　)

26. 在电路闭合状态下,负载电阻增大,电源电压就下降。(　　)

27. 由公式 $R=\frac{U}{I}$ 可知,导体的电阻与加在它两端的电压成正比,与通过它的电流成反

比。( )

28. 电路中两点的电位都很高,这两点间的电压一定很大。( )

29. 在电路中电源输出功率时,电源内部电流从正极流向负极。( )

30. 任意假定支路电流方向都会带来计算错误。( )

31. 根据基尔霍夫定律列出的独立回路方程的个数等于回路的网孔数。( )

32. 交流电路的阻抗跟频率成正比。( )

33. 提高功率因数的方法是给感性负载并联电容。( )

34. 有磁通变化必有感生电流产生。( )

35. 二极管只要加上正向电压就导通。( )

36. 当两形体的表面相交时,在相交处应画出其交线。( )

37. 零件图的各种表达方法,如视图、剖视剖面、简化画法,规定画法等,都可适用于装配图。( )

38. 在装配图中,相同的零件或标准件,不管数量多少,只编一个序号,其数量在明细栏内注明。( )

39. 如零件的全部表面粗糙度相同,可在图样的左下角统一标注。( )

40. 用梯形样板检查梯形铜排时,梯形铜排两侧面应紧贴在样板的两边,其允许间隙不应插入规定的塞尺,大头端面应在样板两刻线之间。( )

41. 测绘零件时,零件表面有时会有各种缺陷,不应画在图上。( )

42. 轴承代号,从右向左数起,第1、2位字表示内径。( )

43. 推力轴承主要承受径向载荷。( )

44. 一般来说,滚动体是球形时,转速较高,承载能力较小。( )

45. 主要承受径向载荷应选用推力轴承。( )

46. 滚动轴承内圈与轴的配合必须是基孔制而轴承外圈与机体壳孔的配合必须是基轴制。( )

47. 滑动轴承的承载能力比滚动轴承大。( )

48. 检查规程是指导技术检查的电机工艺文件。( )

49. 在同一台电机上必须使用同牌号的电刷和同厂家的电刷。( )

50. 已经制好的电压表,串联适当的分压电阻后,还可以进一步扩大量程。( )

51. 三相对称负载的有功功率可采用一表法进行测量。( )

52. 机床电器原理图中的电器开关和触头的状态,均以线圈未通电,手柄置于零位,无外力作用或生产机械在原始位置为基准。( )

53."两定"、"三包"是指定人、定设备,包使用、包养修、包保养。( )

54. 在使用电压高于36 V的手电钻时,必须戴好绝缘手套,穿好绝缘鞋。( )

55. 开关应远离可燃物料存放地点3 m以上。( )

56. 用兆欧表测量绝缘电阻前电气设备必须切断电源。( )

57. 轴承代号G32426T中G代表轴承精度等级。( )

58. 纯电阻正弦交流电路中,电压与电流同相位。( )

59. 纯电感正弦交流电路中,电压滞后电流90°。( )

60. 磁力线始于N极止于S极。( )

61. 电枢铁芯与换向器的相对位置不必要对中。(　　)

62. 磁极线圈的外包绝缘过松时,将会使电机的温升升高。(　　)

63. 单波绕组的支路电势与电枢电势相等。(　　)

64. 磁极线圈在铁芯上松动易造成磁极线圈接地。(　　)

65. 直流电机的电枢铁芯用铸钢制成。(　　)

66. 直流电机在电动状态运行时,电枢电势小于电枢端电压。(　　)

67. 直流电机在电动状态运行时,电磁转矩小于负载转矩。(　　)

68. 直流电机在发电机状态运行时,电磁转矩小于输入转矩。(　　)

69. 直流电机的铜损耗由励磁铜损耗与电枢铜损耗构成。(　　)

70. 直流发电机的电磁功率为电功率的性质。(　　)

71. 由于电枢电阻及电枢反应的存在,并励发电机的负载电压较空载电压高。(　　)

72. 转子不平衡的原因是由加工制造引起的。(　　)

73. 电枢绕组的型式为单波绕组时,需要连接均压线。(　　)

74. 同一零件在各剖视图中,剖面线的方向和间隔应保持一致。(　　)

75. 电枢嵌线时线圈伸出槽口的直线长度应相等。(　　)

76. 交流接触器的铁芯,用硅钢片迭压而成是为了减小涡流损耗。(　　)

77. 电枢反应使直流电动机的物理中性线逆电枢转向移开几何中性线。(　　)

78. 检测电机匝间绝缘的方法是工频对地耐压试验。(　　)

79. 线圈匝间绝缘损坏(击穿)的原因是匝间电压过高或匝间绝缘损坏。(　　)

80. 中心主惯性轴平行偏离于转子轴线的不平衡状态叫静不平衡。(　　)

81. 中心主惯性轴与转子轴线既不平行又不相交的不平衡状态叫动不平衡。(　　)

82. 转子平衡的目的是使由不平衡量引起的机械振动、轴挠度和作用于轴承的力低于允许值。(　　)

83. 凡是只能在转动状态下才能测定转子不平衡重量所在方位,以及确定平衡重应加的位置和大小,这种找平衡的方法叫动平衡法。(　　)

84. 动平衡只能消除动不平衡的力偶,而不能消除静不平衡的离心力。(　　)

85. 耐压试验的目的是检查绕组的对地绝缘强度和匝间绝缘强度是否合格。(　　)

86. 无纬带绑扎相比非磁性钢丝绑扎,优点是减少涡流现象产生。(　　)

87. 嵌线过程中,铁芯槽内的毛刺、焊渣只要不影响槽型尺寸,对嵌线就没有影响。(　　)

88. 电枢线圈嵌线中,匝间短路和对地击穿多发生在槽口部位,尤其是嵌上层边时,绝缘的损伤较下层多。(　　)

89. 直流电动机正常运行时,换向器和电刷之间不会产生火花。(　　)

90. 直流电机与交流电机定子基本结构相同,都有交流绕组、感应电动势的问题;交流绕组流过电流,都有产生磁动势的问题。(　　)

91. 单层绕组嵌线时,吊把数与绕组节距有关,连线方式与绕组型式有关。(　　)

92. 单层绕组的槽利用率比双层绕组高 。(　　)

93. 磁极线圈套装的目的在于线圈与铁芯成为一体,便于散热,消除线圈与铁芯之间相对移动可能造成的接地故障。(　　)

94. 直流电机主极等分不均会造成换向不良,火花增大。( )

95. 双层绕组的线圈数等于铁芯槽数。( )

96. 短距绕组的极距小于节距。( )

97. 直流电机的主磁极气隙不均匀会造成使支路电势不平衡。( )

98. 通过阻抗检查可以判断磁极绕组是否有匝间短路,但不能发现极性错误的问题。( )

99. 电机的磁极联线和引出线螺钉松动将会造成接头烧损或断线故障。( )

100. 磁极铁芯的作用是导磁和固定线圈。( )

101. 直流牵引电动机的主极气隙偏大时,则电机的速率会偏高;气隙小,则电机的速率偏低。( )

102. 直流牵引电动机的主极的垂直度超差,将会影响电机换向性能。( )

103. 直流电机定子装配后检查换向极铁芯内径及同心度,是为了保证电机装配后的换向极气隙。( )

104. 在检测交流定子三相绕组的直流电阻时,一般电阻值允许的不平衡度一般不超过4%。( )

105. 三相异步电动机的某相绕组发生匝间短路时,会出现三相电流不平衡现象。( )

106. 直流电机主气隙的过大过或过小均引起电枢反映的变化,使换向极补偿性能变差,换向火花增大。( )

107. 直流电机定子主磁极垂直度偏差过大,则使电机的中性区变宽,电机的换向恶化。( )

108. 三相异步电机气隙过大时,空载电流将增大,功率因数降低,铜损耗增大,效率降低。若气隙过小时,不仅给电机装配带来困难,极易形成"扫膛",还会增加机械加工的难度。( )

109. 直流电机主磁极的同心度偏差过大时,将使电机气隙不均匀,主磁场不对称,支路电流不平衡,换向恶化。( )

110. 直流电机的主磁场是由励磁绕组中的电流产生的。( )

111. 直流电动机主磁极气隙的大小将直接对电机的转速造成影响。( )

112. 直流电机为了使旋转的各线圈能不断地依次改变电流方向,必须使用开启式绕组。( )

113. 直流电机大多数采用刚在主极励磁绕组中同一流励磁电流的方式来产生气隙磁场。( )

114. 气隙磁场是电机进行机电能量转换的媒介,气隙大小和气隙磁场的分布和变化情况均能对电机运行性能造成影响。( )

115. 直流电机定子机座起固定定子铁芯作用,一般为钢板焊接结构,要求有足够的刚度和机械强度。( )

116. 直流电机与交流电机相比,它的优点是具有良好的调速性能,大容量,运行维护方便,制造成本较低。( )

117. 直流电机的主极通过对励磁绕组通入交流励磁电流来建立气隙磁场。( )

118. 同步电机定子机座起机械支撑作用,同时作为电机磁路的一部分还起导磁作

用。(　　)

119. 轴承装配过程中加润滑脂过多,会造成电机空转试验时轴承温升高。(　　)

120. 电刷在刷盒内的最佳间隙为 0.10～0.15 mm。(　　)

121. 滚动轴承内圈与轴的配合必须是基孔制而轴承外圈与机体壳孔的配合必须是基轴制。(　　)

122. 牵引电机的刷握距离换向器表面的距离一般为 2～5 mm。(　　)

123. 换向器表面的研磨一般可用砂纸打磨。(　　)

124. 润滑脂的针入度过小时,说明润滑脂太硬。(　　)

125. 刷架装配螺钉松动会造成中性位发生变动,造成换向不良。(　　)

126. 工作游隙＝初始游隙－因配合造成的游隙减少量－因热膨胀造成的游隙减少量。(　　)

127. 1850 MPa 是国际标准化钢丝绳的抗拉强度等级之一。(　　)

128. 国产中型直(脉)流牵引电动机超速试验后,换向器外圆径向跳动量应≤0.08 mm。(　　)

129. 检查交流异步电动机气隙时,塞尺沿轴向水平插入定子铁芯齿与转子铁芯齿之间,松紧适度,不能上下或左右偏斜。(　　)

130. 刷握间距等分度,对直刷盒的电机一般为 0.5 mm;对斜刷盒的电机为≤1.6 mm。(　　)

131. 小型异步电动机气隙大小由定子铁芯内径与转子铁芯外径之差确定。(　　)

132. 当螺纹公称直径、牙型角、螺纹线数相同时,细牙螺纹的自锁性能比粗牙螺纹的自锁性能好。(　　)

133. 选配装配法可分为:直接选配法、分组选配法和复合选配法。(　　)

134. 零件间的过盈配合的装配方法是装配前预先将孔加热或将轴冷却,如果过盈不大时,也可在压床上作冷装配。(　　)

135. 轴承保持架的作用是把滚动体均匀的隔开,以避免他们相互碰撞,并起引导滚动体旋转作用。(　　)

136. 单列深沟球轴承用来主要承受径向负荷,也能承受少量的轴向负荷。(　　)

137. 滚动轴承基本的密封形式有非接触式和接触式密封两种。(　　)

138. 液压传动是以油液作为工作价质,依靠密封容积的变化来传递运动,依靠油液内部的压力来传递动力。(　　)

139. 液体在外力作用下流动时会产生一种内摩擦力,这一特性称为液体的黏性。(　　)

140. 轴承从轴上拆卸时可以通过滚动体传递力矩来拆除。(　　)

141. 在电路中电源输出功率时,电源内部电流从正极流向负极。(　　)

142. 根据基尔霍夫定律列出的独立回路方程的个数等于回路的网孔数。(　　)

143. 交流电路的阻抗跟频率成正比。(　　)

144. 在 R-L 串联正弦交流电路中,已知电阻 $R=6\ \Omega$,感抗 $X_L=8\ \Omega$,则电路的阻抗为 14 Ω。(　　)

145. 纯电阻正弦交流电路中,电压与电流同相位。(　　)

146. 纯电感正弦交流电路中,电压滞后电流 90°。(　　)

147. 晶体三极管放大状态的条件是发射结正偏,集电结反偏,且发射结正偏电压必须大于死区电压。( )

148. 三极管放大作用的实质是三极管可以用较小的电流控制较大的电流。( )

149. 单相全波整流电路流过每只二极的平均电流只有负载电流的一半。( )

150. 在输入电压相同的条件下,单相桥式整流电路输出的直流电压平均值是半波整流电路输出的直流电压平均值的 2 倍。( )

151. 直流接触器的铁芯可用整块铸钢或铸铁制成。( )

152. 不论是直流发电机还是直流电动机,电枢绕组中的电流均为直流。( )

153. 直流电机运行在电动机状态时,I_a 与 U 同方向。( )

154. 直流电机换向极的磁路应工作在不饱和或弱饱和状态。( )

155. 直流电机的火花发生在后刷边时,电抗电势大于换向电势。( )

156. 直流电机的总损耗由空载损耗与铜损耗构成。( )

157. 直流电机的电磁功率在电动状态为机械功率。( )

158. 三相异步电动机的机座是电机磁路的一部分。( )

159. 额定频率为工频的水轮发电机,n=100 r/min 时,则电机的磁极对数应为 30。

160. 异步电动机的气隙增大时,电机的功率因数将减小。( )

161. 三相电阻的不平衡度过大时,绕组可能有短路或断路现象。( )

162. 电机试验强迫通风要求电机进风筒的直线长度 L 不小于其直径 D 的 7~10 倍。( )

163. 不论是直流发电机还是直流电动机,电枢绕组中的电流均为交变电流。( )

164. 当变压器二次侧电流增大时,一次侧电流也相应增大。( )

165. 转差率 S 是分析异步电动机运行性能的一个重要参数,当电动机转速越高时,则对应的转差率也越大。( )

166. 异步电动机较直流电动机的启动性能好。( )

五、简 答 题

1. 发电机转子上为什么要装阻尼绕组?

2. 简述直流电机电枢嵌线的主要工艺流程。

3. 电枢绕组采用绑扎带绑扎和钢丝绑扎相比,其优点有哪些?

4. 为什么不能在动平衡机上铆接、焊接平衡块?

5. 对焊接笼型转子的装配有哪些技术要求?

6. 电机转子不平衡量可以用哪三种量值来表示?

7. 若笼型转子由于铸铝质量不好而造成导条断裂,会产生什么后果?

8. 电枢铁芯冲片为什么通常采用 0.5 mm 厚的硅钢片冲压叠压而成?

9. 在直流电机中,什么叫做绕组元件?

10. 什么叫做直流电机电枢绕组的均压线?

11. 单相异步电动机的定子绕组是单相的,转子绕组为笼型,单相异步电动机的定子铁芯由两个绕组,一个是工作绕组,另一个是起动绕组,两个绕组在空间相差多少电角度?

12. 转子运行过程中都受到哪些力的作用?

13. 测试电机振动时，放置半键的目的是什么？

14. 什么是离心铸铝？

15. 直流电机电枢嵌线起头不正确会带来什么后果？

16. 电枢反应对直流电动机有何影响？

17. 简述主发电机转子主要部件。

18. 简述直流电机换向极第二气隙的作用。

19. 简述 Nomex 纸的特性。

20. 直流电机电刷接触面的偏大对电机有何影响？

21. 简述直流电机定子主磁极气隙大小对电机的影响。

22. 异步电动机的空气隙为什么必须做得很小？

23. 直流电机换向极的同心度偏差过大时，对换向有什么影响？

24. 简述单层绕组的优缺点。

25. 简述铁磁材料的类别、特点、应用。

26. 直流电动机是否存在感应电动势，方向如何？

27. 直流电机主磁极和换向极螺钉松动对电机有何影响？

28. 同步电机的同步是什么意思，同步电机的转速与负载有关系吗？

29. 简述直流电机磁极套装的工艺过程。

30. 什么是绝缘吸收比？

31. 对称三相交流绕组应符合什么条件？

32. 简述联线焊接质量对电机的影响。

33. 简述直流电机换向极的组成和作用。

34. 简述工频耐压试验的升压规范。

35. 交流牵引电机总装配，其关键工步是哪两项？

36. 怎么样测量轴承温度？

37. 何谓事故调查的“三不放过”？

38. 滚动轴承的主要作用是什么？

39. 轴承代号“22324”中，表示轴承类型是什么类型？尺寸系列代号表示什么？公称内径是多少？请用文字简单说明。

40. 方向控制阀在液压系统中起什么作用？通常有哪些类型？

41. 制作电连接器电缆接头和终端头时应如何保证质量？

42. 举例出三种液压系统连接件的密封方式。

43. 什么是技术标准？

44. 常用螺纹有哪几类？

45. 提高螺纹连接强度的措施有哪些？

46. 轴承代号“6312/P5”中，“/P5”表示什么？

47. 请写出轴承工作游隙的计算方式。

48. 轴承代号“22312/C2”中，“/C2”表示什么？

49. 齿轮泵的压力的提高主要受哪些因素的影响？

50. 什么是液压冲击？

51. 给出滚动轴承的当量静载荷 P_0 的定义。

52. 选零件图的主视图的原则是什么?

53. 什么是理想液体?

54. 直流电机在试验时,后刷边发生火花,通常采用什么方法使火花消失或减弱?

55. 什么是直流电机的换向?

56. 直流电机根据电动机输出性能的不同可分为哪几种?

57. 什么是直流电机的速率特性?

58. 简述交流试验台试验是由哪些设备组成。

59. 三相异步电动机的转子是如何转动起来的?

60. 如何判断直流电机的电气火花和机械火花?

61. 并励直流电动机在空载运行时,励磁绕组突然断路,电机的转速将如何变化?

62. 机车牵引为什么用串励直流电动机而不用并励电动机?

63. 简述直流电机定子主磁极气隙大小对电机的影响。

64. 简述主发电机转子主要部件的作用。

65. 简述直流电机定子主磁极等分度对电机的影响。

66. 简述直流电机换向极第二气隙的作用。

67. 直流电机电刷接触面的大小对电机有何影响?

68. 简述三相异步电动机气隙大小对电机的影响。

69. 简述直流电机匝间试验的方法。

70. 直流电源的质量有什么要求?

六、综 合 题

1. 直流电机电枢嵌线交出时的主要尺寸有哪些?

2. 当绕线式转子异步电动机的三相转子绕组有一相开路时,该电动机在启动以及运行中各自会出现什么现象?怎样检查出开路的地点?

3. 三相异步电动机的定、转子铁芯如用非铁磁材料制成,会出现什么后果?

4. 换向器对于直流电动机和发电机的作用分别是什么?

5. 电机转子为什么要校平衡?

6. 论述引起转子励磁绕组绝缘电阻过低或接地的常见原因有哪些。

7. 为什么说检查转子上的平衡块固定情况非常重要?

8. 如果将绕线式异步电动机定子绕组短接,而把转子绕组接于电压为转子额定电压频率为 50 Hz 的对称三相交流电源上,会发生什么现象?

9. 一台直流并励电动机,额定功率为 25 kW,额定电压 110 V,电枢电路电阻 R_a 为 0.04Ω,电枢额定电流 236 A,求直接启动的电流。若欲使启动电流降为额定电枢电流的 1.5 倍,应串入电枢内的启动电阻 R 为多少?

10. 论述电机绝缘老化的概念和影响因素。

11. 论述交流绕组的构成原则。

12. 什么是电晕?电晕现象对电机有什么影响?

13. 电机修理时定子绕组的质量判断方式有哪些?

14. 铁芯中的磁滞损耗和涡流损耗是怎样产生的？与哪些因素有关？

15. 直流电机运行时若有一磁极失磁，将会产生什么后果？

16. 有一单层三相绕组，$Q=24$，$2p=4$，$a=2$，画出电势星形图和A相链式绕组的展开图。

17. 什么是电机的温升？温升与哪些因素有关？

18. 电机绕组为什么要安装测温元件？

19. 油压钳的压模有哪些类型？各有何优缺点？

20. 平板形密封圈有哪些特点，适用于哪些部位？

21. 按在支撑轴上零件传递运动和动力时受到的载荷类型的不同，轴分为哪几种类型？

22. 为什么轮齿的弯曲疲劳裂纹首先发生在齿根受拉伸一侧？

23. 指出图2中的结构错误（在有错处画○编号，并分析错误原因）。

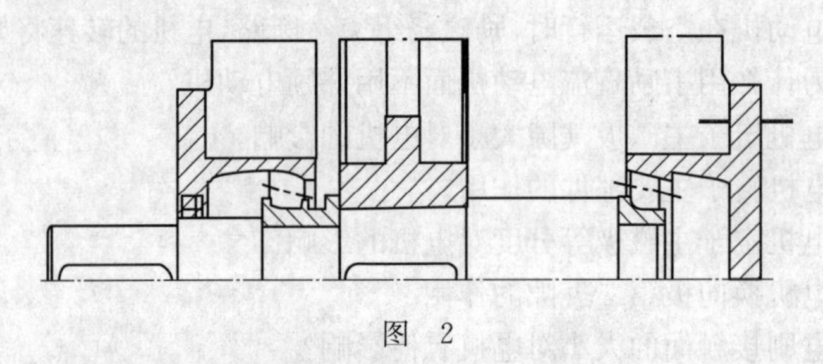

图 2

24. 试说明实现轴上零件轴向固定的五种方法。

25. 请列出永磁电机两种常用装配方法，说明装配过程。

26. 请列出轴承安装和拆卸时的注意事项。

27. 论述异步电机型式试验项目。

28. 绕线式异步电动机在转子回路中串电阻起动时，为什么既能降低起动电流，又能增大起动转矩？

29. 正弦交流电的谐波电压因数（HVF值）怎么表示？

30. 用仪器对某三相电源的输出电压的波形情况进行测量，得到其中一相的基波和第2、4、5、7、8、10、11、13次谐波有效值为（单位V）：

基波（1次）	2次	4次	5次	7次	8次	10次	11次	13次
380 V	0.04	0.02	2.88	0.98	0.01	0.04	5.6	10.5

试计算电压正弦畸变率K_U。

31. 异步电动机的电磁转矩与哪些因数有关，哪些是运行因素，哪些是结构因素？

32. 整流变压器的次极级交流电压是100 V，应用单相半波、单相桥式、三相桥式、二倍压各种型式的整流电路，所输出的直流电压及整流电路中的每只二极管承受的最大反向电压分别是多少？

33. 现测得某电路供电的三相电压数值分别为：220 V、215 V和210 V。请计算三相电压的不平衡百分率$\Delta U(\%)$。

34. 三相笼型异步电动机，已知$P_N=5$ kW，$U_N=380$ V，$n_N=2910$ r/min，$\eta_N=0.8$，$\cos\phi_N=0.86$，$\lambda=2$，求S_N，I_N，T_N，T_M。

35. 分别画出他励、并励、串励和复励电机电机原理简图。

电机装配工(中级工)答案

一、填 空 题

1. 平行　2. 全　3. 局部　4. 断面
5. 重合剖面　6. 局部放大　7. 偏差　8. 0. 07
9. 相同　10. 大于　11. H　12. 塑性
13. 滚动轴承　14. 硬度　15. 摩擦力　16. 梯形
17. 3　18. 相反　19. 压力油　20. 动力
21. 形状　22. 三角锉　23. 最大钻孔直径　24. $I=\dfrac{E}{r+R}$
25. 相反　26. 基尔霍夫　27. 纯电感　28. 零
29. 磁感应强度(或者磁通密度)　30. 磁通＝磁势/磁阻(或 $\phi=F_{m}/R_{m}$)
31. 90　32. 装配　33. 装配　34. 形状
35. 位置　36. 表面粗糙度　37. 装配图　38. 依据
39. 拓印　40. 径向　41. 轴向　42. 向心球轴承
43. 向心推力轴承　44. 大　45. 轴向　46. 切断电源
47. 普通酸碱泡沫灭火器　48. 压力要轻　49. 软磁性材料
50. 机械能转换成电能　51. 电能转换成机械能　52. 小于
53. 他励、并励、串励和复励　54. 空载　55. 变频调速
56. 变阻器　57. 直径　58. 原始游隙、工作游隙和安装游隙
59. 装配精度　60. 斜槽　61. 便于散热　62. 励磁
63. 单层绕组　64. 加工制造和装配　65. 相等　66. 能量转换
67. 感应电势　68. 等于　69. 500～1000 V　70. 粗糙度
71. 质量分布不均　72. 小于　73. 下降　74. 相同位置
75. 相等　76. 2　77. 绝缘　78. 星形或 Y 形
79. 转子笼条通电流　80. 独立电源　81. 降低绝缘　82. 电枢绕组
83. 涡流损耗　84. 最小可达不平衡量　85. 不变
86. 机械　87. 感应电动势　88. 永磁体
89. 支撑和固定联线　90. 建立气隙磁场　91. 气隙磁场　92. 4
93. 换向极磁路　94. 中频匝间试验　95. 匝间绝缘损坏　96. 建立气隙磁场
97. 串联　98. 异步　99. 单相　100. 定子铁芯
101 复励　102. 不对称　103. 机座　104. 同心度
105. 短路或断路　106. 偏强　107. 铁芯槽　108. 双层短距
109. 偏高　110. 第二气隙　111. 定子主极　112. 换向

113. 采用补偿绕组　114. 磁滞损耗　115. 0.5 mm　116. 等分度超差
117. 4　118. 电能转换成机械能　119. 小于
120. 转速 n 和转矩 M　121. 变频调速　122. 他励、并励、串励和复励
123. 安装游隙　124. 气隙中　125. 无关　126. 增大
127. 旋转磁场　128. 空载　129. 磁畴　130. 电机性能
131. 支承　132. $2p$　133. 120°　134. 频率
135. 76.9 A　136. 变阻器　137. 轴承精度等级　138. 装配精度
139. 不平衡　140. 质量分布不均　141. 也不同　142. 绝缘强度
143. 阻碍　144. 向心推力轴承　145. 各个线匝　146. 脉振磁场
147. 工频　148. 电磁　149. 电流测量　150. 向心轴承
151. 2880 r/min　152. 不完全互换　153. 相反　154. 介电强度
155. 正负电刷　156. 转矩 M　157. 毫伏表　158. 互馈
159. 零　160. 基本误差　161. $20\sqrt{2}$
162. 磁感应强度(或者磁通密度)　163. $Z=\sqrt{R^2+X_L^2}$　164. 电压测量
165. 45 V　166. $2\sqrt{2}U_2$　167. $0.9U_2$　168. 90 V
169. 启动和工作　170. 接通或切断　170. 电磁铁吸力及弹簧反作用力
172. 输入信号　173. 相等

二、单项选择题

1. D　2. B　3. B　4. C　5. A　6. B　7. B　8. C　9. A
10. B　11. C　12. B　13. A　14. B　15. A　16. C　17. B　18. B
19. A　20. C　21. B　22. A　23. A　24. B　25. A　26. B　27. B
28. B　29. C　30. B　31. C　32. C　33. C　34. C　35. A　36. A
37. B　38. B　39. C　40. C　41. A　42. C　43. C　44. D　45. B
46. B　47. A　48. A　49. D　50. A　51. B　52. A　53. D　54. A
55. A　56. B　57. B　58. A　59. D　60. A　61. C　62. B　63. C
64. B　65. A　66. D　67. B　68. B　69. B　70. B　71. A　72. A
73. C　74. B　75. C　76. B　77. A　78. C　79. A　80. C　81. C
82. B　83. D　84. C　85. C　86. B　87. B　88. C　89. D　90. A
91. D　92. B　93. C　94. B　95. A　96. D　97. B　98. C　99. A
100. C　101. A　102. A　103. D　104. A　105. B　106. C　107. A　108. C
109. A　110. A　111. B　112. D　113. C　114. B　115. A　116. C　117. C
118. B　119. C　120. B　121. B　122. B　123. B　124. B　125. B　126. B
127. B　128. A　129. C　130. C　131. B　132. B　133. B　134. C　135. A
136. D　137. C　138. C　139. A　140. D　141. C　142. B　143. C　144. A
145. A　146. B　147. B　148. D　149. B　150. A　151. C　152. B　153. B
154. A　155. D　156. B　157. A　158. C　159. B　160. C　161. B　162. A
163. C　164. B　165. B　166. B　167. D　168. B

三、多项选择题

1. AB	2. AB	3. ABD	4. ABD	5. ABCD	6. AC	7. AB
8. ABD	9. ABCD	10. AD	11. AC	12. ABC	13. ABCD	14. ABCD
15. ABCD	16. ABC	17. ABCD	18. BD	19. ABCD	20. AB	21. ABCD
22. ABD	23. AB	24. BCD	25. AD	26. ABCD	27. ABD	28. BCD
29. ACD	30. ABD	31. ABC	32. ABC	33. ABC	34. ABCD	35. AB
36. ABD	37. ABCD	38. ABCD	39. CD	40. AB	41. AC	42. ABCD
43. AB	44. ABC	45. ABC	46. AB	47. AD	48. BD	49. ACD
50. BC	51. ACD	52. ABD	53. ABCD	54. AC	55. ABD	56. CD
57. ABCD	58. BCD	59. ABD	60. ABCD	61. ABCD	62. ABC	63. ABCD
64. AC	65. BD	66. ABCD	67. BD	68. ABD	69. ABC	70. CD
71. ABD	72. ABCD	73. ABD	74. ABD	75. ABD	76. ABC	77. ABCD
78. ABD	79. ABCD	80. ABCD	81. ABC	82. BC	83. AB	84. BC
85. ABD	86. ABD	87. ABCD	88. ABCD	89. ABCD	90. ACD	91. BC
92. ABCD	93. ABD	94. AD	95. ABC	96. BCD	97. ABD	98. AB
99. ABCD	100. ABC	101. AC	102. ACD	103. AC	104. ABCD	105. BCD
106. ABCD	107. ACD	108. BD	109. ABCD	110. BCD	111. ABD	112. BCD
113. AB	114. AB	115. AB	116. ABD	117. AB	118. ABC	119. ABC
120. BD	121. ABCD	122. ABCD	123. ABCD	124. ABCD	125. ACD	126. ABCD
127. ABC	128. ABC	129. ABCD	130. ABC	131. BCD	132. ABCD	133. BCD
134. BCD	135. ABCD	136. AC	137. AC	138. ABC	139. AC	140. ABCD
141. ABC	142. BC	143. ABC	144. ABCD	145. AC	146. ABC	147. ABC
148. ABC	149. ABCD	150. ABC	151. ABD	152. BC	153. ABCD	154. ABCD
155. ABCD						

四、判 断 题

1. ×	2. √	3. √	4. √	5. √	6. ×	7. √	8. √	9. ×
10. ×	11. ×	12. ×	13. √	14. √	15. ×	16. √	17. √	18. √
19. ×	20. √	21. ×	22. ×	23. ×	24. ×	25. √	26. ×	27. ×
28. ×	29. ×	30. ×	31. √	32. ×	33. √	34. ×	35. ×	36. √
37. √	38. √	39. ×	40. √	41. √	42. √	43. ×	44. √	45. ×
46. √	47. √	48. √	49. √	50. √	51. √	52. √	53. √	54. √
55. √	56. √	57. √	58. √	59. ×	60. ×	61. ×	62. √	63. √
64. √	65. ×	66. √	67. ×	68. √	69. √	70. √	71. ×	72. ×
73. ×	74. √	75. √	76. ×	77. √	78. ×	79. √	80. √	81. √
82. √	83. √	84. ×	85. √	86. √	87. ×	88. √	89. ×	90. √
91. ×	92. √	93. √	94. √	95. √	96. √	97. ×	98. ×	99. √
100. √	101. √	102. √	103. √	104. √	105. √	106. √	107. ×	108. √

109. √ 110. √ 111. √ 112. × 113. √ 114. √ 115. × 116. × 117. ×
118. × 119. √ 120. √ 121. √ 122. √ 123. × 124. √ 125. √ 126. √
127. √ 128. × 129. √ 130. √ 131. √ 132. √ 133. √ 134. √ 135. √
136. √ 137. √ 138. √ 139. √ 140. × 141. × 142. √ 143. × 144. ×
145. √ 146. × 147. √ 148. √ 149. √ 150. √ 151. √ 152. × 153. √
154. √ 155. √ 156. √ 157. √ 158. × 159. √ 160. √ 161. √ 162. √
163. √ 164. √ 165. × 166. ×

五、简 答 题

1. 答:因为当发电机短路或三相电阻不平衡时,发电机定子中产生负序电流,它使转子表面产生涡流从而使转子发热,为此在转子上装设阻尼绕组(5 分)。

2. 答:确认零部件是否合格→对换向器进行电气检查→前后支架绝缘→嵌均压线→烘焙→耐压试验→嵌电枢线圈→匝间耐压→预绑钢丝→烘焙→耐压→打入槽楔→耐压→打铜楔→粗车换向器→氩弧焊→耐压试验→挑铜沫加填充泥→烘焙→无纬带绑扎→烘焙(评分标准:答对 1 种给 0.5 分,共 5 分)。

3. 答:采用绑扎带绑扎与钢丝绑扎相比,可以减少绕组端部漏磁(1 分),改善电气性能(1 分),增加绕组的爬电距离(1 分),提高绝缘强度(1 分),并可取消绑扎带和绕组间的绝缘材料(1 分)。

4. 答:因为动平衡机是一种检测设备,要求有一定的精度和准确性,在平衡机上铆接平衡块,会对设备造成冲击影响精度,焊接会使焊渣掸落在滚轮上或设备上,影响平衡量,并极易造成工件平衡支承部位损伤(5 分)。

5. 答:(1)导条与端环应焊接牢靠,接触电阻要小(1 分)。(2)导条在槽内无松动(1 分)。(3)端环与铁芯端面之间的距离应符合图样规定(1 分)。(4)端环与铁芯的同轴度偏差和端环对轴线的端面跳动量都应尽量小,利于转子动平衡(1 分)。(5)铁芯长度应符合图样规定(1 分)。

6. 答:重径积(1 分);偏心距(2 分);平衡精度(2 分)。

7. 答:笼型转子导条部分断裂会增加转子电阻(2 分)。电动机运行时会使转子发热增加,三相定子电流不平衡且机身振动,电磁转矩减少(2 分);负载时电动机转速会明显减少(1 分)。

8. 答:当电枢在磁场中旋转时,定子上的 N、S 极磁通交替穿过电枢铁芯,使铁芯中产生涡流和磁滞损耗,为了减少这些损耗的影响,电枢铁芯冲片采用 0.5 厚的硅钢片(5 分)。

9. 答:绕组元件是指从一个换向片开始到所连接的另一个换向片为止的那一部分导线(5 分)。

10. 答:各并联支路中电位相等的点(2 分),即处于相同磁极下相同位置的点用导线连接起来(通常连接换向片),就称该导线为均压线(3 分)。

11. 答:90°(5 分)

12. 答:在运行过程中的电机转子上的部件和它们的固定点上,除受离心力的作用外(3 分),还受到转子的弯曲而产生的交变力的作用(2 分)。

13. 答:放置半键是为了补偿键槽对电机转子不平衡量的影响(5 分)。

14. 答:离心铸铝是利用工件转动时所产生的离心力,将铝水充满所有槽和整个模腔,从而得到鼠笼转子的一种方法(5 分)。

15. 答:直流电机电枢嵌线起头不正确会使嵌线难(2.5 分),正反转速率超差大(2.5 分)。

16. 答:电枢反应使电动机前极端的磁场削弱,后极端磁场增强,物理中性线逆电机转向移开几何中性线,将对电机的换向造成影响(5 分)。

17. 答:(1)磁极铁芯(1 分);(2)磁极线圈(1 分);(3)磁轭支架(1 分);(4)滑环与刷架装置(2 分)。

18. 答:采用第二气隙,可以减少换向极的漏磁通,使换向极磁路处于低饱和状态,这样就能保证换向磁势和电枢电流大小成正比,使换向电势可以有效的抵消电抗电势(3 分);同时还可以通过第二气隙的调整使电机获得满意的换向(2 分)。

19. 答:柔软、工艺性能好(1 分);有很高的过载能力(2 分);同一般的绝缘漆、胶粘剂有良好的相容性(2 分)。

20. 答:电刷与换向片接触面积大,接触电阻就减小(2 分),换向回路电流增加(2 分),容易产生换向火花对电机换向不利(1 分)。

21. 答:直流电机主磁极气隙大,则电机的速率偏高(1.5 分);气隙小,则电机的速率偏低(1.5 分)。而且气隙的过大过或过小均引起电枢反应的变化,使换向极补偿性能变差,换向火花增大(2 分)。

22. 答:因为异步电动机的励磁电流是由电网供给的,气隙大时磁阻增加,所需励磁电流将增加(2.5 分),从而降低电机的功率因数,所以一般异步电动机的空气隙做得很小(2.5 分)。

23. 答:换向极的同心度偏差过大时,将使换向极磁场分布不对称(2 分),气隙小的位置,换向极磁通偏大(1 分),气隙大的位置,换向极磁通偏小(1 分),都会给换向带来不利(1 分)。

24. 答:优点:由于一个槽内只有一个线圈边,槽的利用率高(1 分);线圈数等于槽数一半,嵌线比较容易(1 分);同一槽内导线属于一相,不会发生槽内相间击穿(1 分)。缺点:不能灵活的选择线圈节距来削弱谐波电动势,漏电抗较大(1 分);形成的并联支路数较少(1 分)。

25. 答:铁磁材料根据磁滞回线的形状可以分为软磁材料和硬磁材料(1 分)。软磁材料磁滞回线窄,剩磁(B_r)和矫顽力(H_c)都小且磁导率较高,常用作电机、变压器的铁芯(2 分);硬磁材料磁滞回线宽剩磁(B_r)和矫顽力(H_c)都较大,可以制作永磁体(2 分)。

26. 答:直流电动机励磁后,电枢端施加额定电压,电动机转动,电枢绕组与主磁场有相对运动,在其内部产生感应电动势(2.5 分)。该电动势的方向与电枢端电压的方向相反,也被称为反电动势(2.5 分)。

27. 答:如果定装时主磁极和换向极的螺钉紧固不牢,机车运行振动将会造成主极和换向极线圈松动、磨破主极和换向极绝缘和联线绝缘,以至造成线圈接地、联线接地或断裂(5 分)。

28. 答:同步电机的转速 n 在稳态运行时,与极对数 p 和频率 f 之间具有固定不变的关系:$n=60f/p$(3 分)。若电网的频率不变,则同步电机的转速为恒定值,且与负载的大小无关,这就是所谓的同步(2 分)。

29. 答:线圈烘焙→检查、清理磁极铁芯→擦拭铁芯表面异物→在铁芯上放好绝缘材料→将加热后的线圈平放在绝缘材料上→将线圈压入铁芯→清理多余的绝缘材料(评分标准:答对 1 种给 1 分,共 5 分)。

30. 答:绕组绝缘施加电压 60 s 时的绝缘电阻值 R_{60} 与 15 s 时绝缘电阻 R_{15} 之比称为绝缘吸收比(5 分)。

31. 答:三相绕组在空间位置上应互差 120°电角度(2 分);每相绕组的导体数、并联支路数以及导体规格应相同(1.5 分);每相线圈或导体在空间的分布规律应相同(1.5 分)。

32. 答:焊接质量不好,造成虚焊,使接触电阻增大,造成过热引起接头烧损或断线故障(2.5 分);机械强度不够,会引起开焊(2.5 分)。

33. 答:换向极由铁芯和绕组组成(2.5 分),其作用是产生换向极磁场,改善电流换向(2.5 分)。

34. 答:试验应从不超过全值的一半开始(1 分),然后均匀地或以每步不超过全值电压的 5%逐渐升至全值(1 分),电压从半压升至全值的时间不小于 10s(3 分)。

35. 答:关键工步:轴承装配及定转子总装(5 分)。

36. 答:轴承用温度计法或埋置检温计以及红外线测温仪等方法进行测量(5 分)。

37. 答:事故原因不清楚不放过(1.5 分),事故责任者和受教育者没有受到教育不放过(1.5 分),没有采取防范措施不放过(2 分)。

38. 答:(1)减少摩擦(1 分);(2)支撑工件,承受径向,轴向和复合载荷(2 分);(3)轴向定位(1 分)。

39. 答:调心滚子轴承(2 分); 23 表示宽度和直径系列(2 分);120 mm(1 分)。

40. 答:方向控制阀用于控制液压系统中液流的方向和通断(2 分)。分为单向阀和换向阀两类(3 分)。

41. 答:在制作电连接器电缆接头和终端头时应注意下列事项:正确的选用材料(1 分);工具必须齐全、整洁锋利(1 分);严防潮气、水分、灰尘、杂物进入接头或中端头(1 分);严防绝缘受损(1 分);密封必须良好(1 分)。

42. 答:在螺纹处填充密封剂密封(2 分);加密封圈密封(1 分);锥面结合密封(2 分)。

43. 答:技术标准是对技术活动中需要统一协调的事物制订的技术准则。

44. 答:常用的有:三角螺纹、矩形螺纹、梯形螺纹和锯齿形螺纹(5 分)。

45. 答:(1)改善螺纹牙间的载荷分配不均(1 分);(2)减小螺栓的应力幅(1 分);(3)减小螺栓的应力集中(1 分);(4)避免螺栓的附加载荷(弯曲应力)(1 分);(5)采用合理的制造工艺(1 分)。

46. 答:表示 P5 级精度(5 分)。

47. 答:工作游隙=初始游隙-因配合造成的游隙减少量-因热膨胀造成的游隙减少量(5 分)。

48. 答:表示 C2 组游隙(5 分)。

49. 答:齿轮泵由于泄漏大和存在径向不平衡力,因而限制了泵输出压力的提高(5 分)。

50. 答:在液压系统中,由于某种原因,液体压力在一瞬间会突然升高,产生很高的压力峰值,这种现象称为液压冲击(5 分)。

51. 答:当量静载荷是一个假想载荷,其作用方向与基本额定静负荷相同,而在当量静载荷作用下,轴承的受载最大滚动体与滚道接触处的塑性变形总量与实际载荷作用下的塑性变形总量相同(5 分)。

52. 答:选择主视图的原则是:

(1)形状特征原则(2 分)。

(2)加工位置原则(1.5 分)。

(3)工作位置原则(1.5 分)。

53. 答:不可压缩的液体(5 分)。

54. 答:采用移动电刷的方法改善换向(1 分)。对于电动机应逆旋转方向移动刷架圈(2 分);对于发电机应顺旋转方向移动刷架圈(2 分)。

55. 答:直流电机运行时,旋转着的电枢绕组元件从一条支路经过电刷和换向器进入另一条支路(3 分),绕组元件中的电流方向改变一次,称之为换向(2 分)。

56. 答:(1)在电枢回路中串电阻(2 分);(2)改变励磁电流(1.5 分);(3)改变电枢电压(1.5 分)。

57. 答:牵引直流电机的速率特性系电机的转速 n 与电枢电流 I_a 之间的关系(3 分),其函数表达式为 $n=f(I_a)$(2 分)。

58. 答:由调压器 、变压器、变频器或逆变器、试验线路和测量仪表等组成(5 分)。

59. 答:对称三相正弦交流电通入对称三相定子绕组,便形成旋转磁场(1.5 分)。旋转磁场切割转子导体,便产生感应电动势和感应电流(1.5 分)。感应电流受到旋转磁场的作用,便形成电磁转矩,转子便沿着旋转磁场的转向转动起来(2 分)。

60. 答:当火花是红色或黄色,断续,不稳定且较粗,在电刷下沿切线方向飞出的属机械火花(2.5 分)。当火花呈白色或兰色,连续,稳定而细小,基本上都在后刷边燃烧的属电气火花(2.5 分)。

61. 答:并励电动机空载运行时,负载转矩为零,励磁绕组突然断路时,主磁极仅为剩磁通(2 分)。由 $n=\dfrac{U-I_aR_a}{C_e\phi}$ 可知(2 分),ϕ 急剧下降时,将使电机转速急剧增加,可能造成“飞车”(1 分)。

62. 答:(1)电枢电流相同时,串励电动机的起动转矩大于并励电动机(1.5 分);(2)串励电动机的机械特性较软,负载增大时,转速下降,可保持恒功率输出(2 分);(3)串励电动机的过载能力强(1.5 分)。

63. 答:直流电机主磁极气隙大,则电机的速率偏高(1 分);气隙小,则电机的速率偏低(1 分)。而且主气隙的过大过或过小均引起电枢反映的变化,使换向极补偿性能变差,换向火花增大(3 分)。

64. 答:(1)磁极铁芯——导磁和固定线圈(1 分);

(2)磁极线圈——用来给磁极铁芯进行励磁(1 分);

(3)磁轭支架——安放磁极,是磁路的一部分(1 分);

(4)滑环——滑环与刷架装置联合作用将转动的励磁绕组与外部励磁设备连接起来(2 分)。

65. 答:主磁极等分度不均使磁路不对称,电机中性区宽度发生变化(2 分),使换向极补偿性能变差(2 分),火花增大(1 分)。

66. 答:采用第二气隙,可以减少换向极的漏磁通,使换向极磁路处于低饱和状态(1.5 分),这样就能保证换向磁势和电枢电流成正比,使换向电势可以有效的抵消电抗电势(2 分),同时还可以通过第二气隙的调整使电机获得满意的换向(1.5 分)。

67. 答:电刷与换向片接触面积大,接触电阻就减小,换向回路电流增加,容易产生换向火花,对电机换向不利(2.5 分)。电刷与换向片接触面积小,接触电阻增加,换向回路电流减小,有利于电机换向(2.5 分)。

68. 答:电机气隙过大时,空载电流将增大,功率因数降低,铜损耗增大,效率降低(2.5 分)。若气隙过小时,不仅给电机装配带来困难,极易形成“扫膛”,还会增加机械加工的难度(2.5 分)。

69. 答:(1)发电机空载运行(1.5 分);(2)转速加到额定最高转速(1.5 分);(3)加被试机励磁电流,使被试电机端电压达到 1.3 额定电压值保持 3 min(2 分)。

70. 答:衡量直流电源品质好坏的主要参数有直流电流纹波因数 q_i 和波形因数 k_{fn} 两个指标,他们应符合被试电机的要求(3 分)。要求输入电压平稳、无干扰(1 分)。对使用三相交流电的整流电源,三相输入电压应平衡(1 分)。

六、综 合 题

1. 答:直流电机电枢嵌线交出时的主要尺寸有:线圈后鼻部长度(2 分)、后端无纬纬带宽(2 分)、无纬带不平度(不大于 2)及其高出铁芯尺寸(不大于 1)粗车后换向器外径(2 分)、升高片宽(2 分)、退刀槽宽及外径、氩焊后的焊点高度(2 分)。

2. 答:该电动机在启动中会出现不能启动或启动时电流大,运行时三相电流不平衡,产生较大振动以及噪声(4 分)。要检查开路地点,用观察法可看出开路部位(2 分),用万用表电阻挡进行测量,测量两电刷或滑环间的电阻,电阻为无穷大时的一相有开路点(2 分)。用万用表电压挡进行测量,测量两电刷或滑环间的电压,有电压的一相为有开路点的相(2 分)。

3. 答:三相异步电动机的定、转子铁芯若用非铁磁材料制成,其铁芯磁导率将大为降低,使电动机励磁电抗大为减小(5 分)。当定子绕组施加三相额定电压时,定子线圈中电流会很大,烧坏绕组而损坏电动机(5 分)。

4. 答:对于发电机,换向器是将电枢绕组的交变电势转换为电刷间的直流电势(5 分);对于电动机,则是将输入的直流电流转换为电枢绕组内的交变电流,并保证在每一磁极下电枢导条内的电流方向不变,以产生单方向的电磁转矩(5 分)。

5. 答:电机转子在生产过程中,由于材料不均匀、铸件的气孔或缩孔、零件重量的误差及加工误差等因素的影响会引起转子重量上的不平衡,因此转子在装配完成后要校平衡(10 分)。

6. 答:引起转子励磁绕组绝缘电阻过低或接地的常见原因有:(1)受潮,当发电机长期停用,尤其是梅雨季节长期停用,很快使发电机转子的绝缘电阻下降到允许值之下(2 分)。(2)滑环下有电刷粉或油污堆积、引出线绝缘损坏或滑环绝缘损坏时,也会使转子的绝缘电阻下降或造成接地(2 分)。(3)发电机长期运行时,使绕组端部大量积灰,也会使转子的绝缘电阻下降(2 分)。(4)由于运行中通风和热膨胀的影响,在槽口处云母也逐渐剥落、断裂、被吹掉,再加上槽口积灰,也会造成绝缘电阻降低(2 分)。(5)转子的槽绝缘断裂造成转子绝缘过低或接地(2 分)。

7. 答:因为转子在高速运转时,平衡块将受到一个很大的离心力作用,若安装不牢固,就由可能脱落,并以很高的速度砸伤定子端部绕组,使绕组绝缘破坏,形成匝间或相间短路,并因此将绕组烧毁,造成重大事故(6 分)。掉下的平衡块碎块也可能挤入定、转子间隙中造成扫膛,同样会因阻力过大是输入的定子电流增加,严重时将绕组烧毁,因此,对平衡块固定的检查非常重要(4 分)。

8. 答:转子绕组产生旋转磁场,同步转速为 n_0(假设为逆时针方向),那么定子绕组产生感应电势和感应电流(3 分),此电流在磁场的作用下又产生电磁转矩(逆时针方向)(3 分),但是定子不能转动,故反作用于转子,使得转子向顺时针方向旋转(4 分)。

9. 答:忽略励磁电流

直接启动时:$I_Q=\frac{U}{R}=\frac{110}{0.04}=2750\text{A}$(3 分)

串电阻启动时:$I_{Q1}=1.5I_N=1.5\times236=354\text{A}$(3 分)

应串入的电阻为:$R=\frac{U}{I}-R_a=\frac{110}{354}-0.04=0.311-0.04=0.271\Omega$(4 分)

10. 答:在电机的使用过程中,绝缘材料发生的较缓慢的、不可逆转的变化,使绝缘材料的力学和电气性能逐渐的恶化,称为绝缘材料的老化(5 分)。促使绝缘材料老化的因素很多,比如湿度、电压、机械力、风、光、微生物等(3 分),在低压的环境下,热和氧化是造成绝缘老化的主要因素(2 分)。

11. 答:交流绕组是指交流电机的定子绕组(又称电枢绕组),它的构成原则是:在一定的导体数下,绕组的合成磁动势和电动势在空间分布上力求接近正弦波形,在数量上力求获得较大的基波磁动势和基波电动势(4 分);对多相绕组来说,各相的磁动势和电动势要对称,电阻和电抗平衡(4 分);绕组损耗尽量小,用铜尽量省(2 分)。

12. 答:电晕是一种放电现象,不平滑的导体产生不均匀的电场,当局部位置的场强达到一定的数值,气体便发生电离,在电离处产生蓝色荧光,这就是电晕(5 分)。在 6kV 以上的电机都会产生电晕现象。如果不作防晕处理或者处理不好,则绕组在制造时多次耐压试验可能无法完成。即便可以完成,电机在运行时会处于严重的电晕状态下,电晕处产生热效应和臭氧、氮的氧化物,使绕组温度升高,导致绝缘黏合剂变质、绝缘材料碳化等,极大影响电机的安全运行。防电晕是高压电机定子绕组的绝缘必须要解决的一个问题(5 分)。

13. 答:(1)外观检查:绝缘表面灰尘、油污的覆盖情况(1 分);覆盖漆是否变色和脱落,有无过热现象(1 分);槽楔是否松动(1 分);支撑件与绑扎部位是否移位(1 分);绝缘层有无破损和裂纹(1 分)。

(2)仪表检测:绝缘电阻试验(1 分)。极化指数测试,小于 1.5 表示绝缘可能存在缺陷(1 分)。直流对地耐压试验(1 分)。直流耐压试验应同时记录泄露电流值,泄露电流在额定电压下不应超过 20 微安,且在同一电压下,泄露电流持续快速上升应停止试验,查找缺陷(1 分)。交流对地耐压试验:此种耐压试验为破坏性试验,对绝缘层有一定损伤,尽量不用,尤其是不能反复进行(1 分)。匝间耐压试验、介质损耗试验,依据相关的标准进行判定(1 分)。

14. 答:铁磁材料置于交变电场中,材料被反复的交变磁化,磁畴之间相互不断的反复摩擦、翻转,消耗能量,并以热量的形式表现,这种损耗被称为磁滞损耗(4 分)。由于铁芯时导体,铁芯中磁通随着时间发生交变,根据电磁感应定律,在铁芯中垂直与磁场方向产生感应电动势并形成涡流,此涡流在铁芯中引起的损耗也以热量的形式表现,称之为涡流损耗(4 分)。这两种损耗和在一起叫做铁芯损耗,铁芯损耗的大小与磁场变化的频率 f、磁通密度 B 以及铁芯的重量 G 有关(2 分)。

15. 答:直流电机的电枢绕组经换向器连接后形成一个闭合的绕组,由于各支路的串联元件数量相等,使得各支路的感应电动势相等(3 分)。从闭合电路的内部来看,各支路的感应电动势相互抵消,不会产生环流(2 分)。若有一个磁极失磁,该磁极下的元件就不会感应出电动势,直流发电机将会在电枢绕组的内部产生环流,直流电动机因电枢端外施额定电压,失磁支路中的电流会很大,这都将会因电流过大而损伤直流电机的电枢绕组(5 分)。

16. 答:绕组的槽距角 $\alpha=\frac{2\pi p}{Q}=\frac{2\times 360}{24}=30°$(3 分)

每极每相槽数 $q=\frac{Q}{2pm}=\frac{24}{2\times 2\times 3}=2$(2 分)

电势星形图见图 1,A 相链式绕组的展开图见图 2。

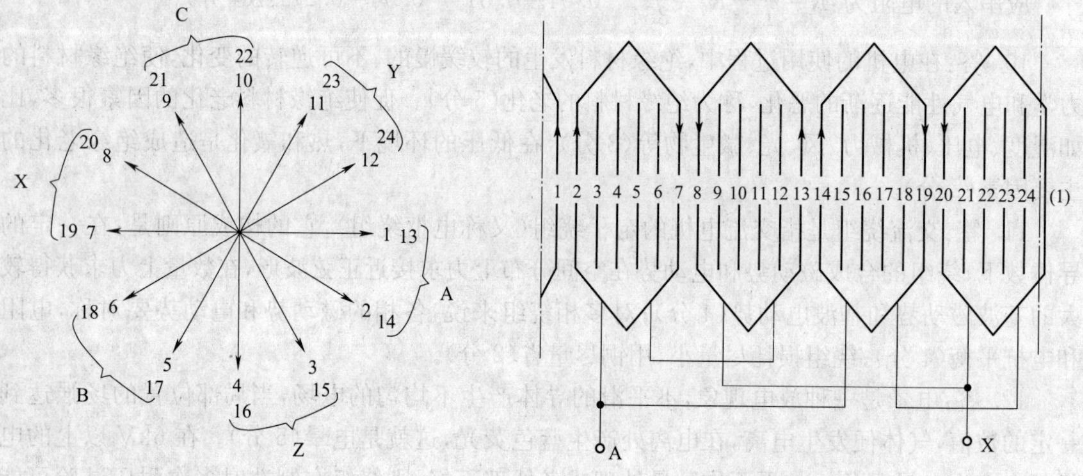

图 1 电势星形图(3 分)

图 2 A 相链式绕组的展开图(2 分)

17. 答:电机的温升是电机运行时各部分的温度与冷却介质入口温度之差,称之为相应部分的温升(2 分)。电机的允许温升取决于绕组绝缘的耐热等级,绝缘材料的耐热等级由电机电器在运行中允许的最高长期工作温度决定(2 分)。电机在运行时,绕组由于多种因素要承受一定的发热量,而温度对绝缘材料的寿命有很大影响在高温下绝缘材料的力学和电学性能都会有所下降,其寿命会随着温度的升高呈指数关系衰减(2 分)。而在耐热等级要求的温度下运行,电机可以长期的稳定的运行,性质不会发生不应有的变化(2 分)。允许温升计算公式为:绕组温升=绝缘的最高允许温度-环境温度(40)-热点温度(2 分)。

18. 答:电机在运行过程中,各种损耗都转化成热量,使电机各部分的温度升高(2 分)。绝缘材料的使用寿命与工作温度密切相关。工作温度过高,绝缘材料的寿命迅速下降,每一种绝缘材料都有一个极限工作温度(4 分)。为了测试电机运行过程中线圈的实际温度,在大中型高压电机绕组嵌装时,往往需要放置一定数量的测温元件于铁芯槽内(4 分)。

19. 答:(1)点压模:适用于各截面导体的坑压,启用比较早,积累了一些成熟的经验,但使用于 35kV 以上电压时,则有不均匀电场出现,应采取适当的措施(4 分)。

(2)围压模有:六方型、圆型、椭圆型、菱型等。根据油压钳承压力,围压模有长短的区别。围型模启用比较晚,并且出现过压接方向运行中的事故,所以倾向于启用点压模。启用点压模(坑压模)还是围压模(六方型、圆型、椭圆型、菱型等)的问题在于正确选择压缩比,使压接后满足电气及机械强度要求(6 分)。

20. 答:平板形密封圈的结构最简单,使用最早。它是依靠将轴向压缩产生径向扩展,利用材质固有弹性形成密封面结构(4 分)。

平板密封圈常用橡胶板制作,其特点是受力面积大,结构简单,加工方便,一般可不设定位槽,适用在瓷套对瓷套、瓷套对金属法兰盘之间作平面静密封,可防止由于受力过于集中而损坏瓷套(6 分)。

21. 答:(1)仅受弯矩 M 的轴——心轴,只起支撑零件作用,如自行车前轴(3 分)。

(2)仅受转矩 T 的轴——传动轴,只传递运动和转矩,不起支撑作用,如汽车后轮传动轴(3 分)。

(3)既受弯矩又受转矩的轴——转轴,既起支撑又起传运动和转矩作用,如减速器的输出轴(4 分)。

22. 答:(1)齿根弯曲疲劳强度计算时,将轮齿视为悬臂梁,受载荷后齿根处产生的弯曲应力最大(3 分)。

(2)齿根过渡圆角处尺寸发生急剧变化,又由于沿齿宽方向留下加工刀痕产生应力集中(3 分)。

(3)在反复变应力的作用下,由于齿轮材料对拉应力敏感,故疲劳裂纹首先发生在齿根受拉伸一侧(4 分)。

23. 答:(1)固定轴肩端面与轴承盖的轴向间距太小(1 分)。

(2)轴承盖与轴之间应有间隙(1 分)。

(3)轴承内环和套筒装不上,也拆不下来(1 分)。

(4)轴承安装方向不对(2 分)。

(5)轴承外圈内与壳体内壁间应有 5~8 mm 间距(2 分)。

(6)与轮毂相配的轴段长度应小于轮毂长(2 分)。

(7)轴承内圈拆不下来(1 分)。

24. 答:用轴肩定位;用弹簧卡圈定位;用螺母或圆螺母定位;用轴端挡板定位;用销定位;用紧定螺钉定位(评分标准:答出一种定位方式给 2 分,共 10 分)。

25. 答:(1)卧式总装机法,将定子固定在工作台上,转子用顶尖顶住安装(5 分)。(2)立装法,定子立式放置,上端安导向杆,转子立起,前端安装假轴安装,完成后将电机翻身平放(5 分)。

26. 答:(评分标准:答出一项给 2 分,共 10 分)安装时:不能让保持架受力;不得使用明火加热且加热温度不得超过 120 ℃。拆卸时:不能通过滚动体传力;不能伤保持架;不得使用明火加热且加热温度不得超过 120 ℃。

27. 答:(评分标准:答对 6 项给 10 分,错一项扣 2 分)绕组在冷态下对机座及其相互间绝缘电阻的测定;绕组冷态直流电阻测定;空转试验;电机冷却风量与电机静压关系曲线;空载特性曲线的测定;堵转特性曲线的测定;温升试验;特性曲线试验;效率特性的测定;噪声测试;振动试验;超速试验;热态绝缘电阻测定;匝间耐压试验;对地耐压试验;称重。

28. 答:绕线式异步电动机在转子回路串电阻增加了转子回路阻抗,由式

$$I_{st}=\frac{U_1}{\sqrt{(r_1+r'_2+r'_{2st})^2+(x_1+x'_2)^2}}\text{(5 分)}$$

可见,起动电流随所串电阻 r'_{2st} 增大而减小,转子回路串电阻同时,还减小转子回路阻抗角 $\psi_2=\arctan\dfrac{x_2}{r_2+r_{2st}}$(3 分),从而提高转子回路功率因数 $\cos\psi_2$,其结果增大了转子电流的有

功分量,从而增大了起动转矩(2 分)。

29. 答:$HVF=\frac{1}{U_1}\sqrt{\sum\frac{U_n^2}{n}}$(5 分)

式中 U_1——额定电压有效值(V)(1.5 分);

U_n——谐波电压有效值(V)(1.5 分);

n——谐波次数,对三相电源不包括 3 和 3 的倍数,通常取 $n\leqslant 13$ 就已足够,所以实际计算时取 $n=2、4、5、7、8、10、11、13$(2 分)。

30. 答:

$$K_U=\frac{1}{U_1}\sqrt{U_2^2+U_4^2++U_5^2+U_7^2+U_8^2+U_{10}^2+U_{11}^2+U_{13}^2}\times 100\%(8\text{ 分})$$

$=3.23\%$(2 分)

31. 答:电磁转矩参数表达式

$$T_{em}=\frac{m_1pU_1^2\frac{r_2'}{S}}{2\pi f_1\left[\left(r_1+\frac{r_2'}{S}\right)^2(x_1+x_2')^2\right]}(4\text{ 分})$$

电磁转矩 T_{em} 与下列参数有关:①电源参数:电源电压 U_1,频率 f_1(1 分);②电机本身参数:相数 m_1,极对数 p,定、转子漏阻抗 r_1、r_2'、x_1、x_2'(2 分);③运行参数:转差率 S(1 分)。

其中 U_1、f_1 及 S 是运行因素,m_1、p、r_1、r_2'、x_1、x_2'为结构因素(2 分)。

32.(1)单相半波

输出直流电压 $U_{fz}=0.45U_2=0.45\times 100=45$ V(1 分)。

二极管承受的最大反向电压 $U_{vfm}=1.41U_2=1.414\times 100=141$ V(1.5 分)。

(2)单相桥式

输出直流电压 $U_{fz}=0.92U_2=0.9\times 100=90$ V(1 分)。

二极管承受的最大反向电压 $U_{vfm}=1.41U_2=1.414\times 100=141$V(1.5 分)。

(3)三相桥式

输出直流电压 $U_{fz}=2.34U_2=2.34\times 100=234$ V(1 分)。

二极管承受的最大反向电压 $U_{vfm}=2.45U_2=2.45\times 100=245$V(1.5 分)。

(4)二倍压整流电路

输出直流电压 $U_{fz}=2U_2=2\times 100=200$ V(1 分)。

二极管承受的最大反向电压 $U_{vfm}=2\sqrt{2}U_2=2.82\times 100=282$ V(1.5 分)。

33. 答:由题中给出的三相电压数值可知:

三相电压的平均数值 $U_P=(220+215+210)/3=215$ V(4 分)。

三相电压值中最大和最小的一个数与平均值之差均为 5 V(2 分)。

三相电压的不平衡百分率 $\Delta U=(U_{max}-U_p)/U_p\times 100\%=2.33\%$(4 分)

34. 答:

$$S_N=\frac{n_1-n_N}{n_1}=\frac{3000-2910}{3000}=0.03(2.5\text{ 分})$$

$$T_N=\frac{P_N}{\sqrt{3}U_N\cos\phi_N\eta_N}=\frac{5\times 10^3}{\sqrt{3}\times 380\times 0.86\times 0.8}=11\text{A}(2.5\text{ 分})$$

$I_{\mathrm{N}}=9.55\,\dfrac{P_{\mathrm{N}}}{n_{\mathrm{N}}}=9.55\,\dfrac{5\times10^{3}}{2910}=16.4\ \mathrm{N\cdot m}$(2.5 分)

$T_{\mathrm{m}}=\lambda T_{\mathrm{N}}=2\times16.4=32.8\ \mathrm{N\cdot m}$(2.5 分)

35. 答:他励、并励、串励和复励电机原理图见图 3(评分标准:每一项 2.5 分,共 10 分)。

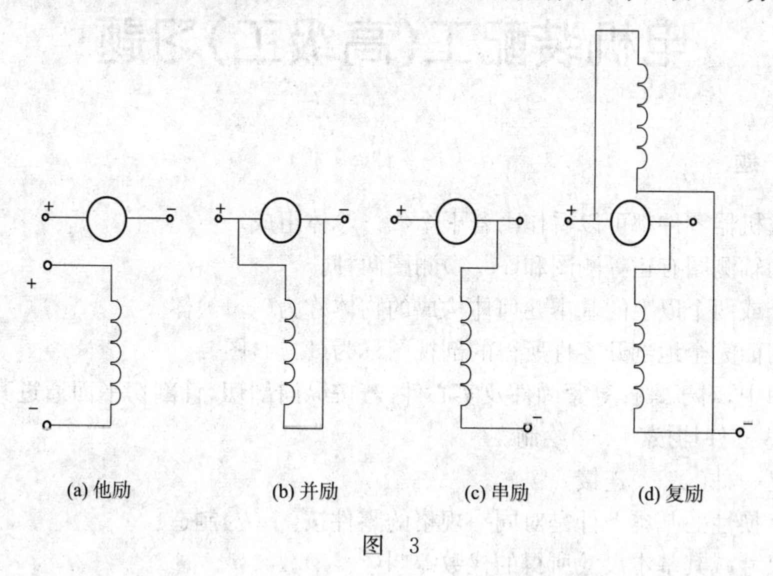

(a) 他励　(b) 并励　(c) 串励　(d) 复励

图 3

电机装配工(高级工)习题

一、填 空 题

1. 大多数机器零件都可以看作由若干个(　　)体组成。

2. 常用的轴测图有正等测图和(　　)测图两种。

3. 由两个或两个以上的基本几何体构成的物体称为(　　)体。

4. 用剖切面完全地剖开零件所得的剖视图称为(　　)图。

5. 装配图中,对于螺栓等紧固件及实心件,若按纵向剖切,且剖切平面通过其对称平面或轴线时,则这些零件均按(　　)绘制。

6. 焊接是一种(　　)连接。

7. 实现互换性的基本条件是对同一规格的零件按(　　)制造。

8. 某一尺寸减其基本尺寸所得的代数差叫(　　)。

9. 允许尺寸的变动量叫(　　)。

10. 形状公差的垂直度用符号(　　)表示。

11. 位置公差是指(　　)对理想位置所允许的变动全量。

12. 复合材料是指(　　)材料组合成的一种新型材料。

13. 通常所说的三大合成材料指合成纤维、塑料和(　　)。

14. 火灾危险场所内的线路应采用(　　)的电缆和绝缘导线敷设。

15. 直流电机试验中,升压机的作用是提供(　　)。

16. 如图 1 所示,U=(　　)V。

17. 如图 2 所示,U_{AC}=(　　)V。

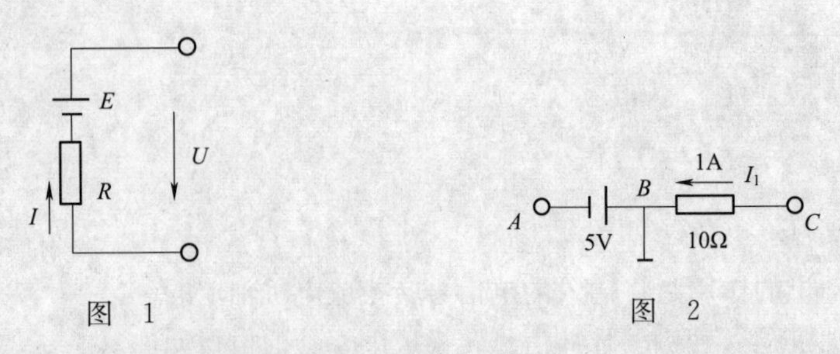

图　1　　　　图　2

18. 直流电机进行无火花换向区域试验的目的是(　　)。

19. 直流电动机正反转(　　)时,电刷应顺转速高的方向移动或逆转向低的方向移动电刷。

20. 写出磁路欧姆定律的表达式(　　)。

21. 磁阻的单位是(　　)。

22. 电容器在充放电过程中,电路中的电流、电压都是按(　　)规律变化。

23. 在R-L串联正弦交流电路中,有功功率总是(　　)视在功率。

24. 在R-C串联正弦交流电路中,测得$U_R=4$ V,$U_C=3$ V,则电路的总电压为(　　)。

25. 在R-C串联正弦交流电路中,$R=4\Omega$,$X_C=4\Omega$,则$\phi_{ui}=$(　　)。

26. 在R-L-C串联正弦交流电路中,若电源电压220 V,而电路中的电流为5 A,则电路中的总阻抗$Z=$(　　)Ω。

27. 在R-L-C串联正弦交流电路中,$R=20\Omega$,$L=63.5$ mH,$C=80\mu$F,电源电压$U=220\sqrt{2}\sin(314t+30°)$V,则电路中的总阻抗$Z=$(　　)Ω。

28. 纯电感交流电路欧姆定律符号法表示形式为(　　)。

29. 纯电容交流电路欧姆定律符号法表示形式为(　　)。

30. 已知某对称三相电动势U、V、W,其中$e_v=220\sqrt{2}\sin(\omega t-30°)$,则$e_u=$(　　)。

31. 对称三相电路总的有功功率$p=\sqrt{3}UI\cos\phi$,其中U、I均指(　　)。

32. 在三极管基本放大电路中,如果静态工作点过高,容易出现(　　)失真。

33. 电子线路中,放大器的输入电阻越(　　)就越能从前级信号源获得较大的电信号。

34. 在输出电压平均值相等的情况下,三相半波整流电路中二极管承受的最高反向电压是三相桥式整流电路的(　　)倍。

35. 位置开关是一种(　　)以控制运动部件的位置或行程的控制电器。

36. 直流电机过补偿时应(　　)第二气隙。

37. 同样规格的零件或部件可以互相调换使用的性质称为(　　)。

38. 气动工具是用(　　)来驱动的。

39. 使用气动工具时要检查连接口的(　　)。

40. 在电动机控制电路中,通常利用热继电器和(　　)作为过载保护。

41. 多速异步电动机的转子一般为(　　)结构。

42. 直流电动机的电磁功率(　　)机械功率。

43. 直流牵引电动机的调速是通过(　　)来实现的。

44. 使直流电动机反转的方法有(　　)两种方法。

45. 在电动机切断电源后,采取一定的措施,使电动机迅速停车,称为(　　)。

46. 三相异步电动机的铜损耗包括(　　)。

47. 三相异步电动机的铁损耗主要是指(　　)。

48. 三相异步电动机的变极调速多用于(　　)电动机。

49. 伺服电动机在自动控制系统中常作为(　　)元件。

50. 伺服电动机的作用是将输入的电信号转换成电机轴上的(　　)。

51. 步进电动机是一种将电脉冲信号转换成(　　)的执行元件。

52. 电动机的过载是指电动机定子绕组中的电流(　　)。

53. 随着电子技术的发展,交流电机调速中的(　　)调速已在许多领域得到应用。

54. 直流电动机的额定功率是指(　　)。

55. 单一实际要素的形状所允许的变动全量,称为(　　)。

56. 关联实际要素的位置对基准所允许变动全量,称为(　　)。

57. 直流电机电枢绕组的合成节距与换向节距(　　)。

58. 直流牵引电机的换向器一般为(　　)结构形式。

59. 直流电枢是用来产生(　　)和电磁力矩从而实现能量转换的主要部件。

60. 电枢绕组端部一般采用(　　)或钢丝绑扎。

61. 动平衡机按支撑方式可分为软支撑方式和(　　)。

62. 绕线转子的绕组有散绕绕组和(　　)两种类型。

63. 经过平衡校正的转子上残留的不平衡量称为(　　),它的许用值称为许用剩余不平衡量。

64. 鼠龙式异步电动机的转子绕组的相数(　　)转子槽数除以极数。

65. 启动性能较好的双鼠笼电动机,转子上笼用电阻率(　　)的黄铜或青铜。

66. 换向器表面出现有规律的灼痕,主要是由(　　)引起的。

67. 换向元件中的电枢反应电势是由(　　)产生的。

68. 换向元件中的电势有自感、互感和(　　)。

69. 动平衡是为了消除转子内因(　　)而引起的力偶不平衡和静力不平衡。

70. 直流发电机和电动机的电枢绕组中都同时存在着电动势和电压,对于发电机,电动势大于输出电压;对于电动机,电动势(　　)输出电压。

71. 同步电机按结构分为旋转磁极式和(　　)两种。

72. 主发电机磁极铁芯的紧固方式有铆接、焊接和(　　)。

73. 直流电机电枢对地短路,一种是(　　)对地短路,另一种是换向器对地短路。

74. 铸铝转子有断条故障时,要将转子槽内铸铝全部取出更换,若改为铜导条转子,一般铜导条的截面积应适当比槽面积小,以免造成起动转矩小而起动电流(　　)的后果。

75. 凸极式同步电机的特点是转子上有显露的磁极,励磁绕组为集中绕组,转子的磁轭与磁极一般不是整体的,且多为极对数大于(　　)。

76. 直流电机电枢线圈匝间短路,在和短路线圈相连接的换向片上测得的电压值(　　)。

77. 直流发电机的电枢是由原动力拖动旋转,在电枢绕组中产生(　　),将机械能转换成电能。

78. 直流电机电枢反应不仅使主磁场发生畸变,而且还产生去磁作用。电枢电流越大,则畸变越强烈,(　　)越大。

79. 绕线式转子波绕组接线:波绕组每相元件的串联是向同一个方向前进的,它是将同性磁极下等电位的元件顺次串联,在绕转子表面(　　),在回到起始元件处,完成等电位串联,然后再与第一个元件的相邻元件联结。

80. 电机转子动平衡精度 A 等于(　　)。

81. 高效节能稀土永磁同步电动机转子磁极中常用的永磁体是由(　　)材料做成的。

82. 不平衡量减少率是衡量平衡机平衡效率的性能指标,它是转子经过一次平衡后所减少的不平衡量与(　　)之比。

83. 将直流电机电枢绕组各并联支路中电位相等的点,即处于相同磁极下相同位置的点用导线连接起来(通常连接换向片),就称该导线为(　　)。

84. 直流电机电枢绕组的引线头在换向器上的位置不正确时,不仅造成嵌线困难,而且造成(　　)、速率超差。

85. 单相异步电动机的定子绕组是单相的,转子绕组为笼型,单相异步电动机的定子铁芯有两个绕组,一个是工作绕组,另一个是起动绕组,两个绕组在空间相差(　　)电角度。

86. 运行中的并励直流电动机,当其电枢回路的电阻和负载转矩都一定时,若降低电枢电压后主磁通仍维持不变,则电枢转速将会(　　)。

87. 同步电机阻尼环断裂后起动时,噪声振动较大,起动完毕后,噪声和振动(　　)。

88. 直流发电机励磁电流的方向,必须是它所建立的磁场与剩磁方向(　　)。

89. 从直流电动机的转矩以及转矩特性看,电磁转矩增大时,转速(　　)。

90. 三相异步电动机改变转子电阻的大小,最大转矩(　　)。

91. 磁性材料的内部有(　　)结构,因而在外磁场的作用下具有磁化的特性。

92. 磁性材料按其磁特性和应用,可以分为软磁性材料、(　　)和特殊材料三类。

93. 直流电机的电枢绕组电阻一般很小,若直接启动,将产生较大的(　　)。

94. 笼形异步电动机在运行时,转子导体有电动势及电流存在,因此转子导体与转子铁芯之间(　　)。

95. 鼠笼式转子的制造工艺包括冲片冲制、铁芯叠压、(　　)和鼠笼焊接工艺。

96. 三相双层分布短距电机绕组定子槽数 $Q=24$,极对数 $p=2$,相数 $m=3$,节距 $y=5/6\tau$,则节距 $y=$(　　)。

97. 定子嵌线完成后在耐压试验过程中,易发生绕组接地和(　　)两种电气故障。

98. 交流发电机定子绕组的联线方式一般采用(　　)。

99. 直流牵引电动机定子装配过程中,通过对换向极的(　　)和内径的检测减少对电机的换向情况的影响。

100. 直流牵引电动机定子装配过程中,通过对主极的同心度和(　　)的检测来保证装配后主极气隙。

101. 在负载较大或变化剧烈的大型直流电机中,常在定子主极铁芯上开槽,增加(　　)来消除气隙磁场畸变。

102. 交流电机的绕组按相数可分为单相绕组、两相绕组、(　　)绕组和多相绕组。

103. 直流电机中改善换向的主要方法是:安装换向极、移动电刷位置、(　　)、选用合适的电刷。

104. 直流电机换向极采用第二气隙可以减少换向极的(　　),使换向极磁路处于低饱和状态。

105. 交流电机的绕组一般为开启式绕组,直流电机的绕组一般是(　　)式绕组。

106. 定子装配校极过程中,使用(　　)和塞尺对磁级间距进行检测和校正并使用打棍对磁极进行调整。

107. 直流牵引电动机的换向极气隙过大,则换向极补偿(　　);换向极气隙过小,则换向极补偿偏强。

108. 交流电机中采用三相单层分布绕组能起到(　　)的作用,从而提高电机的性能。

109. 补偿绕组的作用是(　　)。

110. 直流电机定子换向极同心度偏差过大时,会导致换向极磁场(　　),影响换向。

111. 自励式直流电机按照励磁绕组与电枢绕组间联结方式不同分类可分为:串励、并励和(　　)。

112. 功率较大的三相异步电机采用(　　)绕组,小功率三相异步电机一般采用单层绕组。

113. 直流电机定子换向极第二气隙作用:减小直流电机换向极的漏磁和(　　)。

114. 定子匝间试验过程中造成绝缘损坏击穿的原因是(　　)。

115. 三相单层分布绕组的优点是能有效利用(　　),便于线圈散热。

116. 对于交流三相异步电机,高压大功率电机的定子绕组联结方式一般采用(　　);低压中、小功率电动机定子绕组联结方式一般采用三角形联结。

117. 一般的直流电机都采用在主极励磁绕组中通入(　　)的方式产生气隙磁场。

118. 直流电机运行时的(　　)磁场由电机中的励磁绕组、电枢绕组、换向极绕组、补偿绕组等磁动势共同产生。

119. 在交流电机定子中,双层绕组分为叠绕组和(　　)绕组。

120. 电机典型结构中,直流电机的电枢绕组嵌放在转子铁芯槽内,交流电机的电枢绕组嵌放在(　　)内。

121. 在交流电机定子中,单层绕组按其端部连接方式不同可分为等元件式绕组、(　　)绕组、交叉链式绕组。

122. 一般的交流电机的最大并联支路数等于(　　),双层波绕组交流电机的最大并联指数等于 2。

123. 交流电机为了充分利用电枢圆周面,一般采用(　　)绕组。

124. 在异步交流定子中,(　　)起导电作用,机座和端盖起机械支撑作用。

125. 在负载较大或变化剧烈的大型直流电机中,常在定子主极铁芯上开槽,增加(　　)来消除气隙磁场畸变。

126. 同步电机的定子铁芯一般采用硅钢片叠成的目的是减少交变磁场在定子铁芯中引起的(　　)。

127. 单层绕组因槽内不使用(　　),故可提高槽利用率。

128. 直流电机的电枢绕组一般按电机的容量、(　　)、转速进行选择。

129. 在电枢绕组选择中,中型中压电机一般采用单波或单迭或复波绕组,高压电机一般采用(　　)绕组,低压大电流电机一般采用复迭绕组。

130. 同一磁极下相邻的元件依次串联形成一条支路是(　　)绕组的连线规律。

131. 交流电机双层绕组能够采用合适的(　　)来消弱高次谐波改善磁势和电势的波形。

132. 表面粗糙度是评定零件表面状态的一项技术指标,常用参数是轮廓算术平均偏差(　　),其值越小,表面越光滑,其值越大,表面越糙度。

133. 电机总装后,对轴承装配要进行轴承装配游隙、(　　)和轴向窜动量的检查。

134. 电机的故障可分为机械故障和(　　)两大类。

135. 绕组接地可分为间歇性和(　　)。

136. 所谓调速,就是在电动机的(　　)不变的条件下,改变电动机的转速。

137. 电动机的过载是指电动机定子绕组中的电流(　　)。

138. 异步电动机的转矩公式为(　　)。

139. 异步电动机的气隙均匀度为(　　)。

140. 电机的径向装配误差表现为(　　)。

141. 随着电子技术的发展,交流电机调速中的(　　)调速已在许多领域得到应用。

142. 型式试验时,绕组电阻需测量 3 次,取其三次的算术平均值作为测量结果,但任一次测量值之差不得超过算术平均值的(　　)。

143. 磁极线圈最易出现接地故障的部位是(　　)。

144. 仪表误差分为(　　)两大类。

145. 同步发电机通常不单机运行,这主要是为了改善供电质量,并提高供电(　　)。

146. 使直流电动机反转的方法有(　　)和改变电枢电流方向两种方法。

147. 小型直流电动机的电枢绕组多采用(　　)。

148. 卡钳是一种(　　)读数量具。

149. 电机制造所用的原材料除一般的金属材料外,还有导磁、导电和(　　)材料。

150. 直流电动机的额定功率是指(　　)。

151. 将电机的转子套入定子,称为电机的(　　)。

152. 将轴承座对底板绝缘是防止(　　)的一种措施。

153. 气动工具是用(　　)来驱动的。

154. 降压启动是指利用启动设备将电压降低后加到电动机定子绕组上进行启动,待电动机启动结束后,再使其电压恢复到(　　)。

155. 无纬带绑扎工艺一般为:整形、预热、(　　)和固化等工序。

156. 超速试验是电机在(　　)以规定的超速转速运转两分钟。

157. 冲床是用来安装(　　)冲制定、转子冲片或其他冲压工件的设备。

158. 铁芯压装过松,将使铁芯的有效导磁面积(　　)。

159. 电机组装必须在指定的台位和场地上进行,不得任意移动(　　)。

160. 真空压力浸漆过程中真空的作用是排除绝缘层中的(　　)。

161. 绕组绝缘中的微孔和薄层间隙容易吸潮,使绝缘电阻(　　)。

162. 使用动平衡机时,应先用标准转子对平衡机精度进行(　　)。

163. 电机绕组的耐压试验对电机的绝缘有破坏作用,因此,只有在外观检查合格的半成品及(　　)才能进行耐压试验。

164. 所谓电源的外特性是指电源的端电压随(　　)的变化关系。

165. 发电机的励磁电流等于零时,发电机有一很小的输出电压,称为(　　)。

166. 电机检查试验所用仪表的精度等级均不得低于(　　)级。

167. 电机的温升是由(　　)两个因素决定。

168. 位置误差包括定向误差、(　　)和跳动三种;跳动又可分为圆跳动和全跳动两种。

169. 频敏变阻器的阻抗随(　　)而变化。

170. 绕线式异步电动机启动时,在转子回路中接入启动变阻器,是为了限制(　　),获得较大的启动转矩。

171. 直流串励电动机不允许在额定电压下(　　)或轻载启动。

172. 他励直流电动机启动时,必须先给(　　)绕组加上额定电压。

173. 一般的金属材料在冷塑变形时会引起材料性能的变化。随着变形程度的增加,所有的强度、硬度都提高,同时塑性指标降低,这种现象称为(　　)。

174. 测量线路能把被测量转换为过渡量,并保持(　　)。

175. 电气电路图中通常用于图样或其他文件以表示一个设备或概念的图形、标记或字符称为(　　)。

176. 直流电机的补偿绕组是避免(　　)有效的方法。

177. 按接地的作用可分为:(　　)、工作接地、防雷接地、静电接地、隔离接地和电法保护接地。

178. 直流发电机的电枢电势 E_a 与电枢电流 I_a 的方向相同,故称为(　　)。

179. 用框式水平仪可以测量构件在垂直平面内的直线度误差和相关配件的(　　)度误差。

180. 直流牵引电动机的主极的垂直度超差,使电机的中性区变窄,导致(　　)。

181. 数显的千分尺有齿轮结构和(　　)两种。

182. 内卡钳是测量内径、(　　)等用。

183. 测量粗糙度的仪器形式各种各样,从测量原理上来看,有(　　)光切法、光干涉和针描法等。

184. 铸铁中碳大部以片状石墨形式存在的是(　　)铸铁。

185. 直流电机校正中性位的目的是(　　)。

二、单项选择题

1. ϕ180 mm 直径的圆上 6 孔均布,相邻两孔的孔距是(　　)。

(A)60 mm　　(B)80 mm　　(C)90 mm　　(D)120 mm

2. 一个底面为多边形,各棱面均为有一个公共点的三角形,这样的形体称为(　　)。

(A)圆锥　　(B)棱锥　　(C)圆柱　　(D)棱柱

3. 根据零件的加工工艺过程,为方便装卡定位和测量而确定的基准称为(　　)基准。

(A)设计　　(B)工艺　　(C)主要　　(D)辅助

4. 图纸上选定的基准称为(　　)基准。

(A)主要　　(B)辅助　　(C)工艺　　(D)设计

5. 普通粗牙螺纹的牙型符号是(　　)。

(A)Tr　　(B)G　　(C)S　　(D)M

6. 当孔的下偏差大于相配合的轴的上偏差时,此配合的性质是(　　)。

(A)间隙配合　　(B)过渡配合　　(C)过盈配合　　(D)无法确定

7. 在一对配合中,孔的上偏差 $E_s=+0.03$ mm,下偏差 $E_i=0$,轴的上偏差 $e_s=-0.03$ mm,下偏差 $e_i=-0.04$ mm,其最大间隙为(　　)。

(A)0.06 mm　　(B)0.07 mm　　(C)0.03 mm　　(D)0.04 mm

8. 金属材料在外力作用下抵抗塑性变形或断裂的能力称为(　　)。

(A)硬度　　(B)强度　　(C)塑性　　(D)弹性

9. GC_r15 钢中的平均含铬量为(　　)。

(A)1.5%　　(B)15%　　(C)0.15%　　(D)0.015%

10. 从技术性能和经济价格来考虑,(　　)是合适的普通导电材料。

(A)金和银　　(B)铜和铝　　(C)铁和锡　　(D)铅和钨

11. 电机上常用的磁性材料是(　　)磁性物质。

(A)铜 (B)铝 (C)铁 (D)银

12. 电机零件装配常用的装配方法是(　　)。

(A)完全互换法 (B)调整法 (C)选配法 (D)修配法

13. 将物体的某一部分向基本投影面投射所得的视图是(　　)。

(A)主视图 (B)右视图 (C)左视图 (D)局部视图

14. 假想用剖切面将物体的某处切断,仅画出该剖切面与物体接触部分的图形是(　　)。

(A)断面图 (B)剖视图 (C)斜视图 (D)局部视图

15. 斜度标注中斜度符号的方向应与斜度的方向(　　)。

(A)可以不一致 (B)一致 (C)相反 (D)随意

16. 灰铸铁中的碳是以(　　)形式分布于金属基体中。

(A)片状石墨 (B)团絮状石墨 (C)球状石墨 (D)Fe3C

17. 白铸铁中的碳是以(　　)形式分布于金属基体中。

(A)片状石墨 (B)团絮状石墨 (C)球状石墨 (D)Fe_3C

18. 锉削速度一般为每分钟(　　)次左右。

(A)20～30 (B)30～60 (C)40～70 (D)50～80

19. 钻削精度较高的铸铁孔,采用(　　)的冷却润滑液。

(A)甘油 (B)煤油 (C)乳化 (D)液压油

20. 液压系统的执行部分是指(　　)。

(A)液压泵 (B)液压缸 (C)各种控制阀 (D)输油管油箱等

21. 尺寸链中的封闭环基本尺寸等于(　　)。

(A)各组成环基本尺寸之和

(B)各组成环基本尺寸之差

(C)所有增环基本尺寸与所有减环基本尺寸之和

(D)所有增环基本尺寸与所有减环基本尺寸之差

22. 影响齿轮传动精度的因素包括(　　)齿轮的精度等级齿轮副的侧隙要求及齿轮副的接触斑点要求。

(A)运动精度 (B)接触精度 (C)加工精度 (D)齿形精度

23. 一般动力传动齿轮副,不要求很高的运动精度和工作平稳性,但要求(　　)达到要求,可用跑合法。

(A)传动精度 (B)接触精度 (C)加工精度 (D)齿形精度

24. 加工塑性金属材料,应选用(　　)硬质合金。

(A)YT 类 (B)YG 类 (C)YW 类 (D)YN 类

25. 液压系统不可避免地存在(　　),故其传动比不能保持严格准确。

(A)泄露现象 (B)摩擦阻力 (C)流量损失 (D)压力损失

26. 使用普通高速钢铰刀在钢件上铰孔,其机铰切削速度不应超过(　　)。

(A)8 m/min (B)10 m/min (C)15 m/min (D)20 m/min

27. 能保持传动比恒定不变的传动是(　　)。

(A)带传动 (B)链传动 (C)齿轮传动 (D)摩擦轮传动

28. 如果仍然在平行投影的条件下,适当改变物体与投影面的相对位置或者另外选择倾斜的投影方向，就能在一个投影面中同时反映物体的长、宽、高及三个方向的尺寸和形状，从而得到有立体感的图形，这种图形称为（　　）。

(A)轴测图　(B)斜测图　(C)剖面图　(D)向视图

29. 正轴测的轴间角是（　　）。

(A)60°　(B)90°　(C)120°　(D)180°

30. 用剖切面局部地剖开物体所得的剖视图称为（　　）剖视图。

(A)全　(B)半　(C)局部　(D)完整

31. 移出断面图的轮廓线用（　　）线绘制。

(A)粗实　(B)细实　(C)局部　(D)点划线

32. 装配图中假想画法指的是当需要表示某些零件运动范围和极限位置时，可用（　　）线画出该零件的极限位置图。

(A)粗实　(B)细实　(C)虚　(D)双点划

33. 相邻两零件的接触面和配合面间只画（　　）条直线。

(A)1　(B)2　(C)3　(D)4

34. 焊缝符号"◡"表示（　　）焊接。

(A)工形　(B)封底　(C)角　(D)槽

35. 焊缝表面凹陷用辅助符号（　　）表示。

(A)一　(B)Δ　(C)◡　(D)⌒

36. 最大极限尺寸减去其基本尺寸所得的代数差为（　　）。

(A)上偏差　(B)下偏差　(C)基本偏差　(D)实际偏差

37. 当轴的下偏差大于相配合的孔的上偏差时，此配合的性质是（　　）。

(A)间隙配合　(B)过渡配合　(C)过盈配合　(D)无法确定

38. $\overset{3.2}{\bigtriangledown}$表示的是（　　）$\mu$m。

(A)R_a不大于3.2　(B)R_z不大于3.2　(C)R_y不大于3.2　(D)R_a大于3.2

39. 表面粗糙度的评定参数有R_a、R_y、R_z，优先选用（　　）。

(A)R_a　(B)R_y　(C)R_z　(D)R_a和R_y

40. 形状公差符号"○"表示（　　）。

(A)同轴度　(B)圆度　(C)圆柱度　(D)圆跳动

41. 位置公差符号"//"表示（　　）。

(A)倾斜度　(B)平行度　(C)直线度　(D)平面度

42. 下列物质属于有机物的是（　　）。

(A)NaCl　(B)酒精　(C)H_2O　(D)O_2

43. E级绝缘材料，最高允许工作温度为（　　）。

(A)90℃　(B)130℃　(C)120℃　(D)180℃

44. B级绝缘材料最高允许温度为（　　）。

(A)130℃　(B)105℃　(C)180℃　(D)155℃

45. 常用的无溶剂漆主要有（　　）。

(A)环氧型 聚酯型　(B)聚酯型 氧聚酯

(C)环氧型 氧聚酯　(D)环氧型 聚酯型 氧聚酯

46. 当使用两个吊环吊运工件时，两吊环间夹角不得大于(　　)。

(A)50°　　(B)60°　　(C)70°　　(D)80°

47. 三相异步电动机的机械功率，电磁功率和输出功率的关系为(　　)。

(A)机械功率＞电磁功率＞输出功率　　(B)电磁功率＞机械功率＞输出功率

(C)输出功率＞电磁功率＜机械功率　　(D)电磁功率＞输出功率＞机械功率

48. 三相异步电动机转子铜损耗与(　　)大小有关。

(A)定子电流和转子电流　　(B)定子频率和定子电流

(C)转子转速和定子频率　　(D)转子电流和定子频率

49. 鉴定润滑脂的稠度指标是(　　)。

(A)锥入度　　(B)分油量　　(C)滴点　　(D)皂分

50. 下列属于静密封的是(　　)。

(A)迷宫密封　　(B)油封密封　　(C)O型环密封　　(D)唇型密封

51. 带传动装置中，各带轮相对应的V型槽的对称平面应重合，误差不得超过(　　)。

(A)10′　　(B)15′　　(C)20′　　(D)25′

52. 齿轮传动中应用最广的传动是(　　)传动。

(A)蜗杆　　(B)锥齿轮　　(C)圆弧圆柱齿轮　　(D)渐开线圆柱齿轮

53. 十分潮湿空气或工业性大气中使用金属零件的镀锌层厚度是(　　)。

(A)0.007～0.01 mm　　(B)0.01～0.02 mm

(C)0.02～0.04 mm　　(D)0.02～0.05 mm

54. 铸钢承受(　　)比其他情况好。

(A)拉应力　　(B)压应力　　(C)扭转应力　　(D)复合应力

55. 在取样长度内轮廓微观不平度的间距的平均值符号是(　　)。

(A)R_a　　(B)S_m　　(C)S　　(D)R_y

56. 金属材料对冲击负荷的抵抗能力称为(　　)。

(A)韧性　　(B)强度　　(C)硬度　　(D)疲劳极限

57. 12 V/6 W的灯泡接在6 V电源上，通过灯泡的电流是(　　)。

(A)2 A　　(B)0.25 A　　(C)0.5 A　　(D)4 A

58. 交流电路视在功率的单位是(　　)。

(A)瓦　　(B)乏尔　　(C)伏安　　(D)焦耳

59. 如图1所示，单匝线圈上的感应电流方向为(　　)。

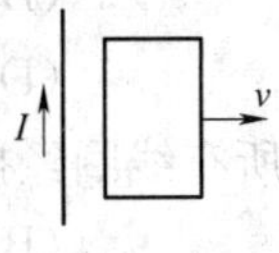

图　1

(A)无法判定　　(B)顺时针　　(C)逆时针　　(D)无感应电流

60. 绕组参数为$Z_1=24$、$2p=4$、$m=3$的电机，每极每相槽数$q=$(　　)。

(A)6　　(B)4　　(C)3　　(D)2

61. 一台 $Z_u=S=K=24$、$2p=4$ 的右行单叠绕组，$y_1=\frac{5}{6}\tau$，其 $y_2=$（　　）。

(A)4　　(B)5　　(C)6　　(D)3

62. 一台 $2p=4$ 的单叠绕组，其并联支路数为（　　）。

(A)2　　(B)3　　(C)4　　(D)5

63. 双臂电桥的测量阻值主要在（　　）。

(A)1Ω 以上　　(B)1Ω 以下　　(C)10Ω 以上　　(D)0.1Ω 以下

64. 在牵引电机中同一线圈的各个线匝之间的绝缘为（　　）。

(A)匝间绝缘　　(B)对地绝缘　　(C)外包绝缘　　(D)层间绝缘

65. 同步电机转子有隐极式和凸极式两种结构形式。隐极式转子铁芯外圆为圆柱形，没有显露的磁极，外圆开有辐射分布的槽，以放置磁极绕组。另外有（　　）的圆周是不开槽的，形成成对的大齿，大齿数就是该电动机的磁极数，大齿中心就是磁极的中心。

(A)1/3　　(B)1/4　　(C)2/3　　(D)3/4

66. 同步电机转子上的绕组称为励磁绕组，为（　　）线圈，绕组用扁铜线连续绕制，然后垫匝间绝缘、包对地绝缘制成。励磁绕组是通过集电环与外面的直流电源接通的。

(A)链式　　(B)同心式　　(C)叠形　　(D)蛙形

67. 对于转速在 1500 r/min 及以下的（　　）电机，一般将转子磁极做成凸极式结构。

(A)同步　　(B)压接　　(C)交流　　(D)直流

68. 直流电机中，电枢的作用是（　　）。

(A)将交流电变为直流电　　(B)实现电能和机械能的转换

(C)将直流电变为交流电　　(D)实现能量转换

69. 隐极式同步发电机改善电势波形的主要措施为（　　）。

(A)不均匀气隙　　(B)绕组的分布和短距

(C)交流励磁　　(D)直流励磁

70. 电机绝缘结构按耐热性分为 70、90、105、120、130、155、（　　）、200、220、250 十个耐热等级。

(A)175　　(B)180　　(C)185　　(D)165

71. 电枢绕组的类型有波绕组、叠绕组和（　　）绕组。

(A)链式　　(B)同心式　　(C)交叉式　　(D)混合式

72. 正确检测电机匝间绝缘的方法是（　　）。

(A)工频对地耐压试验　　(B)测量绝缘电阻

(C)中频匝间试验和匝间脉冲试验　　(D)测量线电阻

73. 直流电机电枢绕组嵌完线圈后，所有线圈经换向器形成（　　）。

(A)一条支路　　(B)两条支路

(C)闭合回路　　(D)与极数相同的并联支路

74. 正弦交流电的三要素是指（　　）。

(A)最大值、平均值、瞬时值　　(B)最大值、角频率、初相位

(C)周期、频率、角频率有效值　　(D)瞬时值、平均值、最大值

75. 对称三相负载三角形连接时，下列关系正确的是（　　）。

(A)$U_{\Delta线}=\sqrt{3}U_{\Delta相}$　$I_{\Delta线}=I_{\Delta相}$　　(B)$U_{\Delta线}=\sqrt{3}U_{\Delta相}$　$I_{\Delta线}=\sqrt{3}U_{\Delta相}$

(C)$U_{\Delta线}=U_{\Delta相}$　$I_{\Delta线}=\sqrt{3}I_{\Delta相}$　　(D)$U_{\Delta线}=U_{\Delta相}$　$I_{\Delta线}=I_{\Delta相}$

76. 线圈匝间绝缘损坏击穿的原因是由(　　)而引起的。

(A)匝间电压过高或匝间绝缘损坏　　(B)电机短时过载

(C)电机绕组电阻大　　(D)电机绕组电阻小

77. 三相异步电动机改变转子电阻的大小不会影响(　　)。

(A)最大转矩　　(B)临界转差率　　(C)堵转转矩　　(D)额定转矩

78. 绕组在嵌装过程中,(　　)绝缘最易受机械损伤。

(A)端部　　(B)鼻部　　(C)槽口　　(D)槽中

79. 电枢线圈数等于电枢槽数的$\frac{1}{2}$时,绕组为(　　)。

(A)单层绕组　　(B)双层绕组　　(C)单叠绕组　　(D)单波绕组

80. 恒转矩负载的特点是负载转矩的大小为常量,与(　　)的变化无关。

(A)转矩　　(B)转速　　(C)负载电压　　(D)负载电流

81. 交流电机与直流电机的电枢绕组是(　　)。

(A)产生旋转磁场　　(B)电机能量转换的枢纽

(C)产生电磁转矩　　(D)产生感应电势

82. 对三相绕线式异步电动机常采用(　　)调速。

(A)变频　　(B)变极

(C)改变转子回路的电阻　　(D)调定子电压

83. 异步电动机作为电动机运行时,其转差率(　　)。

(A)S 值大于 1　　(B)S 值在 0 与 1 之间变化

(C)S 值等于 1　　(D)S 值小于 0

84. 线圈中感生电动势的大小与通过同一线圈的(　　)成正比。

(A)磁通量　　(B)磁通量的变化率

(C)磁通量的改变量　　(D)磁感应强度

85. 直流电动机正反转时,改变(　　)可改变转向。

(A)主极在线路中电流流入的方向　　(B)主极和电枢在线路中电流流入的方向

(C)附加极在线路中电流流入的方向　　(D)任意两个连线

86. 三相负载星形连接时,下列关系正确的是(　　)。

(A)$I_{Y线}=I_{Y相}$(　　)　$U_{Y线}=U_{Y相}$　　(B)$I_{Y线}=I_{Y相}$　$U_{Y线}=\sqrt{3}U_{Y相}$

(C)$I_{Y线}=\sqrt{3}I_{Y相}$　$U_{Y线}=U_{Y相}$　　(D)$I_{Y疆}=\sqrt{3}I_{Y相}$　$U_{Y线}=U_{Y相}$

87. 交流电动机在额定工作状态下的额定功率是(　　)。

(A)电动机轴上输出的机械功率　　(B)电源的输入功率

(C)总的机械功率　　(D)电磁功率

88. 磁极线圈套装时应尽可能使线圈与磁极间的空气隙减小,目的是为了(　　)。

(A)便于套极　　(B)容易装配　　(C)便于散热　　(D)节省材料

89. 下列物质属于固体绝缘材料的是(　　)。

(A)云母　(B)六氟化硫　(C)变压器油　(D)二氧化碳

90. 直流电机一个元件的两个有效边之间的距离为(　　)。

(A)极距　(B)合成节距　(C)第一节距　(D)换向节距

91. 磁极与磁轭之间的连接方式有螺杆连接、燕尾连接和(　　)。

(A)焊接　(B)压接　(C)T形尾连接　(D)U形尾连接

92. 定子绕组端部内径要大于(　　)内径,以防影响装入转子。

(A)铁芯　(B)转子　(C)定子　(D)转轴

93. 定子绕组端部外径要小于(　　)外径,便于压入定子铁芯。

(A)铁芯　(B)转子　(C)定子　(D)转轴

94. 三相电流平衡试验的目的是检查三相绕组的(　　)。

(A)对称性　(B)接线是否正确

(C)极性是否正确　(D)对称性和接线正确性

95. 电机三相电流平衡试验时,如果线圈局部过热,则可能是(　　)。

(A)匝间短路　(B)极对数接错

(C)并联支路数接错　(D)极性接错

96. 交流电机(　　)的目的是考核绕组绝缘的介电强度,保证绕组绝缘的可靠性。

(A)耐压试验　(B)绝缘电阻测定

(C)三相电流平衡试验　(D)空转检查

97. 交流电机的耐压试验对不良绕组绝缘有破坏作用,因此只有外观检查合格的半成品和(　　)合格的成品,才能进行耐压试验。

(A)气隙检查　(B)空转检查　(C)极性检查　(D)绝缘电阻测定

98. 交流电机耐压试验时,施加电压从试验电压值的50%开始,逐步增加,以试验电压值的(　　)均匀分段增加到全值。

(A)5%　(B)10%　(C)20%　(D)30%

99. 耐压试验是在绕组与机壳或铁芯之间和各相绕组之间加上50 Hz的高压交流电试验电压,试验(　　),绝缘应无击穿现象。

(A)1 min　(B)3 min　(C)5 min　(D)7 min

100. 耐压试验是在绕组与机壳或铁芯之间和各相绕组之间加上(　　)的高压交流电试验电压,试验1 min,绝缘应无击穿现象。

(A)500 Hz　(B)50 Hz　(C)100 Hz　(D)75 Hz

101. 根据交流高压电机定子绕组匝间绝缘试验规范,定子嵌线后未焊接线头之前,直接施加试验电压于每只线圈两端,冲击次数不少于(　　)次。

(A)2　(B)3　(C)5　(D)6

102. 绕组绝缘表面如果长期存在电晕,将会对绝缘产生电腐蚀和化学腐蚀,加速(　　)。

(A)绝缘变化　(B)绝缘老化　(C)绕组老化　(D)导体老化

103. 额定电压6 kV及以上高压电机的定子绕组表面要进行防晕处理,以保证电晕放电的起始电压不低于(　　)额定电压。

(A)1.2倍　(B)1.5倍　(C)1.8倍　(D)2倍

104. 电晕放电的起始电压,随海拔增高而降低,平均每百米递减(　　)%,因此在高原地区,对高压电机的电晕尤为关注。

(A)0.5　(B)0.7　(C)0.79　(D)0.90

105. 带有补偿绕组的直流电机,补偿绕组的极性应与(　　)极性相同。

(A)主极　(B)换向极　(C)串励绕组　(D)复励绕组

106. 三相同步发电机励磁绕组产生的磁场是(　　)。

(A)恒定磁场　(B)旋转磁场　(C)脉动磁场　(D)匀强磁场

107. 电机绕组是进行(　　)转换的关键部件。

(A)电流　(B)电压　(C)电机能量　(D)电磁

108. 电机绕组按绕组的布置方式,可分为分布绕组和(　　)。

(A)电枢绕组　(B)集中绕组　(C)转子　(D)定子

109. 直流电阻随温度变化的换算公式:$\frac{R_t}{R_{15}}=\frac{t+235}{15+235}$。其中:$R_t$是$t$ ℃时的电阻值,R_{15}是(　　)。

(A)15 ℃时的电阻值　(B)温度为 15 ℃

(C)15　(D)可以忽略

110. 三相电路中,流过各相端线的电流叫做(　　)。

(A)相电压　(B)线电压　(C)线电流　(D)相电流

111. 直流牵引电动机主极的等分度超差,将直接影响电机(　　)。

(A)速率　(B)换向　(C)温升　(D)震动

112. 直流电机主极内径偏大会造成电机(　　)。

(A)电机速率偏高　(B)电机速率偏低　(C)换向不良　(D)温升过低

113. 换向极内径偏大时,换向极补偿磁场(　　)。

(A)偏弱　(B)偏强

(C)不变　(D)随运行时间增加变强

114. 对地绝缘等级为 H 级的电机其烘焙温度为(　　)。

(A)120 ℃　(B)150 ℃　(C)180 ℃　(D)200 ℃

115. 直流电机换向极绕组应与电枢绕组(　　)。

(A)串联　(B)并联　(C)混联　(D)断开

116. 电动机原极数少,后改为极数多时,每极铁芯的(　　)。

(A)圆周面积增大,轭部磁通密度增大　(B)圆周面积减小,轭部磁通密度减小

(C)圆周面积不变,轭部磁通密度不变　(D)不变

117. 调整换向极内径应在换向极铁芯与机座间增减(　　)垫片来实现。

(A)绝缘　(B)铜质　(C)硅钢　(D)铁质

118. 测量直流电机磁极同心度是以(　　)为基准,在磁极中点处测量。

(A)机座止口　(B)铁芯面　(C)线圈表面　(D)机座内腔

119. 由欧姆定律可知:一段电路中,流过电路的电流与电路两端的电压成(　　)。

(A)反比　(B)正比　(C)相同　(D)倍数关系

120. 第二气隙是换向极铁芯与(　　)之间的非磁性垫片组成的。

(A)线圈　(B)转子　(C)机座　(D)主极铁芯

121. 槽内带绝缘导体的总面积与铁芯槽净面积的比值称为(　　)。

(A)槽满率　(B)线圈宽度尺寸　(C)槽面积　(D)铁芯槽宽

122. 交流电机按绕组的相数分类,可分为单相两相三相和多相绕组,如果按槽内层数分可分为(　　)。

(A)单层绕组和双层绕组　(B)单层和多层绕组

(C)双层和多层绕组　(D)双绕组

123. 三相电路中,每相头尾之间的电压叫做(　　)。

(A)相电压　(B)线电压　(C)线电流　(D)相电流

124. 所谓机械特性是指(　　)与电磁转矩间的关系。

(A)转向　(B)转速　(C)电流　(D)电压

125. 换向极铁芯与(　　)之间的空气隙叫第一气隙。

(A)机座　(B)转子　(C)线圈　(D)换向器

126. 右手螺旋定则是:四指弯向与螺旋管的电流方向,与四指垂直的大拇指所指方向为(　　)。

(A)电流流向　(B)电压流向　(C)磁场方向　(D)感应电式方向

127. 直流牵引电机换向器压圈材质是(　　)。

(A)优质碳素结构钢　(B)弹簧钢

(C)合金结构钢　(D)合金铸钢

128. 三相异步电动机的机械功率,电磁功率和输出功率的关系为(　　)。

(A)机械功率>电磁功率>输出功率　(B)电磁功率>机械功率>输出功率

(C)输出功率>电磁功率<机械功率　(D)电磁功率>输出功率>机械功率

129. 直流电机空转的目的是(　　)。

(A)考核轴承温升　(B)预磨碳刷

(C)考核励磁温度　(D)确定中性位

130. 使用感应加热器,进行退轴承和套油封作业时,首先应认真仔细地检查感应加热器及联线的绝缘状态是否良好,并正确使用防烫工具和个人防护用品,以免被电击伤和(　　)。

(A)高温烫伤　(B)高空摔伤　(C)工件碰伤　(D)轴承砸伤

131. 产品能否达到预定的标准,能否长期稳定,取决于(　　)。

(A)生产过程的质量管理　(B)设计研究过程

(C)质量检验过程　(D)工艺研究过程

132. 对于额定电压为 380 V,额定功率大于 3 kW,且小于 10 000 kW 的交流电总装后定子绕组耐压试验电压为(　　)。

(A)$2.5U_N$　(B)$2U_N$　(C)$2U_N+1\ 000$ V　(D)$2U_N+500$ V

133. 直流牵引电动机采用的电刷为(　　)。

(A)石墨电刷　(B)电化石墨电刷　(C)金属石墨电刷　(D)以上均可以

134. 直流牵引电动机削弱磁场调速时,电机的(　　)。

(A)转速不变　(B)转速增大,转矩减小

(C)转速减小,转矩减小　(D)转速增大,转矩增大

135. 电机所用绝缘漆的耐热等级一般可分为(　　)级。

(A)4　(B)5　(C)7　(D)10

136. 当电动机的电枢回路铜损耗比电磁功率或轴机械功率都大时,这时电动机处于(　　)。

(A)能耗制动状态　(B)反接制动状态　(C)回馈制动状态　(D)电阻制动

137. 串励电动机相对于他励和并励电动机,有较大的(　　)。

(A)启动电流　(B)启动电压　(C)启动转矩　(D)运行电流

138. 绕组在总装过程中,(　　)绝缘最容易受机械损伤。

(A)鼻部　(B)端部　(C)槽底　(D)槽口

139. 当改变电枢电流的方向使直流电动机反转时,电机的换向条件将(　　)。

(A)变好　(B)变差　(C)不变　(D)不确定

140. 直流电动机空载启动的正确方法为(　　)。

(A)直接加额定电压

(B)先加电枢电压

(C)先加励磁电流,再从零缓慢增加电枢电压

(D)串接好串励绕组,然后从零缓慢增加端电压

141. 装配图中假想画法指的是当需要表示某些零件运动范围和极限位置时,可用(　　)线画出该零件的极限位置图。

(A)粗实　(B)细实　(C)虚　(D)双点划

142. 公差符号"◎"表示(　　)。

(A)同轴度　(B)圆度　(C)圆柱度　(D)圆跳动

143. 位置公差符号"⊥"表示(　　)。

(A)倾斜度　(B)垂直度　(C)直线度　(D)平面度

144. 额定电压在 6 000 V 的高压交流电机,用(　　)兆欧表测量绕组绝缘电阻。

(A)500 V　(B)1 000 V　(C)1 500 V　(D)2 500 V

145. 直流电机的电枢绕组电阻一般很小,若直接启动,将产生较大的(　　)。

(A)启动转矩　(B)启动电流　(C)电磁转矩　(D)励磁电流

146. 为了获得较大的启动转矩,通常规定,直流电动机的启动电流不得大于其额定电流的(　　)倍。

(A)1～2 倍　(B)1.5～2.5 倍　(C)2～3 倍　(D)2.5～3.5 倍

147. 直流牵引电机换向器压圈材质是(　　)。

(A)优质碳素结构钢　(B)弹簧钢　(C)合金结构钢　(D)合金铸钢

148. 用塞规检测工件,如果过端通过,止端不能通过,则这个工件(　　)。

(A)不合格　(B)合格　(C)尺寸大　(D)尺寸小

149. 单波绕组采用对称元件时,电刷应安放在(　　)。

(A)换向极的轴线上　(B)主磁极的轴线上

(C)相邻两主磁极的分界线上　(D)主磁极与换向极的分界线上

150. 补偿绕组主要是削弱或消除(　　)。

(A)换向区域内的交轴电枢磁势　(B)换向区域外的电枢磁势

(C)主磁极的磁势　(D)换向极的磁势

151. 正圆锥底圆直径与圆锥高度之比是(　　)。

(A)比例　(B)锥度　(C)斜度　(D)斜面

152. 磁极线圈套装时应尽可能使线圈与磁极间的空气隙减小，目的是为了(　　)。

(A)便于套极　(B)容易装配　(C)便于散热　(D)节省材料

153. 磁极线圈套装时塞紧块的作用是(　　)。

(A)填充空气隙　(B)保证证线圈与铁芯之间紧固无相对移动

(C)加强两端部绝缘　(D)便于散热

154. 电刷与刷盒宽度方向间隙一般为(　　)。

(A)0.02～0.04 mm　(B)0.05～0.10 mm

(C)0.10～0.15 mm　(D)0.05～0.26 mm

155. 更换钻头、绞刀、丝锥等刀具时，设备应在(　　)的情况下进行。

(A)停止转动　(B)慢速转动　(C)相对停止　(D)高速运转

156. 某笼式异步电动机，当电源电压不变，仅仅是频率由 50 Hz 改为 60 Hz 时，(　　)。

(A)额定转速上升，最大转矩增大　(B)额定转速上升最大转矩减小

(C)额定转速不变，最大转矩减小　(D)都不变

157. 直流牵引电动机钢丝绑扎一般选用(　　)。

(A)普通钢丝　(B)无磁钢丝　(C)磁性钢丝　(D)无纬带

158. 三相异步电动机能画出像变压器那样的等效电路是由于(　　)。

(A)它们的定子或原边电流都滞后于电源电压

(B)它们都有主磁通和漏磁通

(C)气隙磁场在定、转子或主磁通在原、副边都感应电动势

(D)它们都由电网取得励磁电流

159. 直流电机主极气隙主要影响电机的(　　)。

(A)装配质量　(B)速率特性　(C)电机的温升　(D)电机的振动

160. 直流电机总装后首先要检查(　　)。

(A)气隙　(B)刷架装配尺寸　(C)磁极垂直度　(D)外观

161. 为减小主发电机旋转时励磁线圈受到的离心力作用，要在线圈之间装置(　　)。

(A)极间撑块　(B)螺栓　(C)垫螺母　(D)毛毡

162. 直流电动机与交流电动机比较，(　　)。

(A)启动转矩小，启动电流大　(B)启动转矩大，启动电流小

(C)启动转矩大，调速范围大　(D)启动转矩小，启动电流小

163. 同步发电机带容性负载时，其调整特性是一条(　　)。

(A)上升的曲线　(B)水平直线　(C)下降的曲线　(D)双曲线

164. 一台三相笼型异步电动机的数据为 $P_N = 20$ kW，$U_N = 380$ V，$\lambda_T = 1.15$，$k_i = 6$，定子绕组为三角形联结。当拖动额定负载转矩起动时，若供电变压器允许起动电流不超过 $12I_N$，最好的起动方法是(　　)。

(A)自耦变压器降压起动　(B)Y-△降压起动

(C)直接起动　(D)△-Y 降压起动

165. 异步电动机的气隙过大时，电机(　　)。

(A)空载电流偏大,电机出力不足　　(B)空载电流偏小,电机出力不足
(C)空载电流偏大,对电机没有影响　　(D)空载电流偏小,对电机没有影响

166. 读装配图的主要要求之一是了解电机各组成部分的连接形式、装配关系和(　　)顺序。
(A)试验　　(B)检查　　(C)生产　　(D)装拆

167. 在大批量的轴承选配中,为达到最佳的装配精度,一般应采用(　　)选配。
(A)修配法　　(B)调整法　　(C)分组选配法　　(D)批量选配法

168. 直流电机的电枢主要由轴、电枢铁芯、电枢(　　)、电枢绕组、换向器和风扇等组成。
(A)压板　　(B)护套　　(C)端盖　　(D)支架

169. 直流发电机主磁极磁通产生感应电动势存在于(　　)中。
(A)电枢绕组　　(B)励磁绕组
(C)电枢绕组和励磁绕组　　(D)换向极绕组

170. 他励直流电动机的人为特性与固有特性相比,其理想空载转速和斜率均发生了变化,那么这条人为特性一定是(　　)。
(A)串电阻的人为特性　　(B)降压的人为特性
(C)弱磁的人为特性　　(D)并电阻的人为特性

171. 他励直流电动机在启动时,不得把(　　)直接加到电枢上去。
(A)励磁电流　　(B)电枢电压
(C)电动机额定电压　　(D)电枢电流

172. 三相异步电动机的空载电流比同容量变压器大的原因是(　　)。
(A)异步电动机是旋转的　　(B)异步电动机的损耗大
(C)异步电动机有气隙　　(D)异步电动机有漏抗

173. 三相异步电动机空载时,气隙磁通的大小主要取决于(　　)。
(A)电源电压　　(B)气隙大小
(C)定、转子铁芯材质　　(D)定子绕组的漏阻抗

174. 在改善脉流牵引电动机换向的措施中,(　　)可尽量减小合成交流剩余电势。
(A)选择一个合适的固定磁场削弱系数　　(B)在主极绕组上并接分路电抗
(C)换向极采用硅钢片迭成　　(D)采用叠片式磁轭

175. 与固有机械特性相比,人为机械特性上的最大电磁转矩减小,临界转差率没变,则该人为机械特性是异步电动机的(　　)。
(A)定子串接电阻的人为机械特性　　(B)转子串接电阻的人为机械特性
(C)降低电压的人为机械特性　　(D)升高电压的人为特性

176. 双臂电桥不适于测量(　　)电阻。
(A)12 Ω　　(B)0.5 Ω　　(C)0.8 Ω　　(D)1 Ω 以下

177. 恒转矩负载的特点是负载转矩的大小为常量,与(　　)的变化无关。
(A)转矩　　(B)转速　　(C)负载电压　　(D)负载电流

178. 直流电机的效率曲线上,最大效率点一般处在额定电流的(　　)处左右。
(A)95%　　(B)80%　　(C)90%　　(D)85%

179. 同一三相对称负载接同一电源上,三角形连接有功功率等于星形连接时有功功率

的(　　)。

(A)2 倍　(B)$\sqrt{3}$倍　(C)3 倍　(D)1/3 倍

180. 改变转子电阻的大小不会影响(　　)。

(A)最大转矩　(B)临界转差率　(C)堵转转矩　(D)额定转矩

181. 电机磁路较饱和时,电枢反应将使合成磁场的磁通较空载(　　)。

(A)增强　(B)削弱　(C)不变　(D)不确定

182. 三相同步发电机,当转速和励磁不变时,若负载增加,输出电压反而升高,则该负载性质为(　　)。

(A)电阻性的　(B)电容性的　(C)电感性的　(D)电阻电感性的

183. △形接法的绕组,一相线电阻为正常值的 3 倍,两相线电阻为正常值的 1.5 倍,原因是(　　)。

(A)绕组有一相短线　(B)绕组有一相断线

(C)绕组有两相短线　(D)绕组有两相断线

184. 三相异步电动机能耗制动是指利用(　　)相配合完成的。

(A)直流电源和转子回路电阻　(B)交流电源和转子回路电阻

(C)直流电源和定子回路电阻　(D)交流电源和定子回路电阻

185. 在变频调速时,若保持 U/f=常数,可实现(　　),并能保持过载能力不变。

(A)恒功率调速　(B)恒电流调速　(C)恒效率调速　(D)恒转矩调速

186. 在电源频率和电动机结构参数不变的情况下,三相交流电异步电动机的电磁转矩与(　　)成正比关系。

(A)转差率　(B)定子相电压的平方

(C)定子电流　(D)定子相电压

187. 三相交流电机试验电压的谐波电压因素(HVF)应不超过(　　)。

(A)0.015　(B)0.02　(C)0.05　(D)0.1

188. 下列电工仪表中,准确度差的是(　　)。

(A)磁电系仪表　(B)电磁系仪表　(C)电动系仪表　(D)数字仪表

189. 电机的损耗中(　　)通常是根据该类型电机的技术条件规定进行估算。

(A)铜损耗　(B)铁损耗　(C)机械损耗　(D)杂散损耗

190. 三相线电阻都是正常值的 3 倍,原因是(　　)。

(A)三角形绕组误接成星形　(B)星形绕组误接成三角形

(C)三角形绕组中有一相短路　(D)星形绕组中有一相断路

三、多项选择题

1. 无刷同步发电机的主要特点有(　　)。

(A)取消了滑环和碳刷,便于维护

(B)发出的电压波形、畸变率小

(C)发出的电压、电流波形稳定

(D)励磁功率调节装置体积小,发热率低,可靠性高

2. 某笼式异步电动机,当电源电压不变,额定频率由 50 Hz 改为 60 Hz 时(　　)。

(A)额定转速上升　(B)最大转矩减大

(C)额定转速不变　(D)最大转矩减小

3. 改善直流电机产生电磁火花的措施是(　　)。

(A)减小电抗电势　(B)装置换向极

(C)增加换向回路电阻　(D)减小换向电势

4. 测定轴电压的目的是(　　)。

(A)了解轴电流的大小

(B)防止轴电流过大造成轴承发热,出现伤疤或斑点

(C)了解电机振动产生的原因

(D)防止轴承磨损、烧坏

5. 纯电感交流电路中,下列说法正确的是(　　)。

(A)电感对交流电的阻碍作用用感抗表示

(B)电流与电压瞬时值之间符合欧姆定律

(C)电压超前电流 90 ℃

(D)电感式储能元件,不消耗电能

6. 下列说法正确的是(　　)。

(A)当电源的内电阻为零时,电源电动势的大小就等于电源端电压

(B)当电路开路时,电源电动势的大小就等于电源端电压

(C)在通路状态下,负载电阻变大,端电压就下降

(D)在短路状态下,内压降等于零

7. 直流电机起动试验方法是(　　)。

(A)电机在超速和换向试验后,额定通风量下进行

(B)电机不加励磁,堵住电枢,通入试验大纲所要求的电流,历时 30 s

(C)试验共进行四次, 间隔 5 min,每次试验后,将电机顺同一方向转动 1/4 极距

(D)电机加励磁,堵住电枢,通入试验大纲所要求的电流,历时 15 s

8. 照明用交流电 $u=220\sqrt{2}\sin100\pi t$ V,以下说法正确的是(　　)。

(A)交流电压最大值为 $220\sqrt{2}$　(B)1 s 内,交流电压方向变化 50 次

(C)1 s 内,交流电压有 100 次最大值　(D)交流电压有效值为 $200\sqrt{2}$

9. 交流电机空载损耗偏大的主要原因有(　　)。

(A)定子铜耗大　(B)铁耗大　(C)机械损耗大　(D)转子铜耗大

10. 风力发电机并联至电网试验时必须具备以下(　　)条件时,才能并网。

(A)双方应有相等的电压

(B)双方应有同样或者十分接近的频率和相位

(C)双方应有一致的相序

(D)双方应有相等的电流

11. 关于电感线圈对交流电的影响,下列说法正确的是(　　)。

(A)电感对各种不同频率的交流电的阻碍作用相同

(B)电感不仅能通过直流电流,而且能通过交流电流

(C)同一只电感线圈对频率低的交流电流阻碍较大

(D)同一只电感线圈对频率高的交流电流阻碍较大

12. 如果一对孔轴装配后无间隙,则这一配合可能是(　　)。

(A)间隙配合　(B)过盈配合　(C)过渡配合　(D)三者均可能

13. 误差的来源主要有(　　)等方面。

(A)计量器具误差　(B)基准误差

(C)方法误差　(D)环境及人为误差

14. 在机械制造中,零件的加工质量包括(　　)。

(A)尺寸精度　(B)位置精度

(C)形状精度　(D)表面几何形状特征

15. 检测过程的四要素包括(　　)。

(A)检测对象　(B)计量单位　(C)检测方法　(D)检测精度

16. 用万用表测量电阻时应注意(　　)。

(A)准备测量电路中的电阻时,应先切断电源,切不可带电测量

(B)选择适当的倍率档,然后接零

(C)测量时双手不可碰到电阻引脚及表笔金属部分

(D)测量电路中某一电阻时,应将电阻的一端断开

17. 下列配合代号标注正确的是(　　)。

(A)ϕ30H7/k6　(B)ϕ30H7/p6　(C)ϕ30h7/D8　(D)ϕ30H8/h7

18. 下列配合中是间隙配合的有(　　)。

(A)ϕ30H7/q6　(B)ϕ30H8/r7　(C)ϕ30H8/m7　(D)ϕ30H7/t6

19. 下列有关公差等级的论述中,不正确的有(　　)。

(A)公差等级高,则公差带宽

(B)在满足要求的前提下,应尽量选用高的公差等级

(C)公差等级的高低,影响公差带的大小,决定配合的精度

(D)孔轴相配合,均为同级配合

20. 下列关于公差与配合的选择的论述不正确的有(　　)。

(A)从经济上考虑应优先选用基孔制

(B)在任何情况下应尽量选用低的公差等级

(C)配合的选择方法一般有计算法类比法和调整法

(D)从结构上考虑应优先选用基轴制

21. 外径千分尺的活动套转动一格,测微螺杆移动(　　)。

(A)10μm　(B)0.1 mm　(C)0.01 mm　(D)0.001 mm

22. 能承受轴向载荷的轴承是(　　)。

(A)球轴承　(B)圆柱滚子轴承　(C)圆锥轴承　(D)四角接触球轴承

23. 最易产生淬火应力集中的部位是(　　)。

(A)尖角　(B)圆角　(C)倒角　(D)棱角

24. 电机的空载损耗包括(　　)。

(A)铁芯损耗　(B)励磁损耗　(C)机械摩擦损耗　(D)负载损耗

25. 轴承内圈内径为 ϕ90 mm 的轴承是(　　)。

(A)QJ318　(B)7318　(C)NJ330　(D)NU320

26. 平衡调整方法之一是采用去重法,具体加工方法是(　　)。

(A)气割法　(B)钻削法　(C)冲压加工　(D)錾削方法

27. 适合大批量生产的装配方法有(　　)。

(A)完全互换法　(B)分组选配法　(C)修配法　(D)调整法

28. 在机械加工前的热处理工序有(　　)。

(A)退火　(B)正火　(C)人工时效　(D)表面淬火

29. 对作业指导环境的分析主要包括(　　)。

(A)噪声　(B)场地分布　(C)装配零件质量　(D)检具精度

30. 箱体类零件上的表面相互位置精度是指(　　)。

(A)各重要平面对装配基准的平行度和垂直度

(B)各轴孔的轴线对主要平面或端面的垂直度和平行度

(C)各轴孔的轴线之间的平行度垂直度或位置度

(D)各主要平面的平面度和直线度

31. 零件图上的技术要求包括(　　)。

(A)表面粗糙度　(B)尺寸公差　(C)热处理　(D)表面处理

32. 影响刀具寿命的主要因素有(　　)。

(A)工件材料　(B)刀具材料　(C)刀具的几何参数　(D)切削用量

33. 零件的加工精度包括(　　)。

(A)绝对位置　(B)尺寸　(C)几何形状　(D)相对位置

34. 常用的拆卸法有(　　)。

(A)击卸法　(B)温差法　(C)拉拔法　(D)油压法

35. 水平仪的读数方法有(　　)。

(A)相对读数法　(B)绝对读数法　(C)理论读数法　(D)实际读数法

36. 滚动轴承实现预紧的方法有(　　)。

(A)横向预紧　(B)纵向预紧　(C)径向预紧　(D)轴向预紧

37. 手工电弧焊的焊接工艺参数有(　　)。

(A)焊接电流　(B)电弧电压　(C)焊条直径　(D)焊接速度

38. 笼形异步电动机或三相异步电动机的启动方式有(　　)。

(A)直接　(B)降压　(C)升压　(D)耗磁

39. 交流接触器通常是由(　　)组成。

(A)传感部分　(B)阻抗部分　(C)电磁部分　(D)触头部分

40. 常用的松键连接有(　　)。

(A)平键　(B)半圆键　(C)花键　(D)长键

41. 弹簧按形状可分为(　　)。

(A)螺旋弹簧　(B)蝶形弹簧　(C)板弹簧　(D)平面弹簧

42. 常用的密封圈有(　　)。

(A)O 型　(B)Y 型　(C)W 型　(D)V 型

43. 摩擦离合器根据摩擦表面的形状，可分为（　　）。

(A)圆盘式　(B)圆柱式　(C)圆锥式　(D)多片式

44. 指示量具按用途和结构分为（　　）。

(A)百分表　(B)千分表　(C)杠杆千分表　(D)内径千分表

45. 轴承的装配方法有（　　）。

(A)锤击法　(B)冷装配法　(C)液压机装配法　(D)热装法

46. 滑动轴承的优点有（　　）。

(A)工作可靠　(B)平稳　(C)噪声小　(D)能承受重载荷

47. 滑动轴承按结构形式不同可分为（　　）。

(A)组合式　(B)整体式　(C)剖分式　(D)瓦块式

48. 联轴器按结构形式不同可分为（　　）。

(A)锥销套筒式　(B)凸缘式　(C)椭圆式　(D)万向联轴器

49. 齿轮按外形轮廓不同可分为（　　）。

(A)圆柱齿轮　(B)圆锥齿轮　(C)分度齿轮　(D)非圆形齿轮

50. 双频道激光干涉仪可以测量（　　）。

(A)线位移　(B)角度摆动　(C)平直度　(D)直线度

51. 弹簧的作用有（　　）。

(A)抗弯　(B)缓冲　(C)抗扭　(D)储存能量

52. 液压泵按结构不同可分为（　　）。

(A)柱塞泵　(B)齿轮泵　(C)叶片泵　(D)螺杆泵

53. 凸轮机构根据结构和用途可分为（　　）。

(A)圆盘凸轮　(B)圆柱凸轮　(C)圆锥凸轮　(D)滑板凸轮

54. 相关原则是图样上给定的（　　）两个相互有关的公差原则。

(A)形位公差　(B)相位公差　(C)尺寸公差　(D)尺寸偏差

55. 铰刀根据加工孔的形状分为（　　）。

(A)菱形　(B)正方形　(C)圆柱形　(D)圆锥形

56. 计算斜齿圆柱齿轮各部分尺寸时首先要知道齿轮的四个参数，包括（　　）。

(A)模数　(B)齿数　(C)齿形角　(D)螺旋角

57. 铆接具有（　　）等优点。

(A)工艺简单　(B)连接可靠　(C)抗振　(D)耐冲击

58. 剖视图分类有（　　）。

(A)全剖视图　(B)半剖视图　(C)局部剖视图　(D)旋转剖视图

59. 轴的实际尺寸小于相配合孔的实际尺寸时，此配合可能是（　　）。

(A)间隙配合　(B)过渡配合　(C)过盈配合　(D)无法确定

60. 下列物质属于能导电的是（　　）。

(A)硅钢片　(B)铜线　(C)橡胶　(D)转轴

61. 采用单叠绕组的电动机的主磁极气隙不均匀时（　　）。

(A)支路电势会不平衡　(B)支路电势不受影响

(C)换向条件变差　(D)换向条件无改变

62. 正确检测电机匝间绝缘的方法是(　　)。
(A)工频对地耐压试验　　(B)测量绝缘电阻
(C)中频匝间试验　　(D)匝间脉冲试验
63. 按照永磁体在转子上位置的不同,永磁同步电动机的转子磁极结构一般可分为(　　)。
(A)表面式　　(B)内置式
(C)爪极式　　(D)聚磁型永磁体结构型式
64. 交流绕组按绕组是否可以改变极数可分为(　　)。
(A)变速绕组　　(B)多相绕组　　(C)双层绕组　　(D)变极绕组
65. 单层绕组的特点有(　　)。
(A)槽利用率高
(B)整个绕组的线圈数等于总槽数的一半
(C)同一槽内导体均属同一项
(D)整个绕组的线圈数等于总槽数
66. 卜面说法正确的有(　　)。
(A)双层绕组槽利用率较单层绕组槽利用率低
(B)双层绕组整个绕组的线圈数等于总槽数
(C)双层绕组同一槽内导体均属同一项
(D)单层绕组槽漏抗比双层绕组漏抗大
67. 对于导磁零件,下面说法错误的是(　　)。
(A)切削应力过大时,铁损耗减小　　(B)切削应力过大时,导磁性能减弱
(C)切削应力过大时,铁损耗增大　　(D)切削应力过大时,导磁性能变大
68. 电枢嵌线具体要求有(　　)。
(A)电枢绕组在槽中的位置严格按图纸规定
(B)电枢绕组槽部与端部固定牢靠
(C)绕组外观整齐,外形尺寸符合要求
(D)电枢绕组的绝缘性能要良好
69. 通过(　　)可以提高直流电机转速。
(A)提高电枢电压　　(B)增大励磁电流　　(C)减小电枢电压　　(D)减小励磁电流
70. 转子不平衡的原因有(　　)。
(A)电枢铁芯冲片分度不匀
(B)线圈嵌线无法达到完全对称
(C)换向器套筒的偏心
(D)导条涨紧与端环焊完后无法达到完全对称
71. 对旋转工件校动平衡的原因是(　　)。
(A)减小旋转工件运行时产生不平衡离心力
(B)降低旋转工件运行时产生有害振动
(C)降低旋转工件运行时产生有害噪声
(D)有效延长产品使用寿命

72. 无纬带绑扎相比钢丝绑扎优点有(　　)。
(A)可减少绕组端部漏磁,改善电机性能
(B)增加绕组的爬电距离
(C)可增大绕组端部漏磁,改善电机性能
(D)可取消所垫绝缘及固定钢丝用的金属扣片,简化工艺
73. 下面关于电机嵌线说法正确的是(　　)。
(A)绕组的节距、连线方式、引出线与出线孔或换向器的相对位置必须正确
(B)绝缘要完好无损,不允许有破损
(C)绕组两端伸出长度与外径要符合要求
(D)嵌线时,严防铁屑、铜沫或焊渣等混入绕组
74. 电机绕组进行绝缘处理的目的是(　　)。
(A)提高绕组的耐潮性　　(B)提高绕组的导磁性
(C)提高绕组的机械强度　　(D)提高绕组的化学稳定性
75. 换向元件中电势阻碍换向的有(　　)。
(A)自感电势　　(B)换向极电势　　(C)互感电势　　(D)电枢反应电势
76. 直流电动机不允许直接启动的原因有(　　)。
(A)启动瞬间电枢电流很大　　(B)启动瞬间电枢电流过小
(C)电机换向困难　　(D)对负载造成很大的冲击
77. 下面叙述可以造成电枢绕组接地的是(　　)。
(A)绕组内包有异物或线圈包扎时存在薄弱点,线圈形状不规范
(B)槽清理不干净,铁芯有毛刺,或槽形不整齐
(C)碳粉、油污等进入铁芯槽部
(D)嵌线时绝缘破坏
78. 直流牵引电动机的电枢预绑钢丝的目的是(　　)。
(A)使上下线圈和电枢铁芯服帖更紧密
(B)有利于降低电枢温升
(C)给槽楔留下足够的空间,保证打入槽楔时不损伤线圈绝缘
(D)绕组不致因离心力作用而向辐射方向发生位移
79. 直流牵引电动机转子绑无纬带的工艺参数有(　　)。
(A)绑扎拉力　　(B)绑扎匝数　　(C)无纬带宽　　(D)绑扎机转速
80. 鼠笼式异步电动机转子构成包括(　　)。
(A)端盖　　(B)端环　　(C)转子铁芯　　(D)导条
81. 转子动平衡不良可能对电机造成的影响有(　　)。
(A)易导致电机发生振动,产生噪声　　(B)造成换向不良,影响电机的正常工作
(C)加速电机损耗　　(D)加速轴承的磨损,缩短电机寿命
82. 对线圈最后检查时,质量要求是(　　)。
(A)对地绝缘包扎正确　　(B)外观整齐、紧密、无漆瘤
(C)线圈尺寸符合要求　　(D)高压试验合格
83. 脉流电机加装补偿绕组的作用是(　　)。

(A)减小最大片间电压、改善电位特性　(B)增强电机换向稳定性
(C)消除电枢反应对主磁场的畸变　(D)增加交流电抗电势
84. 磁极线圈热压的作用是(　　)。
(A)使各匝几何尺寸一致
(B)使拐弯处薄厚一致
(C)多余的漆充满导线之间的空隙,从而可提高线圈的防潮性和导热性
(D)使线匝排列整齐,并粘合成一个坚固的整体
85. 线圈绝缘的绕包方式方法有(　　)。
(A)连续式绝缘　(B)平绕　(C)半叠绕　(D)复合式绝缘
86. 滑环表面车螺旋槽有(　　)作用。
(A)碳粉容易排出
(B)改善冷却利于散热
(C)改善电机运行时滑环表面光洁度,减弱滑环的磨损
(D)使滑环和电刷接触面减小,改善导电性能
87. 绕组绝缘经过干燥、浸渍处理后(　　)。
(A)使绕组更容易吸收空气中的水分　(B)提高了绕组绝缘的耐潮性、电气性能
(C)加强了绕组绝缘的机械性能　(D)提高了绕组的耐热性和化学稳定性
88. 绕组绝缘的干燥过程,其作用将绝缘中(　　)除去。
(A)水分　(B)粉尘　(C)空气　(D)溶剂
89. 浸渍漆的基本性能包括(　　)。
(A)对导体和其他材料相容性好　(B)耐潮耐热
(C)导电性好　(D)化学性能稳定
90. 浸漆过程要注意(　　)。
(A)工件保持清洁　(B)浸渍漆要定期检测
(C)干燥时炉门要打开　(D)浸漆完后,不应有气泡、漆瘤
91. 动平衡机按驱动方式可分为(　　)。
(A)万向轴驱动　(B)带动　(C)气动　(D)自驱动
92. 绕组根据线圈节距可分为(　　)。
(A)整距绕组　(B)倍距绕组　(C)长距绕组　(D)短距绕组
93. 下列关于电机交流磁路和直流磁路说法正确的是(　　)。
(A)直流磁路的磁通不随时间发生变化
(B)直流磁路的磁滞损耗和涡流损耗比交流电机大
(C)交流磁路中存在有磁滞损耗和涡流损耗
(D)交流磁路为时变磁路,不遵循磁路的定律
94. 下列属于电机槽满率高的优点的是(　　)。
(A)绕组绝缘性能好　(B)易散热
(C)电机空间相对利用率高　(D)嵌线容易
95. 电机绕组按线圈的成形方式可分为(　　)。
(A)散嵌绕组　(B)单层绕组　(C)成形绕组　(D)短距绕组

96. 对成形绕组来说，线圈(　　)对嵌线有影响。
(A)直线边长度　(B)直线边角度　(C)直线边跨距　(D)端部角度
97. 同步发电机为改善电势波形通常采用的措施有(　　)。
(A)降低电机功率　(B)适宜的短距绕组，一般取 $y=5/6\tau$
(C)降低电压　(D)凸极式电机采用不均匀气隙
98. 下列属于直流电机定子部分的有(　　)。
(A)机座　(B)主磁极　(C)换向极　(D)补偿绕组
99. 下列试验允许重复多次进行的是(　　)。
(A)铁损试验　(B)匝间脉冲试验
(C)工频对地试验　(D)绝缘电阻测试
100. 下列措施能削弱齿谐波的是(　　)。
(A)斜槽　(B)分数槽绕组　(C)半闭口槽　(D)磁性槽楔
101. 下列关于补偿绕组说法正确的是(　　)。
(A)补偿绕组又被称做为附极绕组
(B)补偿绕组的作用是补偿励磁电流
(C)补偿绕组一般嵌放在主极极靴的补偿槽内
(D)补偿绕组可以改善换向性能
102. 定子绕组受潮后，不可以进行的试验项目有(　　)。
(A)匝间耐压试验　(B)绝缘电阻测试
(C)三相电阻检测　(D)对地耐压试验
103. 旋转电机的磁路是由(　　)组成的。
(A)定子铁芯　(B)绕组
(C)转子铁芯　(D)定、转子之间的气隙
104. 定子铁芯常采用硅钢片叠压而成是因为硅钢片(　　)。
(A)电阻系数较大　(B)磁滞回线面积小
(C)能减小铁芯损耗　(D)成本低
105. 冷轧硅钢片与热轧硅钢片相比的优点有(　　)。
(A)最大磁导率较高　(B)铁损更低
(C)厚度均匀，可提高叠压系数　(D)冲剪性能好
106. 下列关于铁芯压装说法正确的是(　　)。
(A)冲片间保持一定的压力　(B)扣片不能高于铁芯外圆
(C)槽形应光洁整齐　(D)应保证铁芯长度
107. 电机绕组在运行时受到的影响有(　　)。
(A)电场力　(B)机械振动　(C)热作用　(C)化学腐蚀
108. 下列关于绕组极化指数说法正确的是(　　)。
(A)极化指数通常是指施加电压 10 min 的绝缘电阻与 1 min 的绝缘电阻的比值
(B)极化指数小于规定值通常表示绝缘受潮或者污染
(C)极化指数大于规定值通常表示绝缘受潮或者污染
(D)极化指数测量过程中绕组温度不应变化

109. 下列关于绕组介质损耗说法正确的是(　　)。
(A)介质损耗一般用介损因素表示　(B)电导大的材料介质损耗大
(C)极性强的材料介质损耗大　(D)介质损耗与温度无关
110. 连接线焊接质量的基本要求是(　　)。
(A)焊接牢靠　(B)接触电阻小　(C)美观　(D)无虚焊
111. 嵌线前铁芯槽内不清理或清理不干净容易造成(　　)。
(A)绕组接地　(B)嵌线困难
(C)三相电阻不平衡　(D)无影响
112. 拆除绕组后清理铁芯,不可以采取的方式有(　　)。
(A)平头铲刀清槽　(B)酒精、汽油擦拭油污
(C)火焰喷烧　(D)强碱溶液沉浸
113. 下列关于直流耐压试验的说法正确的是(　　)。
(A)直流耐压试验对绝缘损伤较小
(B)直流耐压试验时,介质中存在较大的电容电流
(C)直流耐压试验不存在介质损耗
(D)直流耐压试验和交流耐压试验可相互替代
114. 电机绕组拆除应注意的是(　　)。
(A)拔线方向一定要顺着铁芯槽的轴向
(B)拔线用力要适当,不可刮伤铁芯
(C)尽量不采用冷拆
(D)对于重复利用的绕组拆除时不可将铜线拉变形
115. 换向极的结构包括(　　)。
(A)换向极铁芯　(B)换向极线圈　(C)极身绝缘　(D)补偿绕组
116. 下列属于永磁材料的是(　　)。
(A)硅钢　(B)稀土钴　(C)钕铁硼　(D)铁氧体
117. 下列说法正确的是(　　)。
(A)所有电机绕组中都会产生电晕
(B)防电晕是高压电机定子绕组必须要采取的措施
(C)电机防晕措施在槽内和槽外是不同的
(D)电晕主要侵蚀金属材料
118. 下列关于直流电机的换向正确的是(　　)。
(A)电枢元件从一条支路换到另一条支路
(B)元件内电流大小和方向发生变化
(C)换向性能是直流电机的重要指标
(D)换向不良容易产生火花
119. 关于摇表的下列说法正确的是(　　)。
(A)摇表在使用前应做开路和短路试验
(B)摇表有三个接线柱
(C)摇表的额定转速为 60 r/s

(D)测量电机绝缘电阻时 E 极接绕组,L 极接地

120. 一般交流电机嵌线的质量要求有(　　)。
(A)线圈应排列整齐　　(B)连线正确、焊接牢固、绝缘包扎整齐
(C)绝缘无破损　　(D)线圈端部不得高于铁芯且绑扎牢固

121. 直流电机定子装配中需要严格控制的尺寸有(　　)。
(A)主极铁芯内径及同心度　　(B)换向极铁芯内径及同心度
(C)主极极尖距离　　(D)主极铁芯与换向极铁芯极尖距离

122. 下列仪器或方法用于测量直流电阻的是(　　)。
(A)电桥　　(B)微欧计　　(C)工频测试仪　　(D)浪涌测试仪

123. 下列属于直流电机励磁方式的是(　　)。
(A)半导体励磁　　(B)复励　　(C)自励　　(D)他励

124. 作为一般应用的三相异步电机的槽满率,下列选择合适的是(　　)。
(A)0.25　　(B)0.65　　(C)0.75　　(D)0.85

125. 关于 PT100 温度传感器,下列说法正确的是(　　)。
(A)是铂热电阻温度传感器
(B)阻值大小与温度成正比例变化
(C)阻值大小与温度成反比例变化
(D)应尽量绑扎在端部的直线部分或者安装在槽内

126. 下列属于并励直流电机不变损耗的是(　　)。
(A)轴承损耗与通风损耗　　(B)机械损耗 P_m
(C)电刷接触损耗　　(D)电刷摩擦损耗与周边风阻损耗

127. 下列属于复励直流电机可变损耗的是(　　)。
(A)机械损耗 P_m　　(B)电枢绕组本身电阻的损耗
(C)电刷摩擦损耗　　(D)电刷接触损耗

128. 下列属于复励直流电机不变损耗的是(　　)。
(A)轴承损耗与通风损耗　　(B)机械损耗 P_m
(C)电刷接触损耗　　(D)电刷摩擦损耗与周边风阻损耗

129. 影响他励直流发电机端电压下降的因素是(　　)。
(A)电枢电阻(内阻)的影响　　(B)电枢反应的影响
(C)他励的接线方式的影响　　(D)励磁电阻的影响

130. 影响并励直流发电机端电压下降的因素是(　　)。
(A)电枢电阻(内阻)的影响　　(B)电枢反应的影响
(C)并励的接线方式的影响　　(D)励磁电阻的影响

131. 当电动机发生下列(　　)情况之一,应立即断开电源。
(A)发生人身事故时　　(B)所带设备损坏到危险程度时
(C)电动机出现绝缘烧焦气味,冒烟火等　　(D)出现强烈振动

132. 电动机不能启动或达不到额定参数的原因可能是(　　)。
(A)熔断器内熔丝烧断,开关或电源有一相在断开状态,电源电压过低
(B)定子绕组中有相断线

(C)鼠笼转子断条或脱焊电动机能空载起动,但不能带负荷正常运转

(D)应接成"Y"接线的电动机接成"△"接线,因此能空载启动,但不能满载启动

133. 转子无阻尼绕组的同步发电机,发生忽然三相对称短路时,关于定子短路电流各分量,正确的论述有(　　)。

(A)存在稳定的周期分量

(B)存在瞬态衰减的周期分量,时间常数为 T_d'

(C)存在衰减的非周期分量,时间常数为 T_a

(D)存在衰减的二次谐波分量,时间常数为 T_a

134. 电动机空载电流较大的原因是(　　)。

(A)电源电压太高

(B)硅钢片腐蚀或老化,使磁场强度减弱或片间绝缘损坏

(C)定子绕组匝数不够或△形接线误接成 Y 形接线

135. 轴承过热的原因是(　　)。

(A)轴承损坏　　(B)轴与轴承配合过紧或过松

(C)轴承与端盖配合过紧或过松　　(D)润滑油脂过多或过少或油质不好

136. 单相变压器空载,二次侧忽然短路时,正确的论述有(　　)。

(A)短路电流经历一个瞬态过程

(B)主磁通经历一个瞬态过程

(C)短路电流包括稳态短路电流分量和衰减的瞬态分量两个部分

(D)因电感回路电流不能突变,最坏情况下,最大短路电流可达稳定短路电流的约 2 倍

137. 变压器忽然短路时,对漏磁场、绕组受的电磁力,正确论述有(　　)。

(A)漏磁场轴向分量大于径向分量　　(B)电磁力轴向分量大于径向分量

(C)轴向电磁力的破坏作用大　　(D)径向电磁力破坏作用大

138. 电动机运行中电流表指针来回摆动的原因是(　　)。

(A)绕线式转子一相电刷或短路片一相接触不良

(B)绕线转子一相断线

(C)电动机负荷不均

(D)笼型转子断条

139. 电动机外壳带电的原因是(　　)。

(A)未接地(零)或接地不良

(B)绕组受潮绝缘有损坏,有脏物或引出线碰壳

(C)电机绕组对地短路

(D)轴承油脂含水分

140. 负载时直流电机的气隙磁场包括(　　)。

(A)定子绕组电流产生的主磁场　　(B)定子绕组电流产生的漏磁场

(C)电枢绕组电流产生漏磁场　　(D)电枢绕组电流产生电枢反应磁场

141. 并励直流电机的损耗包括(　　)。

(A)定子绕组和转子绕组的铜耗　　(B)定子铁芯的铁耗

(C)机械损耗和杂散损耗　　(D)转子铁芯的铁耗

142. 同步电动机发出不正常的响声，产生机械脉振其原因可能是(　　)。
(A)电网电压低，"SBZ 失步再整定"可控硅装置失控
(B)励磁电压高或失步
(C)机械负荷过重
(D)转子不平衡
143. 电气设备的"三定"是(　　)。
(A)定期检修　(B)定期检查　(C)定期试验　(D)定期清扫
144. 交流接触器工作时发生噪声的原因是(　　)。
(A)电流增大　(B)动静铁芯之间接触面有脏物
(C)电源电压过低　(D)铁芯磁路的短路环断裂
145. 保证安全的组织措施有(　　)。
(A)停电　(B)验电　(C)工作票制度　(D)工作监护制度
146. 引起电气设备过热的原因是(　　)。
(A)短路　(B)接地　(C)过载　(D)低电压
147. 发热对电气设备有(　　)的不良影响。
(A)机械强度下降　(B)接触电阻增大
(C)绝缘性能下降　(D)回路电流增大
148. 一般讲的绝缘电阻是由(　　)组成。
(A)表面电阻　(B)直流电阻　(C)交流电阻　(D)体积电阻
149. 旋转电动机着火时，应使用(　　)等灭火。
(A)喷雾水枪　(B)二氧化碳灭火机
(C)1211 灭火器　(D)干粉灭火器
150. 选择电流互感器应符合(　　)原则。
(A)电流互感器额定一次电流应在运行电流的 20%～120%的范围
(B)电流互感器的额定一次电压和运行电压相同
(C)电流互感器所接的负荷不超过其额定二次负荷
(D)电流互感器的准确度等级能满足测量和保护的要求
151. 电动机跳闸后电气方面应做以下(　　)检查。
(A)检查何种保护动作
(B)电动机线圈及电缆接线盒处
(C)所带机械是否卡死
(D)开关机构是否良好，电源开关和刀闸是否合好，开关位置是否正确
152. 关于变压器承受大气过电压，正确的论述有(　　)。
(A)电压数值大，作用时间短，等效于给变压器施加高频高压
(B)在动态分析时，主要考虑高压侧绕组的对地电容和匝间电容
(C)在动态过程的初始阶段，绕组电感可以认为是开路的
(D)低压侧绕组因靠近铁芯，对地电容大，可以认为是接地短路的
153. 以下(　　)情况下除追究直接责任外还应追究领导责任。
(A)对频发的重大事故不能有力制止

(B)对职工的安全考核不严,造成不会操作,不懂安全规程者
(C)现场规章制度不健全,现场安全防护装置不健全
(D)重大设备缺陷未组织及时消除

154. 变压器的主要作用是(　　)。

(A)变压　　(B)变电流　　(C)传送功率　　(D)改变方向

155. 下列(　　)情况为电流互感器可能出现的异常。

(A)二次开路　　(B)发热　　(C)螺丝松动　　(D)声音异常

156. 过电压可分为外部过电压和内部过电压两大类,内部过电压有分为(　　)。

(A)操作过电压　　(B)弧光接地
(C)电磁谐振过电压　　(D)雷电感应过电压

157. 电压互感器按结构型式可分为(　　)。

(A)普通式　　(B)串级式　　(C)装入式　　(D)电容分压式

158. 软起动器具有(　　)保护功能。

(A)过载保护功能　　(B)缺相保护功能　　(C)过热保护功能　　(D)其他功能

159. 变频器检查项目与标准是(　　)。

(A)检查周围环境,温度不得超出−10～40℃,相对湿度小于90%,无水凝结现象,无电解质气体腐蚀和粉尘
(B)检查变频器声音和振动,应无异常现象,检查所属辅助电气元器件应无过热现象等
(C)检查变频器运行电流、电压、频率(或转速)应正确不超标
(D)发现故障显示,应按故障排除方法进行处理

160. 异步电动机三相直流电阻不平衡度超差的主要原因有(　　)。

(A)匝数、线径错误　　(B)接线错误
(C)焊接不良或断线　　(D)匝间、相间短路

161. 交流电机空载电流偏大的主要原因是(　　)。

(A)气隙过大　　(B)不同型号的硅钢片任意代用
(C)定转子铁芯未对齐　　(D)气隙严重不均匀

162. 下列说法错误的是(　　)。

(A)磁感线密处磁感应强度大
(B)通电导线在磁场中受力为零,磁感应强度一定为零
(C)一段通电导线在某处受到的电磁力大,表明该处的磁感应强度大
(D)通电螺线管内部比管口磁感应强度大

163. 异步电动机空载试验的主要目的是(　　)。

(A)检查气隙、绕组参数和铁芯质量是否正常
(B)检查三相空载电流的平衡度
(C)验证新产品设计的合理性
(D)确定铁耗和机械损耗

164. 异步电动机堵转试验的主要目的是(　　)。

(A)确定电动机在额定电压下的最初启动电流与最初启动转矩
(B)测定堵转电流、堵转损耗和堵转转矩,量取堵转特性数据

(C)考核鼠笼转子的铸铝质量及转子槽形尺寸的设计合理性
(D)考核定转子电抗是否正常

165. 电机试验主要设备有(　　)。
(A)试验电源设备、配电设备　　(B)负载设备
(C)试验参数的测量仪器仪表　　(D)计算及数据处理设备

166. 机械损耗偏大的主要原因是(　　)。
(A)轴承或轴承装配质量不好　　(B)通风损耗增大
(C)机座和两端盖轴承室不同心　　(D)外风扇扇叶角度不合适

167. 异步交流电机通电后不转,发出沉闷的声音,主要原因有(　　)。
(A)电源电压过低　　(B)电源线有断线或接触不良情况
(C)绕组引出线始末端错接或绕组内部接反　　(D)电机电流过低

168. 异步交流电机三相绕组一相首位接反,启动时电机有(　　)现象。
(A)启动困难　　(B)一相电流大
(C)可能产生振动引起声音大　　(D)两相电流大

169. 异步电动机的运行状态有(　　)。
(A)电动机状态　(B)发电机状态　(C)制动状态　(D)额定运行状态

170. 绕线式异步电动机启动方法有(　　)。
(A)转子回路串电阻启动　　(B)转子回路并频敏变阻器启动
(C)转子回路并电阻启动　　(D)转子回路串频敏变阻器启动

171. 当三相电源对称时,异步电机在额定电压下空载运行时三相电流不平衡的原因有(　　)。
(A)定子三相绕组不对称　　(B)气隙严重不均匀
(C)磁路不对称　　(D)定子三相绕组电阻不平衡

172. 数据测量误差按实际含义分(　　)。
(A)绝对误差　(B)相对误差　(C)引用误差　(D)随机误差

173. 交、直流电机空转试验的主要目的是(　　)。
(A)检查电机运转的灵活情况,有无异常噪声和较强的振动
(B)油脂润滑密封状态是否完好,轴承温升是否合格
(C)转子的轴向窜动及径向振动是否正常
(D)检查绕组温升

174. 电机进行型式试验的主要目的是(　　)。
(A)确定新型电机的定额、特性和性能
(B)确定是否已达到规定的技术要求或质量的稳定性
(C)确定电机的机械性能
(D)确定电机的制造工艺是否成熟

175. 电气方面引起电机振动的主要原因有(　　)。
(A)定、转子绕组三相不对称　　(B)绕组匝间短路
(C)鼠笼转子断条、脱焊或端环开裂　　(D)气隙严重不均匀,甚至转子偏心

176. 同步发电机电压波形正弦畸变率测定是在(　　)测定。

(A)电机在额定转速、额定电压时　　(B)电机应在空载发电机状态时
(C)电机在带载状态时　　(D)用失真度测量仪测量

177. 影响仪器测量结果准确度的因素有(　　)。
(A)信号源负载　　(B)引接线校正
(C)仪器的量程、使用条件和校准　　(D)准确度等级不低于 0.2 级

178. 直流电机采用升压机和线路机进行温升试验时,必须注意(　　)。
(A)试验机组的启动遵循先合升压机,后合线路机的操作程序
(B)试验机组的启动遵循先合线路机,后合升压机的操作程序
(C)试验结束停机时遵循先断升压机,后断线路机的操作程序
(D)试验结束停机时遵循先断线路机,后断升压机的操作程序

179. 三相异步电机最大转矩的测量主要方法是(　　)。
(A)测功机或校正过的直流电机法　　(B)转矩测量仪法
(C)转矩转速仪法　　(D)圆图计算法

180. 下面属于三相同步发电机出厂试验项目的是(　　)。
(A)小时温升　　(B)超速　　(C)稳态短路特性　　(D)效率

181. 关于电磁感应现象中通过线圈的磁通量与感应电视的关系,下列说法错误的是(　　)。
(A)穿过线圈的磁通越大,感应电势越大
(B)穿过线圈的磁通为零,感应电势一定为零
(C)穿过线圈的磁通变化率越大,感应电势越大
(D)穿过线圈的磁通变化越大,感应电势越大

182. 永磁同步发电机与交流同步发电机相比,优点是(　　)。
(A)不需要直流励磁电源,实现了无电刷接触式电机结构
(B)节省了电机的用铜量,减少了铜耗,提高了功率质量比
(C)降低了绕组温升
(D)电机结构简单,运行可靠,维护检修方便

183. 正确的 45°倒角标注是(　　)。
(A)1×45°　　(B)2-1×45°　　(C)45°　　(D)C1

184. 下列应用细实线表示的是(　　)。
(A)螺纹的牙底线　　(B)齿轮的齿根线　　(C)可见过渡线　　(D)尺寸线

四、判 断 题

1. 随着电力电子、计算机以及自动控制技术的飞速发展,直流调速大有取代传统的交流调速的趋势。(　　)

2. 可编程控制器(PLC)是由输入部分、逻辑部分和输出部分组成。(　　)

3. CPU 是 PLC 的核心组成部分,承担接收、处理信息和组织整个控制工作。(　　)

4. PLC 的工作过程是周期循环扫描,基本分成三个阶段进行,输入采样阶段、程序执行阶段和输出刷新阶段。(　　)

5. 晶体三极管的电流放大系数 β 值越大,说明该管的电流控制能力越强。所以三极管的

β值越大越好。(　　)

6. 在单相半波可控整流电路中,不管所带负载是感性的还是纯阻性的,其导通角与控制角之和一定等于 180°。(　　)

7. 电气图形中的一般符号是指用以提供附加信息的一种加在其他符号上的符号。它通常不能单独使用。(　　)

8. 单相半控桥式整流电路中,闸流管最大反压 $\sqrt{2}U_2$。(　　)

9. 电枢反应是指电枢磁场对主磁场的影响。(　　)

10. 视图反映了零件的结构形状,而其真实大小必须由图样中所标注的尺寸来确定。(　　)

11. 读组合体的方法有形体分析法与线面分析法。(　　)

12. 局部剖视图用波浪线分界,波浪线不应与其他图线重合。(　　)

13. 零件测绘时,遇到较复杂的平面轮廓时,可用拓印法将零件的轮廓在纸上印出。(　　)

14. 常见的焊缝有对接焊缝、点接焊缝、塞焊缝、角接焊缝。(　　)

15. 在剖视图中,焊缝的剖面可涂黑或不画出。(　　)

16. 具有互换性的零件,其实际尺寸和形状一定完全相同。(　　)

17. 零件的互换性程度越高越好。(　　)

18. 零件的公差可以是正值,也可以是负值,或等于零。(　　)

19. 实际偏差为零的尺寸一定合格。(　　)

20. 在一对配合中,相互结合的孔、轴的实际尺寸相同。(　　)

21. 如果一对孔、轴装配后有间隙,则这一配合一定是间隙配合。(　　)

22. 表面粗糙度的基本特征代号"$\surd$"表示用切削加工的方法获得的表面。(　　)

23. 位置公差垂直度用符号"⊥"表示。(　　)

24. 形状公差圆柱度用符号"○"表示。(　　)

25. 基尔霍夫第一定律不仅适用于节点,对于任意假定的封闭面也成立。(　　)

26. 基尔霍夫第二定律不仅适用于闭合回路,对于不闭合的虚拟回路也适用。(　　)

27. 电位与参考点的选择无关,电压是两点的电位之差,也与参考点的选择无关。(　　)

28. 电压源的内阻,电流源的内阻均是越小越好。(　　)

29. 节点电压法和支路电流法因采用方法不同,但最终求出的各支路电流也不同。(　　)

30. 铁磁物质的磁导率 μ 不是一常数。(　　)

31. R-C 串联电路接通直流电源时,电路中的电压、电流均是直线上升或直线下降。(　　)

32. 在 R-L 串联正弦交流电路中,总电压与各元件两端的电压关系为 $U=U_R+U_L$。(　　)

33. 在 R-C 串联正弦交流电路中,电路中的总电压总是大于各元件两端的电压。(　　)

34. 在 R-C 串联正弦交流路中,总电压与各元件两端的电压关系是 $U=\sqrt{U_R^2+U_C^2}$。(　　)

35. R-L-C 串联交流电路中,电抗和频率成正比。(　　)

36. R-L-C 串联交流电路中,各单一元件上的电压一定要小于总电压。(　　)

37. $u=220\sqrt{2}\sin(\omega t+30^\circ)$V,表示成复数形式为 $\dot{U}=220e^{j30^\circ}$V。(　　)

38. 复阻抗对应的模即电路中的阻抗。(　　)

39. 负载作三角形连接时,$I_{线}=\sqrt{3}I_{相}$。(　　)

40. 三相电路的总有功功率计算公式 $P=\sqrt{3}U_{线}I_{线}\cos\phi$ 仅适用于负载对称电路。(　　)

41. 影响放大电路静态工作点不稳定的因素之一是温度。(　　)

42. 负载电阻增大时,放大电路的电压放大倍数将增大。(　　)

43. 三相整流电路中的二极管只要承受正向电压就导通。(　　)

44. 三相桥式整流电路中,每个整流元件中流过的平均电流是负载电流的 1/6。(　　)

45. 中间继电器的输入信号为触头系统的通电和断电。(　　)

46. 绕线式异步电动机串频敏变阻器启动,能限制启动电流。(　　)

47. 工艺卡片、工艺守则是指导技术操作的电机工艺文件。(　　)

48. 零件的互换性是依靠机械加工实现的。(　　)

49. 零件的互换性是依靠装配工艺实现的。(　　)

50. 有功功率与无功率之和等于视在功率。(　　)

51. 异步电动机作 Y-△降压启动时,每相定子绕组上的启动电压是正常工作电压的 $1/\sqrt{3}$ 倍。(　　)

52. 异步电动机 Y-△降压启动时,每相定子绕组上的启动转矩是正常工作转矩的 $1/\sqrt{3}$ 倍。(　　)

53. 兆欧表摇的越快所测的绝缘电阻越大。(　　)

54. 气动扳手起动前在进气口注入少量润滑脂,高速运转数秒钟。(　　)

55. 人们对"质量"的认识是随着社会生产力的发展而发展的。(　　)

56. 在电动机的气隙中,将电能转换成机械能。(　　)

57. 平衡的目的是使由不平衡量引起的机械振动、轴挠度和作用于轴承的力低于允许值。(　　)

58. 凡是只能在转动状态下才能测定转子不平衡重量所在方位,以及确定平衡重应加的位置和大小,这种找平衡的方法称为动不平衡。(　　)

59. 动平衡只能消除动不平衡的力偶,而不能消除静不平衡的离心力。(　　)

60. 具有互换性的零件,其实际尺寸和形状一定完全相同。(　　)

61. 电机绕组嵌线后必须进行对地耐压和匝间耐压检查。(　　)

62. 电机的对地绝缘是指绕组对机壳和其他不带电部件之间的绝缘。(　　)

63. 单层绕组的节距选择较双层绕组受限制。(　　)

64. 直流电机换向片锥度角的公差应取负值。(　　)

65. 电机振动大,一定是转子动平衡不好。(　　)

66. 直流电机换向极的作用是产生主磁通。(　　)

67. 电机转轴弯曲,会造成转动不平稳。(　　)

68. 用动平衡机校平衡时,校正平面应尽量远离轴承位。(　　)

69. 用动平衡机校平衡时，校正平面应尽量靠近轴承位。(　　)

70. 用万用表的欧姆挡能判断绕组是否存在匝间短路。(　　)

71. 单叠绕组有时也称并联绕组。(　　)

72. 直流电机的电枢绕组在槽中的位置及引线头在换向片中的位置不正确，将引起电机嵌线困难。(　　)

73. 普通三相异步电动机在修理时，若测得绕组对地绝缘电阻小于 0.38 MΩ，则说明电机绕组已经受潮。(　　)

74. 若绕组的对地绝缘电阻为零，说明电机绕组已经接地。(　　)

75. 三相异步电动机的绕组发生匝间短路时，三相电流将不平衡。(　　)

76. 直流电机换向元件中的互感电势阻碍电流换向。(　　)

77. 换向器工作面的径向跳动量允许值与换向器的表面线速度无关。(　　)

78. 换向器的片装配质量直接影响电机的换向。(　　)

79. 用兆欧表测量绝缘电阻时，兆欧表的额定电压越高越好。(　　)

80. 主发电机转子磁极间的最大距离与最小距离之差要求不得小于 1.5 mm。(　　)

81. 未经校验的动平衡机不得使用。(　　)

82. 形状公差符号"○"表示圆柱度。(　　)

83. 无纬带绑扎与无磁钢丝绑扎相比可以减少涡流损耗。(　　)

84. 单叠绕组多采用右行绕组。(　　)

85. 绕组在嵌装过程中，槽口绝缘最容易受机械损伤。(　　)

86. 直流电机换向元件中的电枢反应电势是切割电枢磁场而产生的。(　　)

87. 直流电机换向元件中的换向电势是切割电枢磁场而产生的。(　　)

88. 使用动平衡机时，不需要用试棒对平衡机精度进行校验。(　　)

89. 一台 4 极直流电机，采用单波绕组，若一个元件断线，则电枢电势变大。(　　)

90. 磁性槽楔一般用于开口槽电机，以改善电机的电磁性能。(　　)

91. 电枢绕组从槽中甩出，出现"扫膛"，是由于槽楔被甩出或绑扎带断裂。(　　)

92. 三相单层分布整距绕组的节距可以任意选择，双层绕组的线圈不能任意短距。(　　)

93. 分数槽绕组主要用于多极低速同步电机中，用以减少空载电势中的高次谐波，尤其是齿谐波。(　　)

94. 直流电动机的主磁极的气隙偏小时，电机转速将偏高；气隙偏大时，电机转速偏低。(　　)

95. 直流电机定装后，通过阻抗检查可以判断磁极绕组是否有匝间短路，也能发现极性错误问题。(　　)

96. 直流电机定子装配后检查主极铁芯内径和同心度，是为了保证电机装配后的主极气隙。(　　)

97. 直流牵引电动机的主极气隙偏大时，则电机的速率会偏高；气隙小，则电机的速率偏低。(　　)

98. 直流电机定子装配后检查换向极铁芯内径及同心度，是为了保证电机装配后的换向极气隙。(　　)

99. 直流电机主气隙的过大过或过小均引起电枢反应的变化,使换向极补偿性能变差,换向火花增大。( )

100. 三相异步电机气隙过大时,空载电流将增大,功率因数提高,铜损耗降低,效率降低。( )

101. 对多极、支路导线截面积较大的交流电机,为节约用铜,常用叠绕组。( )

102. 直流电机主磁极的同心度偏差过大时,将使电机气隙不均匀,主磁场不对称,支路电流不平衡,换向恶化。( )

103. 直流电机换向极铁芯与机座之间的气隙称为第一气隙,直流电机换向极铁芯与电枢之间气隙称为第二气隙。( )

104. 直流电机的主磁极定装时,为保证电机装配的气隙符合要求,必须保证主磁极的内径与同心度。( )

105. 直流电机与交流电机定子基本结构相同,都有交流绕组、感应电动势的问题,但只有交流电机绕组流过电流时才产生磁动势。( )

106. 交流绕组无法产生感应电动势,而是通过电流产生磁动势,来实现能量的转换。( )

107. 直流电动机主磁极气隙的大小对电机的转速不影响,主要影响电机的制动性能。( )

108. 气隙磁场是电机进行机电能量转换的媒介,气隙大小和气隙磁场的分布和变化情况均能对电机运行性能造成影响。( )

109. 直流定子换向极的气隙越小,电机的换向性能就越好;气隙越大,电机的换向性能越差。( )

110. 直流电机定子在装配过程中,要在螺栓螺纹部位使用二硫化钼,目的是起润滑作用,能有效地防止螺栓与铁芯因加工缺陷造成坏扣。( )

111. 直流定子内径检测过程中,通常都先使用内径千分尺对内径进行检测,然后使用垂直度尺对同轴度进行检测。目的是为了能有效地保证定子数据的准确性。( )

112. 异步牵引电机定子嵌线完成后,一般需对定子绕组斜线端进行整形处理,目的是为了保证绕组外观质量、产品交出方便。( )

113. 异步电机的定子内径和定子铁芯的有效长度是靠近气隙的两个尺寸,因此该尺寸对电机的传递功率大小和性能起决定性作用。( )

114. 双层绕组跟单层绕组相比较,具有槽利用率高、能够采用短节距来消弱高次谐波、改善磁势和电势的波形等优点。( )

115. 部分电机定子铁芯冲片两面需涂刷硅钢片绝缘漆,目的是为了减少铁耗,降低温升。( )

116. 电机定子机座表面铸造筋的目的是增强电机散热能力,起到降低温升的作用。( )

117. 直流电机极对数增加则极距较小,绕组端接部分较短,因此可以省铜。( )

118. 直流电机极对数增加则会导致机座过薄,机械强度降低。( )

119. 直流电机的总磁通为常数,极数 $2P$ 可以任意选择。( )

120. 通常从交流电机结构上要求,交流绕组用铜量要少、具有足够的绝缘强度和机械强

度、较好的散热条件。(　)

121. 三相交流绕组中,绕组极距小于节距时称为短距绕组,极距大于节距时长距绕组。(　)

122. 中、小功率低压三相异步电动机的绕组,一般为了便于使用者根据实际接线方式需要,都通过接线端子引出并固定在接线盒上。(　)

123. 三相交流双层分布短距电机绕组定子槽数 $Q=48$,极对数 $p=2$,相数 $m=3$,节距 $y=5/6\tau$,则节距 $y=5$,每极每相槽数 $q=2$。(　)

124. 直流电机运行时的气隙磁场由电机中的励磁绕组、电枢绕组、换向极绕组、补偿绕组等磁动势共同产生。(　)

125. 异步电机的传递功率大小和性能可以说由定子内径和定子铁芯的有效长度决定。(　)

126. 直流电机定子因配件问题造成内径出现偏差时,可以通过增加或减少铁芯与机座间的铜垫片改变定子内径方式使定子符合设计要求。(　)

127. 技术资料齐全是指该设备至少具备:(1)铭牌和设备技术履两卡片;(2)历年试验或检查记录;(3)历年大、小修和调整记录;(4)历年事故异常记录,继电保护,二次设备还必须有与现场设备相符合的图纸。(　)

128. 操作者在专业理论指导下进行操作练习,并要遵循由浅入深、由易到难、由简到繁的循环渐进的规律。(　)

129. 润滑脂的滴点是指润滑脂受热后开始滴下第一滴时的温度,它标志润滑脂的耐热能力,润滑脂的工作温度必须略低于润滑脂的滴点。(　)

130. 在换向器表面,通常会产生一层褐色光泽的氧化亚铜薄膜,这层薄膜增大了电刷和换向器之间的接触电阻,它具有良好的润滑作用,并可以改善换向。(　)

131. 一般电刷压力在 1 500～2 700 Pa,所需压力与电刷材质、换向器的圆周速度有关。(　)

132. 采用滑动轴承的电机,千分表的测轴应自上而下或自下而上地垂直放置,以免转子转动时,转子在轴承内产生的晃动也反映在千分表指示值中而影响了测量的正确性。(　)

133. 润滑脂的滴点越高,则润滑脂耐高温。(　)

134. 调心滚子轴承具有自动调心功能,即内圈轴线相对外圈轴线有较大倾斜时(一般在3°以内)仍能正常运转。(　)

135. 液压传动能实现过载保护。(　)

136. 液体在变径管中流动时,其管道截面积越小,则流速越高,压力越小。(　)

137. 角接触球轴承代号 C 表示接触角 $\alpha=25°$。(　)

138. 滚动轴承在实际运转条件下的游隙为安装游隙。(　)

139. 单列角接触球轴承只能承受一个方向的轴向载荷(四点接触球轴承除外),在承受径向载荷时会产生附加轴向力,必须施加相应的反向轴向载荷,因此该种轴承一般都成对使用。(　)

140. 滚动轴承装配时,在保证一个轴上有一个轴承能轴向定位的前提下,其余轴承要留有轴向游动余地。(　)

141. 压力和功率是液压传动的两个重要参数,其乘积为流量。(　)

142. 静止液体内任一点的静压力在各个方向上都相等。( )

143. 作用于活塞的推力越大,活塞运动的速度就越快。( )

144. 轴承后缀 V1 表示的是振动加速度值符号标准规定的 V1 组。( )

145. 液体静压轴承是用油泵把高压油送到轴承间隙,强制形成油膜,靠液体的静压平衡外载荷。( )

146. 冬季应采用黏度较高的液压油。( )

147. 接触式密封装置因接触处的滑动摩擦造成动力损失和磨损,故用于低速情况。( )

148. 滚动轴承的游隙越小越好。( )

149. 轴承定向装配的目的是为了抵消一部分相配尺寸的加工误差,以提高主轴旋转精度。( )

150. 轴承载荷较大时应选用黏度较高的润滑油。( )

151. 液压传动适宜于远距离传输。( )

152. 采用调速阀的定量泵节流调速回路,能保证负载变化时执行元件运动速度稳定。( )

153. 不锈钢 2Cr13 具有导磁性。( )

154. 轴承合金不必具有良好的导热性及耐蚀性。( )

155. 静压轴承的润滑状态和油膜压力与轴颈转速的关系很小,即使轴颈不旋转也可以形成油膜。( )

156. 为了防止轴承在工作时受轴向力而产生轴向移动,轴承在轴上或壳体上一般都应加以轴向固定装置。( )

157. 液压传动适宜于传动比要求严格的场合。( )

158. 液压传动装置工作平稳,能方便地实现无级调速。( )

159. 液体在不等横截面管道中流动时,其速度与横截面积的大小成反比。( )

160. CA 型保持架为两片式黄铜保持架。( )

161. 滚动轴承装配时,在保证一个轴上有一个轴承能轴向定位的前提下,其余轴承可以不留有轴向游动余地。( )

162. 轴承装配时可以通过保持架传递力矩。( )

163. 三相电路的总有功功率计算公式 $P=\sqrt{3}U_{线}\ I_{线}\ \cos\varphi$ 仅适用于负载对称电路。( )

164. 要改变他励直流电动机的旋转方向,必须同时改变电枢电流的方向和励磁电流的方向。( )

165. 三相异步电动机的电磁转矩与每极磁通成正比,与转子电流有功分量成正比。( )

166. 电机的气隙不均匀时,会产生轴电流。( )

167. 高压试验时,人应戴绝缘手套穿绝缘鞋且站在绝缘台上,应试验场地周围应设置固定围栏,悬挂醒目的安全标志。( )

168. 进行高压开关柜送、断电作业时,必须二人以上同往,并且应严格遵守高压送、断电的安全操作规程,断电可以一个人进行。( )

169. 三相异步电动机的绕组发生匝间短路时，三相电流将不平衡。(　　)

170. 对于电动机，逆旋转方向移动刷架圈时，火花消失或减弱，则说明换向极补偿偏弱。(　　)

171. 电机进行耐压试验是指测试部件与电机其他部分的耐压，试验完成后，对地放电。(　　)

172. 开机试验前，应认真检查电机靠背轮、底脚螺栓是否紧固可靠，旋转方向是否合乎规定，确认无误且一切良好后，方可开机试验。(　　)

173. 电机进行耐压试验时，若耐压机发生击穿跳闸，则此电机对地绝缘一定为零。(　　)

174. 进行测量电机转速、观察电机换向火花作业时，应在非传动端进行。若必须在传动端测量时，应在轴前端进行，同时注意安全。电机一经启动严禁任何人跨越转动部分。(　　)

175. 三相异步电动机的启动转矩与电压平方成正比，电抗越大启动转矩越小，并且启动转矩与转子电阻有关。(　　)

176. 直流电机空转结束后，电刷接触面应达到85%以上。(　　)

177. 在实际工作中，同步发电机要绝对满足并网运行的条件是困难的，故只要求发电机与电网频率相差不超过0.2%～0.5%，电压有效值不超过5%～10%，相序相同且相角差不超过10°，即可投入电网。(　　)

178. 电容有记忆电流的作用，电感有记忆电压的作用。(　　)

179. 同步电动机在欠磁情况下运行，其功率因数角超前，能改善电网的功率因数。(　　)

180. 三相异步电动机的最大转矩与电压平方成正比，与漏电抗成反比，与转子回路电阻值无关。(　　)

181. 直流电动机的起动转矩的大小取决于起动电流的大小，而起动电流的大小仅取决于起动时电动机的端电压。(　　)

182. 三相异步电动机的机座是电机磁路的一部分。(　　)

183. 晶闸管斩波器的作用是把可调的直流电压变为固定的直流电压的装置。(　　)

184. 电流继电器的线圈串接在负载电路中，电压继电器的线圈并接于被测电压两端。(　　)

185. 换向器表面的氧化亚铜薄膜损坏时，换向条件将恶化。(　　)

186. 临界转差率与转子回路电阻成正比，与电抗成反比，与电压成正比。(　　)

五、简 答 题

1. 直流转子不平衡是由什么原因引起的?
2. 简述永磁体充磁的三种方式。
3. 鼠笼式异步电动机的起动方法有哪几类?
4. 动平衡的性能指标有哪几个?
5. 为什么每种转子做动平衡前要对动平衡机进行定标?
6. 电动机的鼠笼转子发生故障检查的方法有哪些?
7. 三相异步电动机的转子是如何转动起来的?

8. 无纬带绑扎比钢丝绑扎有哪些优点?

9. 三相异步电动机转子为笼型,问转子相数、每相绕组匝数及绕组因数各为多少?

10. 电枢氩弧焊的质量对电机的性能有何影响?

11. 直流电机电枢绕组的匝间短路为什么用中频机组检查?

12. 简述电枢在浸漆后总装前换向器表面的加工处理过程。

13. 焊接笼型转子选择钎料时应考虑哪几个方面?

14. 电枢反应对气隙磁场有什么影响,并对电机的运行有何影响?

15. 电机转子的不平衡可分为哪三种?

16. 简要说明带阻尼绕组和双头螺杆紧固的磁极装配过程。

17. 简述减少铸铝转子附加损耗的几项工艺措施(答出 4 点即可)。

18. 简述检测直流电机定子主磁极的检测项点。

19. 铁磁材料在磁场内外有什么不同?

20. 试分析气隙的大小对同步发电机的影响。

21. 异步电动机的机械负载增加,定子电流会如何变化?

22. 在什么情况下,嵌线前应进行直流耐压实验?

23. 简述用目测法测电晕起始电压的方法。

24. 直流电机为什么总是把换向极绕组和电枢绕组串接在一起?

25. 三相异步电动机的定子绕组发生匝间短路,定子电流将如何变化?

26. 直流电机对电刷的要求是什么?

27. 并励直流电机的起动电流决定于什么,正常工作时的电枢电流又决定于什么?

28. 电机的励磁不变时,什么因素决定直流电机的电磁转矩?电磁转矩与电机的运行方式有什么关系?

29. 绕组焊接中熔焊和钎焊有什么区别?

30. 电机嵌完线后为什么要把绕组的端部绑扎牢固?

31. 用电桥测量电机的电阻时应怎样操作?为什么?

32. 简述气动扳手的安装操作过程。

33. 简述三相异步电动机定子绕组的作用,并说明为什么它又称为电枢绕组。

34. 电机绕组的绝缘电阻为什么经过一段时间后会下降?

35. 测量调整发电机转子电刷的内容和标准是什么?

36. 怎样测量轴承温度?

37. 描述振动的量有哪些?

38. 按振动规律振动可分为哪几类?

39. 在直流电机检修时,对定子应做哪些检查?

40. 直流电动机的日常运行维护有哪些?

41. 直流电机的气隙有什么要求?

42. 在一些基本假设条件下,流体形成动压的必要条件是什么?

43. 简述用手动泵冷压联轴节时,膨胀泵和推力泵的前后工作顺序和原因。

44. 齿轮冷压完成后为什么要保压?

45. 何谓螺纹连接的预紧,预紧的目的是什么?预紧力的最大值如何控制?

46. 紧螺栓连接的强度也可以按纯拉伸计算，但须将拉力增大30%，为什么？

47. 调心滚子轴承具有什么功能？

48. 为何调心轴承要成对使用，并安装在两个支点上？

49. 蓄能器在液压系统中有何功用？

50. 选用液压油主要应考虑哪些因素？

51. 螺纹连接有哪些基本类型？

52. 同滚动轴承相比，液体摩擦滑动轴承有哪些特点？

53. 选择轴承类型时，要掌握哪七个使用条件？

54. 用电桥测量电机或变压器绕组的电阻时应怎样操作？为什么？

55. 计算准确度为0.5级、量程为100 A的电流表测量8 A电流时的最大相对误差是多少？

56. 简述同步发电机投网运行的条件。

57. 简述互馈试验线路中升压机和线路机的作用。

58. 直流电机电刷下的火花是怎样产生的？

59. 在电动机控制电路中，使用熔断器和热继电器的作用是什么？

60. 如果将绕线式异步电动机和定子绕子组短接，而把转子绕子接于电压为转子额定电压、频率为50 Hz的对称三相交流电源上，会发生什么现象？

61. 什么是无火花换向区域？

62. 三相异步电动机的定子绕组发生匝间短路，定子电流将如何变化？

63. 直流电机在试验时，后刷边发生火花，通常采用什么方法使火花消失或减弱？

64. 一般情况下，直流电动机为什么不允许直接启动？

65. 三相异步电动机的转矩与转速有何关系？

66. 异步劈相机为什么采用三相不对称绕组？

67. 换向元件中有哪些电势？其性质是什么？

68. 怎样用感应法校正中性位？

69. 为什么要把具有相同或相近额定速率点的牵引电动机同装一台车？

70. 对试验用交流电源有什么质量要求？

六、综 合 题

1. 同步电动机凸极转子的外绝缘上安装额两端自行短路的导条有时被称为启动绕组或启动笼，有时被称为阻尼绕组。请解释为什么会有这些不同的名称。

2. 同步电动机为什么用异步启动？请说明异步启动的过程。

3. 三相异步电动机的转子漏电抗是否为常数，为什么？

4. 电机转子时效处理前及时效处理中应注意些什么？

5. 在使用时发现集电环上火花较大，请说明原因并给出解决办法(答出5项即可)。

6. 绕线式异步电动机通常采用转子回路串入电阻来改善起动性能，试问转子回路串入的电阻是不是越大越好？为什么？

7. 一牵引电动机转子重量为850 kg，最高工作转速为2 365 r/min，图纸规定转子的残余不平衡力矩不大于3 440 g·mm，求转子在这个残余不平衡力矩下产生的离心力。设在其中一端直径为 325 mm 的平衡槽内配置平衡块,要把残余不平衡量完全消除,求这一端应加的平衡块重量。

8. 有一台直流他励发电机,电枢总导体数 $N=400$,采用单叠绕组,磁极对数 $P=2$,气隙每极磁通 $\Phi=0.05$ Wb,转速 $n=750$ r/min,负载电阻 $R_L=5$ Ω 时,求电枢电势与电磁转矩的大小。

9. 用一台 10 极额定频率为 50 Hz 的同步电动机,用联轴器驱动一台 12 极额定频率为 50 Hz 的同步发电机组成的发电机组,为什么能发出稳定的频率为 60 Hz 的交流电?

10. 电机嵌线的技术要求是什么?

11. 为什么直流电机的机座和主极铁芯可以用铸钢和钢板制成,而电枢铁芯则必须用硅钢片制成?

12. 氩弧焊的优点是什么?

13. 在交流发电机定子槽的导体中感应电动势的频率、波形、大小与哪些因素有关?这些因素中哪些是由构造决定的,哪些是由运行条件决定的?

14. 绝缘电阻试验有什么局限性?

15. 气隙对直流电机的性能有什么影响?

16. 论述绕组长期运行过程中绝缘劣化的主要形式。

17. 列举可能造成交流电机定子绕组接地的原因(不少于 5 项)。

18. 论述电机定子绕组的清理方法。

19. 异步电动机的轴承温度超过机壳温度是什么原因?

20. 异步电动机产生不正常的振动和异常声音,在机械方面原因是什么?

21. 论述齿轮传动的设计准则。

22. 齿向载荷分布系数 K_β 的物理意义是什么?改善齿向载荷分布不均匀状况的措施有哪些?

23. 在图 3 所示轴的结构图中存在多处错误,请指出错误点,说明出错原因。

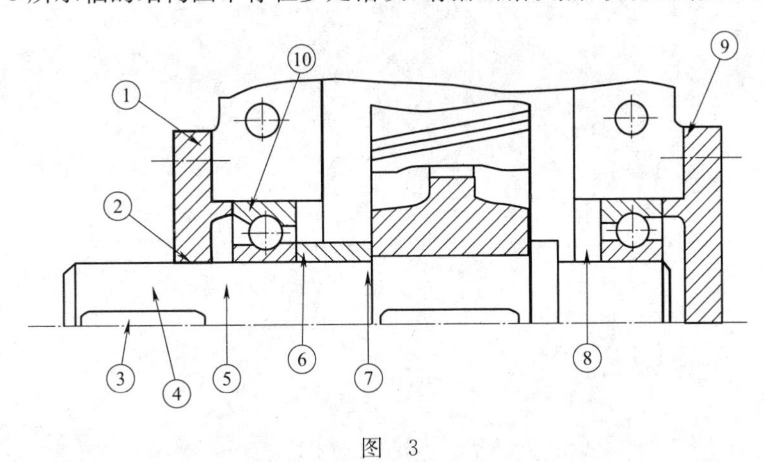

图 3

24. 电机组装完成后检测轴承端面跳动量,如果端面跳动量超过标准要求,试分析可能的原因。

25. 直流电机在运行过程中碳刷出现碎裂故障,请分析造成该故障的可能原因。

26. 请列出电机组装时的注意事项和检测项点。

27. 论述直流电机型式试验项目。

28. 何谓异步电动机的转差率？如何根据转差率的不同来区别各种不同运行状态？

29. 说明异步电动机轴机械负载增加时，定、转子各物理量的变化过程怎样。

30. 异步电动机的气隙为什么要尽可能的小？

31. 论述三相异步电动机的转矩与电压关系。

32. 一台并励直流电动机，$P_N=10$ kW，$U_N=110$ V，励磁电阻 $R_E=55$ Ω，额定效率 $\eta_N=85\%$，电枢回路总电阻 $R_a=0.1$ Ω，额定转速 $n_N=1\ 000$ r/min。

求：(1)额定电流 I_N；(2)电枢电流 I_a；(3)电磁转矩 M；(4)空载损耗 ΔP_0。

33. 一台六极异步电动机，额定功率 $P_N=28$ kW，$U_N=380$ V，$f_1=50$ Hz，$n_N=950$ r/min，额定负载时，$\cos\varphi_1=0.88$，$P_{cu1}+P_{Fe}=2.2$ kW，$P_{mec}=1.1$ kW，$P_{ad}=0$，计算在额定时的 S_N、P_{CU2}、η_N、I_{1N} 和 f_2。

34. 已知加在星形连接的三相异步电动机上对称电源线电压为 380 V，若每相的电阻为 6 Ω，感抗为 8 Ω，求：流入电动机每相绕组的电流、线电流及电路中总的有功功率。

35. 当直流电动机的速率特性正、反方向上相差较远时，为什么要顺着转速偏高的方向移动电刷？

电机装配工(高级工)答案

一、填 空 题

1. 基本几何　2. 斜二　3. 组合　4. 全剖视
5. 未剖　6. 不可拆　7. 统一的精度标准　8. 偏差
9. 公差　10. ⊥　11. 实际位置
12. 两种或两种以上的　13. 合成橡胶　14. 无延燃性外护层
15. 两台被试电机和回路总铜耗　16. $E-IR$　17. －15
18. 判断换向极的补偿情况　19. 速率超差
20. 磁通(Φ)＝磁动势(F_m)/磁阻(R_m)　21. 1/亨　22. 指数
23. 小于　24. 5 V　25. －45°　26. 44
27. 28.28　28. $\dot{I}=\frac{\dot{U}}{jX_L}$　29. $\dot{I}=\frac{\dot{U}}{-jX_C}$
30. $220\sqrt{2}\sin(\omega t+90^\circ)$ V　31. 线电压和线电流　32. 饱和
33. 大　34. 2　35. 主电路实现顺序控制,控制电路实现顺序控制
36. 加大　37. 零件或部件的互换性　38. 高压风
39. 气密性　40. 电流继电器　41. 鼠笼式　42. 大于
43. 调节端电压和削弱磁场　44. 改变励磁电流的方向和改变电枢电流的方向
45. 制动　46. 定子铜损耗和转子铜损耗　47. 定子铁损耗
48. 鼠笼式　49. 执行　50. 机械位移　51. 角位移或直线位移
52. 超过额定值　53. 变频　54. 轴上输出的机械功率
55. 形状公差　56. 位置公差　57. 相等　58. 拱形
59. 感应电势　60. 无纬绑扎带　61. 硬支撑方式　62. 成型绕组
63. 剩余不平衡量　64. 等于　65. 较大　66. 电磁原因
67. 电枢磁场　68. 电枢反应电势　69. 质量分布不均　70. 小于
71. 旋转电枢式　72. 螺杆紧固　73. 电枢绕组　74. 增大
75. 2　76. 降低　77. 感应电动势　78. 去磁作用
79. 一周后　80. ew/1000　81. 钕铁硼
82. 转子的初始不平衡量　83. 均压线　84. 换向不良
85. 90°　86. 升高(变大)　87. 消失　88. 一致
89. 下降　90. 不变　91. 磁畴　92. 硬磁性材料
93. 启动电流　94. 不需要绝缘　95. 转子铸铝或导条组装
96. 5　97. 匝间短路　98. 星形连接　99. 等分度

100. 内径　101. 补偿绕组　102. 三相　103. 采用补偿绕组
104. 漏磁通　105. 闭合　106. 卡钳　107. 偏弱
108. 消弱谐波电动势　109. 削弱或消除换向区域外的电枢磁势　110. 不对称
111. 复励　112. 双层短距　113. 降低换向极磁路的饱和度
114. 匝间电压过高或匝间绝缘损坏　115. 定子表面空间　116. 星形联结
117. 直流励磁电流　118. 气隙　119. 波绕组　120. 定子铁芯槽
121. 同心式　122. 线圈组数　123. 分布　124. 绕组
125. 补偿绕组　126. 磁滞损耗和涡流损耗　127. 层间绝缘
128. 电压　129. 单波或单迭　130. 单叠　131. 短节距
132. R_a　133. 轴承端面跳动量　134. 电气故障　135. 持久性
136. 机械负载　137. 超过额定值　138. $K_M \Phi I_2 \cos\phi_2$
139. $\frac{\text{最大(或最小)气隙值}-\text{平均气隙值}}{\text{平均气隙值}}$　140. 气隙的不均匀性　141. 变频
142. 5%　143. 线圈棱角处　144. 基本误差和附加误差
145. 可靠性　146. 改变励磁电流的方向　147. 绕入式软绕组
148. 间接　149. 绝缘　150. 轴上输出的机械功率
151. 总装配　152. 轴电流　153. 高压风　154. 额定值
155. 绑扎　156. 热态下　157. 冲模　158. 减小
159. 组装台　160. 水分和空气　161. 下降　162. 校验
163. 绝缘电阻测定合格的成品　164. 负载电流　165. 剩磁电压
166. 0.5　167. 发热和散热　168. 定位误差　169. 频率
170. 启动电流　171. 空载　172. 励磁　173. 冷作硬化
174. 一定的比例及相位关系　175. 图形符号　176. 环火
177. 保护接地　178. 电源电动势　179. 水平　180. 电机换向恶化
181. 数码管　182. 凹槽　183. 比较　184. 灰口
185. 保证电机获得最佳换向效果

二、单项选择题

1.C　2.B　3.B　4.D　5.D　6.A　7.B　8.B　9.C
10.B　11.C　12.A　13.D　14.B　15.B　16.A　17.D　18.B
19.B　20.B　21.D　22.C　23.B　24.A　25.A　26.A　27.C
28.A　29.C　30.C　31.A　32.D　33.A　34.B　35.C　36.A
37.C　38.A　39.A　40.B　41.B　42.B　43.C　44.A　45.D
46.B　47.B　48.C　49.A　50.C　51.C　52.D　53.C　54.B
55.B　56.A　57.B　58.C　59.B　60.D　61.A　62.C　63.B
64.A　65.A　66.B　67.A　68.B　69.B　70.B　71.D　72.C
73.C　74.B　75.C　76.A　77.A　78.C　79.A　80.B　81.B
82.C　83.B　84.B　85.A　86.B　87.A　88.C　89.A　90.C
91.C　92.A　93.A　94.D　95.A　96.A　97.D　98.A　99.A

100. B 101. C 102. B 103. B 104. C 105. B 106. A 107. A 108. B
109. A 110. C 111. B 112. A 113. A 114. C 115. A 116. B 117. C
118. A 119. A 120. C 121. A 122. A 123. A 124. B 125. B 126. C
127. C 128. B 129. A 130. A 131. A 132. C 133. B 134. B 135. D
136. B 137. C 138. D 139. C 140. C 141. D 142. A 143. B 144. D
145. B 146. B 147. C 148. B 149. B 150. B 151. B 152. C 153. B
154. D 155. A 156. B 157. B 158. C 159. B 160. B 161. A 162. C
163. C 164. C 165. A 166. D 167. C 168. D 169. A 170. C 171. C
172. C 173. A 174. A 175. C 176. A 177. B 178. C 179. C 180. D
181. A 182. B 183. B 184. B 185. D 186. A 187. A 188. B 189. D
190. A

三、多项选择题

1. ABD 2. AD 3. ABC 4. ABD 5. ACD 6. AB 7. ABC
8. AC 9. ABC 10. ABC 11. BD 12. BC 13. ABCD 14. ABCD
15. ABCD 16. ABCD 17. ABD 18. AB 19. ABD 20. BCD 21. AC
22. ACD 23. AD 24. ABC 25. AB 26. BD 27. ABD 28. ABC
29. ABCD 30. ABC 31. ABCD 32. ABCD 33. BCD 34. ABCD 35. AB
36. CD 37. ABCD 38. AB 39. CD 40. ABD 41. ABC 42. ABD
43. ACD 44. ABCD 45. ABCD 46. ABCD 47. BCD 48. ABD 49. ABD
50. ABCD 51. BD 52. ABCD 53. ABCD 54. AC 55. CD 56. ABCD
57. ABCD 58. ABCD 59. AB 60. ABD 61. AC 62. CD 63. ABCD
64. AD 65. ABC 66. ABD 67. AD 68. ABCD 69. AD 70. ABCD
71. ABCD 72. ABD 73. ABCD 74. ACD 75. ACD 76. ACD 77. ABCD
78. ABC 79. ABCD 80. BCD 81. ABCD 82. ABCD 83. ABC 84. CD
85. ABCD 86. ABC 87. BCD 88. ACD 89. ABD 90. ABD 91. ABCD
92. ACD 93. AC 94. BC 95. AC 96. ABCD 97. BD 98. ABCD
99. ABD 100. ABCD 101. CD 102. AD 103. ACD 104. ABC 105. ABCD
106. ABCD 107. ABCD 108. ABD 109. ABC 110. ABCD 111. AB 112. CD
113. AC 114. ABCD 115. ABC 116. BCD 117. BC 118. ABCD 119. AB
120. ABCD 121. ABCD 122. AB 123. BCD 124. BC 125. ABD 126. ABD
127. BD 128. ABD 129. AB 130. ABC 131. ABCD 132. ABC 133. ABCD
134. AB 135. ABCD 136. ACD 137. AC 138. ABCD 139. AB 140. ABCD
141. ACD 142. AC 143. ACD 144. BCD 145. CD 146. AC 147. ABC
148. AD 149. BCD 150. ABCD 151. ABCD 152. ABCD 153. ABCD 154. ABC
155. ABCD 156. ABC 157. ABD 158. ABCD 159. ABCD 160. ABCD 161. ABCD
162. ABC 163. ABCD 164. ABC 165. ABCD 166. ABCD 167. ABC 168. ABC
169. ABC 170. AD 171. ABC 172. ABC 173. ABC 174. ABD 175. ABCD
176. ABD 177. ABC 178. AD 179. ABCD 180. BC 181. ABD 182. ABD
183. ABD 184. ABD

四、判断题

1.×	2.√	3.√	4.√	5.×	6.×	7.×	8.√	9.×
10.√	11.√	12.√	13.√	14.√	15.√	16.×	17.×	18.×
19.×	20.×	21.×	22.√	23.√	24.×	25.√	26.√	27.×
28.×	29.×	30.√	31.×	32.×	33.√	34.√	35.×	36.×
37.×	38.√	39.×	40.√	41.√	42.√	43.×	44.×	45.×
46.√	47.√	48.√	49.×	50.×	51.√	52.×	53.×	54.×
55.√	56.√	57.√	58.√	59.×	60.×	61.√	62.√	63.√
64.√	65.×	66.×	67.√	68.×	69.√	70.×	71.√	72.√
73.√	74.√	75.√	76.√	77.×	78.√	79.×	80.×	81.√
82.×	83.√	84.√	85.√	86.√	87.×	88.×	89.×	90.√
91.√	92.×	93.√	94.×	95.√	96.√	97.√	98.√	99.√
100.×	101.×	102.√	103.×	104.√	105.×	106.×	107.×	108.×
109.×	110.√	111.×	112.×	113.√	114.×	115.√	116.√	117.√
118.√	119.√	120.√	121.×	122.√	123.×	124.√	125.√	126.√
127.√	128.√	129.√	130.√	131.√	132.√	133.√	134.√	135.√
136.√	137.×	138.×	139.√	140.√	141.×	142.√	143.×	144.×
145.√	146.×	147.√	148.×	149.√	150.√	151.×	152.√	153.√
154.×	155.√	156.√	157.×	158.√	159.√	160.×	161.×	162.×
163.√	164.×	165.√	166.√	167.√	168.×	169.√	170.√	171.√
172.√	173.×	174.×	175.√	176.√	177.√	178.√	179.×	180.√
181.×	182.×	183.×	184.√	185.√	186.×			

五、简答题

1. 答:转子不平衡是由加工制造和装配等种种原因造成的,在直流电机制造中,电枢铁芯冲片分度不匀、换向器套筒的偏心、电枢嵌线无法达到完全对称等都能引起转子质量分布的不对称(5分)。

2. 答:(1)永磁体单独充磁(2分);(2)组件充磁(2分);(3)在电机总装配后充磁,因此又称装配充磁(1分)。

3. 答:鼠笼式异步电动机常用的起动方法有直接起动和降压起动(5分)。

4. 答:有两个,即:最小可达不平衡量(2.5分);校验不平衡量减少率η(2.5分)。

5. 答:对转子的动平衡,首先要定标,因为动平衡机量表读数是无单位的量,所以对于每种转子必须确定量表读数单位,即定标(5分)。

6. 答:定子绕组通三相低压电流(2分);转子笼条通电流(2分);转子断条检查器(1分)。

7. 答:对称三相正弦交流电通入对称三相定子绕组,便形成旋转磁场(1.5分)。旋转磁场切割转子导体,便产生感应电动势和感应电流(1.5分)。感应电流受到旋转磁场的作用,便形成电磁转矩,转子便沿着旋转磁场的转向转动起来(2分)。

8. 答:转子绕组采用无纬带绑扎的优点是:(1)可减少绕组端部漏磁,改善电机性能(2

分);(2)增加绕组的爬电距离(1.5 分);(3)可取消绑带和绕组端部间的绝缘衬垫物以及固定钢丝用的金属扣片等(1.5 分)。

9. 答:笼型转子的相数 m_2 就是其导条数(2 分),每相绕组的匝数为 1/2(1.5 分),每相绕组因数 $k_{w2}=1$(1.5 分)。

10. 答:(1)焊接质量不高,会造成虚焊,使接触电阻增大(2 分);(2)焊接质量不好,机械强度不够,会引起开焊(1.5 分);(3)焊接后清理不干净,会造成匝间短路和环火(1.5 分)。

11. 答:直流电机电枢绕组的电阻和电感都很小,且为定值,当频率增大时,感抗 $X_L=2\pi fL$ 随之增大,在保持电枢电流不变的条件下,因中频频率要比工频高许多,加在线圈匝间的试验电压就可较工频高许多(约为工频的 50 倍),以发现线圈匝间薄弱环节(5 分)。

12. 答:换向器精车(0.8 分)—云母下刻(0.8 分)—倒角(0.8 分)—动平衡(0.8 分)—精车换向器(0.8 分)—清槽去毛刺(1 分)。

13. 答:(1)具有适当的熔融温度与流动性,能润湿母材,形成牢固的钎焊接头(2 分)。(2)能承受工作温度,导电性能和抗腐蚀性能良好(1.5 分)。(3)成分均匀、稳定,价格便宜(1.5 分)。

14. 答:电枢反应使气隙磁场波形畸变,并呈去磁性(2.5 分)。电枢反应对直流发电机影响其端电压,对直流电动机影响其电磁转矩和转速(2.5 分)。

15. 答:可分为静不平衡(1.5 分)、动不平衡(2 分)、混合不平衡(1.5 分)。

16. 答:(1)装阻尼绕组(1 分);(2)包极身绝缘(1 分);(3)套装励磁绕组和绝缘垫片(2 分);(4)装磁极于磁轭上(1 分)。

17. 答:冲片磷化处理(1 分)、冲片氧化处理(1 分)、脱壳处理(1 分)、转子表面烧焙(1 分)、碱洗(1 分)、转子槽绝缘处理(1 分)。

18. 答:为保证主磁极气隙合格,在定子装配后,检查主极铁芯内径及同心度(5 分)。

19. 答:铁磁物质未进入磁场前,其内部的磁畴排列是杂乱无章的,磁效应相互抵消,对外不产生磁性(2.5 分);当铁磁物质进入磁场中以后,在外磁场的作用下,磁畴的轴线将趋向于和外磁场一致,排列整齐形成一个磁场,对外呈现磁性(2.5 分)。

20. 答:由 $E_1=4.44f_1N_1k_1\Phi_m$ 可知,为了得到一定的感应电动势,在 f_1、N_1 一定时,气隙增大,则励磁磁势增大(4 分)。不论是励磁电流增大还是励磁绕组的匝数增多,都会使电机的励磁损耗增加(1 分)。

21. 答:由于机械负载增加,使转子的的转速有所降低,旋转磁场切割转子绕组的相对速度就增加了,从而使转子绕组中的感应电动势变大,转子电流也会增大(2.5 分);由磁动势平衡原理可知,定子电流也会随之增加,这个过程直到电磁转矩和负载转矩重新平衡为止(2.5 分)。

22. 答:对于容量等于或大于 10 000 kVA(或 kW)的电机,采用多匝或成型线圈,并用复合式绝缘结构或特殊场合使用的(如机车牵引)电机,在嵌线前线圈应进行直流耐压试验,以检查绝缘质量(5 分)。

23. 答:将线圈的直线部分包与铁芯等长的铝箔并接地,线圈引线头接高压,逐渐升高试验电压,直到线圈绝缘表面出现蓝色的电晕放电微光,此电压即为电晕起始电压(5 分)。

24. 答:换向极的作用就是要抵消电枢反应磁势(1 分)。电枢绕组与换向极绕组串联时,二者电流大小相等(2 分)。当电枢电流增大时,电枢反应的磁势增强,同时换向磁势也增大,可以有效地改善换向(2 分)。

25. 答:定子绕组匝间短路时,等效为匝数减少,由 $U_1=4.44f_1N_1K_1\Phi_m$ 可知,U_1 不变时,N_1 减少,将使 Φ_m 增大,电动机的空载电流增大(且三相电流不平衡)(5 分)。

26. 答:要有良好的导电性、导热性(2 分);要有较强的抑制火花的能力(1 分);润滑性能要好(1 分);耐磨性要好,噪声要低(1 分)。

27. 答:在额定电压下,直流电机的起动电流决定于电枢回路的总电阻,起动电流会比较大,随着转速的增加和感应电动势的增加,电枢电流会迅速下降(2.5 分);正常工作时,直流电机的电枢电流取决于负载(2.5 分)。

28. 答:当电机的励磁不变时,电磁转矩的大小与电枢电流成正比(2.5 分)。若电机作为发电机运行,电磁转矩为制动性的阻转矩,若电机作为电动机运行,电磁转矩为驱动性的拖动转矩(2.5 分)。

29. 答:熔焊是将被焊金属本体在焊接处熔化后再冷却凝固将金属焊接在一起的焊接方式(2.5 分);钎焊是利用熔点低于金属本体的钎料,加热熔化后流入缝隙再冷却将金属焊接的焊接方式(2.5 分)。

30. 答:电机运行时,绕组的端部受到电动力作用产生振动和摩擦,容易使绝缘层出线断裂或者气隙,并最终导致电气故障(2.5 分)。为了使电机长期可靠运行,故需要把绕组端部绑扎牢固(2.5 分)。

31. 答:用电桥测量电机或变压器绕组的电阻时应先按下电源开关按钮,再按下检流计的按钮(2.5 分);测量完毕后先断开检流计的按钮,再断开电源按钮,以防被测线圈的自感电动势造成检流计的损坏(2.5 分)。

32. 答:气动扳手在使用前根据压缩空气气压选择长度合适的胶皮管,然后压缩空气吹净胶皮管内的水分和杂物,接好接头(2 分),然后在气动扳手的进气口注入少量润滑油,使用前低气压运转几秒钟(2 分)。对于连续使用的气动工具,每月加两次钙基润滑脂(1 分)。

33. 答:三相异步电动机的定子绕组通入三相对称电流后,在气隙中便产生了旋转磁场,通过旋转磁场将电动机输入的电能转换为机械能输出(2.5 分)。由于电动机的定子绕组是电机电能和机械能转换的"枢钮",故电机的定子绕组为电枢绕组(2.5 分)。

34. 答:由于电机在使用过程中,绝缘老化、潮湿空气、灰尘油污、盐雾、化学腐蚀性气体等的侵入以及电机保养不当、绝缘损坏等,都可能使绕组的绝缘电阻下降(5 分)。

35. 答:检修发电机转子电刷的内容和标准:更换电刷,调整电刷在刷握内的间隙为 0.1~0.2 mm(1.5 分),电刷压力一致且为 0.015~0.2 MPa(1.5 分),刷握下端距滑环表面的距离为 2~3 mm(2 分)。

36. 答:轴承温度可用温度计法或埋置检温计法以及红外线测温仪(直接测量)等方法进行测量(3 分)。测量时,应保证检温计与被测部位之间有良好的热传递,所有气隙应以导热涂料填充(2 分)。

37. 答:(评分标准:答对一项 1 分,共 5 分)描述振动的量有:位移、速度、加速度、相位角、频率和振动力等。

38. 答:按振动规律可分为:随机振动、确定性振动(2 分)。其中确定性振动又可分为:简谐振动、复杂周期性振动、准周期性振动(3 分)。

39. 答:(1)检查定子绕组各线圈之间的接头,有无松动断裂现象(1.5 分)。(2)定子的主极及换向极有无油浸、过热和漆皮变色脱落现象,线圈紧固在铁芯上无磨损现象(1.5 分)。(3)定子磁铁无变色、生锈,螺丝无松动(1 分)。(4)外壳、端盖、刷架无裂纹(1 分)。

40. 答:电动机应经常保持清洁,并防止油、水进入内部(1.5 分);在每次启动前,应仔细地清除在换向器、绕组、电刷装置、铁芯、连接线等零部件表面的灰尘、油污等(1.5 分);轴承应定期加油或更换润滑脂(2 分)。

41. 答:主极与转子的气隙,其最大或最小气隙与平均之差不大于平均气隙的 10%(5 分)。

42. 答:(1)流体必须流经收敛间隙,而且间隙倾角越大则产生的油膜压力越大(2 分);(2)流体必须有足够的速度(1.5 分);(3)流体必须是黏性流体(1.5 分)。

43. 答:应先给膨胀泵加压,然后再给推力泵加压,齿轮内孔膨胀开后再给推力泵加压(3 分),不会造成锥面拉伤(2 分)。

44. 答:保压是为了排除锥面中的液压液(2 分),使齿轮和转轴在锥面处形成结合处压强(3 分)。

45. 答:螺纹连接的预紧是指在装配时拧紧,是连接在承受工作载荷之前预先受到预紧力的作用(1.5 分)。预紧的目的是增加螺纹连接的刚度、保证连接的紧密性和可靠性(防松能力)(1.5 分)。拧紧后,预紧应力的大小不得超过材料屈服极限 σ_S的 80%(2 分)。

46. 答:考虑拧紧时的扭剪应力,因其大小约为拉应力的 30%(5 分)。

47. 答:调心滚子轴承具有自动调心功能,即内圈轴线相对外圈轴线有较大倾斜时(一般在 3°以内)仍能正常运转(5 分)。

48. 答:单列角接触球轴承只能承受一个方向的轴向载荷(四点接触球轴承除外),在承受径向载荷时会产生附加轴向力,必须施加相应的反向轴向载荷,因此该种轴承一般都成对使用(5 分)。

49. 答:蓄能器是用来储存和释放液体压力能的装置,有以下三个方面的功用:(1)短期大量供油(1.5 分);(2)维持系统压力(2 分);(3)吸收冲击压力和脉动压力(1.5 分)。

50. 答:可根据不同的使用场合选用合适的品种,在品种确定的情况下,最主要考虑的是油液的黏度(2 分),其选择主要考虑液压系统的工作压力、运动速度和液压泵的类型等因素(3 分)。

51. 答:螺纹连接有 4 种基本类型:螺栓连接(1.5 分)、螺钉连接(1 分)、双头螺柱连接(1.5 分)、紧定螺钉连接(1 分)。

52. 答:(评分标准:答对 1 项 1 分,共 5 分)(1)在高速重载下能正常工作,寿命长。(2)精度高。滚动轴承工作一段时间后,旋转精度降低。(3)滑动轴承可以做成剖分式的,能满足特殊结构需要,如曲轴上的轴承。(4)液体摩擦轴承具有很好的缓冲和阻尼作用,可以吸收震动,缓和冲击。(5)滑动轴承的径向尺寸比滚动轴承的小。(6)起动摩擦阻力较大。

53. 答:(评分标准:答对 1 项 1 分,共 5 分)(1)机械装置的功能与结构;(2)轴承的使用部位;(3)轴承负荷(大小、方向);(4)旋转速度;(5)振动、冲击;(6)轴承温度(周围温度、温升);(7)周围气氛(腐蚀性,清洁性,润滑性)。

54. 答:用电桥测量电机或变压器绕组的电阻时应先按下电源开关按钮,再按下检流计的按钮(2 分);测量完毕后先断开检流计的按钮,再断开电源按钮,以防被测线圈的自感电动势造成检流计的损坏(3 分)。

55. 答:电流表的最大绝对误差:

$$\Delta_m=\frac{\pm K\times A_m}{100}=\pm\frac{0.5\times100}{100}=\pm0.5\text{ 安}(2.5\text{ 分})$$

测 8 安电流出现的最大相对误差

$$\gamma=\frac{\Delta_m}{A_m}\times100\%=\frac{\pm0.5}{8}\times100\%=\pm6.25\%(2.5\text{ 分})$$

56. 答:发电机的频率等于电网的频率(1 分)。

发电机的电压幅值等于电网电压幅值,且波形一致(1 分)。

发电机的电压相序与电网电压相序相同(2 分)。

在合闸时,发电机的电压相角与电网电压相角一样(1 分)。

57. 答:在互馈试验线路中升压机的作用是提供被试电机和陪试电机的铜耗,调节升压机的端电压,可以改变被试机的负载(2 分)。升压机的容量应能满足所有试验工况下的最大铜耗,它通常是一台低电压,大电流的设备(0.5 分)。线路机的作用是提供被试电机和陪试电机的空载损耗,满足被试电动机的端电压调节,在电动机额定电压范围内调节电动机的转速(2 分)。线路机通常是一台高电压、小电流的设备(0.5 分)。

58. 答:由于电抗电势和电枢反应电势的存在,使换向元件被电刷短接的瞬间,出现电流 i_K,阻碍电流换向。i_K 使前刷边的电流密度减小,后刷边的电流密度增大(3 分)。当换向结束时,换向元件中储存的磁场能量要释放出来,于是在电刷和换向器之间产生火花(2 分)。

59. 答:在电动机控制电路中,使用熔断器是为实现短路保护(2.5 分);使用热继电器是为实现过载保护(2.5 分)。

60. 答:此时,转子绕组产生旋转磁场,同步转速为 n_0(假设为逆时针方向),那么定子绕组产生感应电势和感应电流(2 分),此电流在磁场的作用下又产生电磁转矩(逆时针方向),但是定子不能转动,故反作用于转子(2 分),使得转子向顺时针方向旋转(1 分)。

61. 答:无火花换向区域实际是电机的黑暗换向区域(1 分)。对于牵引电机来说,在 1.25 倍的额定电流内取 4~5 个电枢电流,并在每一个电流下对换向极电流进行加馈和减馈(2 分),使电机在满磁场下正反两个转向上的火花均不超过 $1\frac{1}{2}$ 级(1 分),以加馈电流和减馈电流的极限为界限的区域,即为无火花换向区域(1 分)。

62. 答:定子绕组匝间短路时,等效为匝数减少(1 分),由 $U_1=4.44f_1N_1K_1\Phi_m$ 可知(2 分),U_1 不变时,N_1 减少,将使 Φ_m 增大,电动机的空载电流增大(且三相电流不平衡)(2 分)。

63. 答:采用移动电刷的方法改善换向(1 分),对于电动机应逆旋转方向移动刷架圈(2 分),对于发电机应顺旋转方向移动刷架圈(2 分)。

64. 答:因为电动机在启动瞬间转速 $n=0$,电枢反电势 $E_a=0$(1.5 分),使电枢电流 $I_a=\frac{E_a}{R_a}$ 将很大(通常为额定电流的 10~20 倍)(2 分),这样大的启动电流不仅造成电机的换向困难,而且将对负载造成很大的冲击,对传动机构非常不利(1.5 分)。

65. 答:三相异步电动机的转矩与转速的关系:

三相异步电动机的额定转矩为:$M_e\approx9550\frac{P_e}{n_e}$(3 分)

式中 P_e——电动机额定功率(kW);

n_e——电动机额定转速(r/min)(2 分)。

66. 答:异步劈相机的三相绕组除匝数不等外(1.5 分),三相之间的相位差也不等于 120°电角度(1.5 分),采用不对称绕组是为了获得三相对称电势(2 分)。

67. 答:换向元件中有自感电势、互感电势、电枢反应电势和换向极电势(2 分)。自感电势、互感电势和电枢反应电势为阻碍换向(2 分),换向极电势为帮助换向(1 分)。

68. 答:(1)给主极绕组通入约 20%的额定电流,用毫伏表测量各相邻电刷的感应电势(2 分);(2)在断开磁场电流时,读取毫伏表的读数(1 分);(3)调整刷架位置,使毫伏表的读数为最小(2 分)。

69. 答:保证每台电机出力均匀。由速率特性曲线可知,在相同转速下,当电动机的电枢电流相同或相近时,电机出力均匀(2 分),不会出现有的电动机轻载、有的电动机过载的情况(3 分)。

70. 答:正弦交流电源主要有 3 个指标(1 分):电压正弦性畸变率(或谐波电压因数)(1 分)、频率的偏差(1 分)、三相电源的三相对称性(2 分)。

六、综 合 题

1. 答:因为同步电动机需要用自行短路的导条启动故称启动绕组(5 分);当电动机失步时,自行短路导条感应出电动势产生涡流磁场起阻尼作用故又称阻尼绕组(5 分)。

2. 答:同步电动机定子接通电源,转子励磁绕组通入直流电流后,自己不能启动,只能在其转子的笼形绕组感应出相同级数的磁场进行异步启动,启动过程同异步电动机(6 分)。当转子转速接近同步速度时,由于转子磁极产生磁场而牵入同步,故为异步启动同步允许(4 分)。

3. 答:异步电动机的转子漏电抗不是常数,而是随转子的频率 f_2 而变化,或者说在不同的转差率时有不同的转子漏电抗(10 分)。

4. 答:电机转子时效处理应在专设区域内进行(2 分)。进行时效处理前,应首先认真仔细地检查回转件的平衡状态、安放和紧固状态是否良好,确认无误后方可开机操作(4 分)。工件回转时,操作者应站立在非旋转方向的一端(2 分)。非操作人员严禁在回转区域内逗留(2 分)。

5. 答:(1)铜环表面粗糙,用 0 号砂布打磨;(2)铜环松动,打斜螺钉孔用铜螺栓拧住;(3)铜环间短路,更换破损套;(4)铜环对地短路,发生在内层较难修理;(5)整体松动,轴孔车大后加一套筒,进行加固;(6)电刷牌号不正确或过硬,更换正确牌号电刷;(7)电刷压簧压力过大,调整弹簧压力使其适中;(8)集电环材质不正确,更换集电环;(9)电机振动太大,检查动平衡;(10)转子绕组或定子绕组三相不平衡,修理绕组,消除不平衡因素(答对一项给 2 分,共 10 分)。

6. 答:不是越大越好(2 分),只有串入适当大小的电阻才能够既减小起动电流又增加起动转矩(2 分)。因为转子回路串入过大的电阻会使电动机等值阻抗增加而减小起动电流,但从电磁转矩公式下降过多,而使电磁转矩过小,因而电动机起动困难(6 分)。

7. 答:(1)已知 $n=2\ 365$ r/min

$M=\frac{1}{2}eG=3\ 440$ g·mm(2 分)

$eG=2M=2\times3\ 440=6\ 880$ g·mm(2 分)

求得离心力为 $C=\frac{G}{g}e\omega^2=\frac{eG}{g}(\frac{\pi n}{30})^2\approx42.5$ kg(1 分)

(2)已知平衡半径 $r=\frac{325}{2}=162.5$ mm(1 分)

设应加平衡块重量为 W(g)

因为 $M=W\cdot r$(3 分)

所以 $W=\frac{M}{r}=\frac{3\ 440}{162.5}\approx 21$ g(1 分)

8. 答：

$E_a=\frac{PN}{60a}\Phi_N=\frac{2\times 400}{60\times 2}\times 0.05\times 750=250$ V(3 分)

$I_a=\frac{E_a}{R_L}=\frac{250}{5}=50$ A(3 分)

$M=\frac{PN}{2\pi a}\Phi I_a=\frac{2\times 400}{2\pi\times 2}\times 0.05\times 50=159$ N·m(4 分)

9. 答：10 极 50 Hz 同步电动机的转速为 $n=60f/p=60\times 50/5=600$ rpm(3 分)，12 极 50 Hz 同步发电机若要发出 60 Hz 的交流电，其转速应为 $n=60f/p=60\times 60/6=600$ rpm(3 分)，因为两者转速相同，所以发出电流频率为 60 Hz(4 分)。

10. 答：绕组的节距、连线方式、引出线与出线孔或换向器的相对位置必须正确，对于软绕组，匝数必须准确(2 分)；绝缘良好可靠，绝缘材料的质量和结构尺寸必须符合规定(2 分)；绕组两端应对称，端伸部分的长度和内径必须符合规定(2 分)；绕组槽内与端伸部分均须紧固好，槽楔要排列整齐，不能突出槽口(2 分)；接头应焊接良好，以免产生过热或发生脱焊、断裂等事故(1 分)；嵌线时，严防铁屑、铜沫或焊渣等混入绕组(1 分)。

11. 答：直流电机中，经过机座和主磁极的磁通是由励磁电流产生的，为直流恒定磁通，在铁芯中不会产生磁滞损耗和涡流损耗，不会引起机座和主极铁芯的发热，因此可以用铸钢和钢板制成(5 分)；而电枢铁芯中的磁通是交变的，在铁芯中形成磁滞损耗和涡流损耗，因此必须用硅钢片叠成(5 分)。

12. 答：氩气能充分有效地保护熔池不被氧化，焊接质量高(2 分)；电弧热量集中，热影响区小，焊接变形小(2 分)；焊件熔点高，焊点有足够的耐热性(2 分)；焊点致密，机械强度高，耐蚀性较好(1 分)；是明弧焊，观察方便，操作容易(1 分)；焊件牢靠，导电性好，电弧稳定性好(1 分)；容易实现机械化和自动化(1 分)。

13. 答：(1)频率 $f=\frac{pn}{60}$，频率 f 与磁极对数 p 和发电机的转速 n 有关，p 是由构造决定，n 是由运行条件决定(4 分)；

(2)波形与电机气隙磁通密度沿气隙圆周分布的波形有关，它由电机结构决定(3 分)；

(3)$E_c=2.22f\Phi$，导体电动势 E_c 大小与频率 f 及每极磁通 Φ 有关，f 及 Φ 由电机的运行条件决定(3 分)。

14. 答：绝缘电阻试验数据对评估一些绝缘问题存在与否是有用的，如：污染、吸潮或严重开裂。然而也有一些局限性：

(1)绕组的绝缘电阻与它的介电强度没有直接的关系，除非缺陷集中，否则就不能通过绝缘电阻的测量来判断绕组绝缘系统是否失效(2 分)；

(2)绕组具有相当大端部表面积，大型或低速电机以及具有换向器的电机的绝缘电阻可能低于 GB/T 20160—2006 推荐值(2 分)；

(3)在特定电压下仅仅进行绝缘电阻测量不能说明外来异物是集中于绕组还是贯穿分布

于绕组(2分);

(4)对直流电压测量,检测不到成型线圈由于浸渍不当、热老化或热循环所致的绝缘内部发空(2分);

(5)由于绝缘电阻是在电机处于静态时测量的,所以这些试验检测不到由于电机旋转所产生的问题,如:线圈固定不牢或振动导致端部绕组的松动(2分)。

15. 答:电机定、转子之间的间隙称为电机的气隙,它是电机磁路的重要组成部分。通常要求气隙是均匀的,若电机气隙不均匀,会使电机的磁路不对称,造成单边磁拉力过大而是电机的运行恶化(5分)。对直流电机而言,主极和电枢之间的气隙不均匀,将引起均压线电流沿着均压线和电枢绕组之间循环,增加电机的发热和损耗;换向极和电枢之间的气隙不均常使电机换向不良、火花严重,所以,必须保证气隙的均匀度(5分)。

16. 答:电机绕组绝缘劣化的最主要形式有:热劣化、电劣化、机械劣化、环境劣化。

(1)热劣化:电机绕组运行过程中,绝缘层在长期受热会伴随着各种的物理和化学变化(如挥发、裂解、龟裂),导致材料变质而劣化。热老化的速度和绝缘的受热温度密切相关,温度越高劣化的速度越快(2.5分)。

(2)电劣化:是由电场的作用产生的。主要表现为局部放电、漏电、电腐蚀。绝缘层内部有气隙,线圈与铁芯中间的间隙产生局部放电;污染和潮湿产生的泄露电流;高电压引起的绝缘表面炭化比如电晕腐蚀(2.5分)。

(3)机械劣化:主要表现为绝缘结构的疲劳、裂纹等。电机在运行过程中绕组受到电磁力和热应力,绝缘层反复的收缩和蠕动,将导致其松动和磨损甚至断裂(2.5分)。

(4)环境劣化:主要表现在电机运行的外部环境中有灰尘、油污、盐分、金属的粉末等,这些物质吸附在绝缘的表面导致电机的绝缘电阻降低、介质损耗增加,对电机的劣化有催化剂的作用(2.5分)。

17. 答:(每项1.25分)

(1)绕组受潮,使绝缘电阻降低,运行过程中击穿;

(2)电机使用日久或者长期过载运行致使绝缘老化;

(3)绕组制作工艺不良或者嵌线时造成绕组绝缘层破损;

(4)铁芯硅钢片松动,或者有其他尖刺等原因损伤绝缘物质;

(5)转子扫膛,是铁芯局部过热,烧坏槽楔和绝缘;

(6)绕组端部长度超标,与其他部件相碰;

(7)槽内松动或者绑扎不良,绝缘层磨损失效;

(8)绕组受雷击或者电力系统的过电压导致击穿。

18. 答:(1)清扫电机:对刚拆解出的电机定子,首先应该清扫,并用压缩空气吹去碳粉和积尘,这样可以保证后序清理方便,节省清洗剂(3分)。

(2)对油污污染的电机绕组应该清洗。清洗剂选用中性的洗涤剂(如GD系列清洗剂),清洗剂溶液配比视油污的严重程度而定。如果将清洗溶液加热,可增强去污的能力,清洗至露出绕组的本色为止,再用清水冲洗,去掉残留的清洗剂,如使用高压清洗机。压力一般调整为0.4~0.6 MPa,太小不易清理污物,太大了容易损伤绝缘(5分)。

(3)清洗完成后烘干定子,炉温120℃至绝缘电阻稳定。有条件的话可再次浸漆一次并烘干(2分)。

19. 答:(评分标准:答对 1 项 2 分,共 10 分)(1)电机轴承因长期缺油运行,摩擦损耗加剧使轴承过热。另外,电动机正常运行时,加油过多或过稠也会引起轴承过热。(2)在更换润滑时,由于润滑油中混入了硬粒杂质或轴承清洗不平净,使轴承磨损加剧而过热,甚至可能损坏轴承。(3)由于装配不当,固定端盖螺丝松紧程度不一,造成两轴承中心不在一条直线上或轴承外圈不平衡,使轴承转动不灵活,带上负载后使摩擦加剧而发热。(4)皮带过紧或电动机与被带机械轴中心不在同一直线上,因而会使轴承负载增加而发热。(5)轴承选用不当或质量差,例如轴承内外圈锈蚀、个别钢珠不圆等。(6)运行中电动机轴承已损坏,造成轴承过热。

20. 答:(评分标准:答对 1 项 2.5 分,共 10 分)在机械方面的原因一般有:

(1)电动机风扇叶损坏或螺丝松,扇叶与端盖碰撞,它的声音时大时小。

(2)轴承磨损或转子偏心严重时,定转子相互摩擦,使节电机产生剧烈振动和有磁振声。

(3)电动机地脚螺丝松动或基础不牢,而产生不正常的振动。

(4)轴承内缺少润滑油或滚子损坏,使轴承室内发出异常"咝咝"声或"咯咯"声响。

21. 答:(1)软齿面闭式齿轮传动:通常先按齿面接触疲劳强度进行设计,然后校核齿根弯曲疲劳强度(2.5 分)。

(2)硬齿面式齿轮传动:通常先按齿根弯曲疲劳强度进行设计,然后校核齿面接触疲劳强度(2.5 分)。

(3)高速重载齿轮传动,还可能出现齿面胶合,故需校核齿面胶合强度(2.5 分)。

(4)开式齿轮传动:目前多是按齿根弯曲疲劳强度进行设计,并考虑磨损的影响,将模数适当增大(加大 10%~15%)(2.5 分)。

22. 答:K_β 的物理意义——考虑沿齿宽方向载荷分布不均匀对轮齿应力的影响系数(5 分)。

措施(答出以下 7 点中 3 点以下者 2 分,答出 3 点以上者 5 分):

(1)提高齿轮的制造和安装精度;

(2)提高轴、轴承及机体的刚度;

(3)齿轮在轴上的布置——合理选择;

(4)轮齿的宽度——设计时合理选择;

(5)采用软齿面——通过跑合使载荷均匀;

(6)硬齿面齿轮——将齿端修薄或做成鼓形齿;

(7)齿轮要布置在远离转矩输入端的位置。

23. 答:(评分标准:答对 1 项 2 分,共 10 分)(1)无垫片;(2)无间隙、无密封;(3)键太长;(4)无定位轴肩;(5)无轴肩;(6)套筒高于内圈高度;(7)轴和轮毂一样长,起不到定位作用;(8)无定位;(9)无垫片;(10)采用反装。

24. 答:(1)轴承在轴承室内没有压装到位或没有压平(2 分)。(2)端盖没有装平或没有安装到位(2 分)。(3)机座两端面平行度超差(2 分)。(4)端盖轴承室端面和止口端面平行度超差(2 分)。(5)轴承本身有问题(2 分)。

25. 答:(1)换向器圆度超差(4 分);(2)压指压力过大(3 分);(3)由于风量不足造成换向器表面温度过高(3 分)。

26. 答:(评分标准:答对 1 项 2 分,共 10 分)(1)组装前将定、转子吸扫干净,用刮刀刮去止口、定、转子表面及其他配合面的绝缘漆迹和油污积尘等,应确保电机内清洁无遗物。

(2)安装端盖。装配前先清除端盖内的灰尘,有锈蚀的地方应把它擦掉后涂上防腐漆。装端盖时严禁用铁锤直接敲打,以免造成端盖裂纹或敲碎。拧端盖螺丝时要对角轮流拧并用铜锤轻敲四周。

(3)穿入转子。小型转子可以直接穿入,较大的转子可用接假轴法,穿转子时不得损坏定、转子线圈和其他零件,要注意轴伸端和出线盒的相对位置。

(4)紧轴承盖螺丝时要对称交替紧固,以免轴承盖发生歪斜而卡住轴端。

(5)装第二个端盖时,用吊车把转子吊成水平,对合止口,拧上螺栓。如端盖上无通风孔,则端盖未装前须用长螺丝杆穿过端盖上的螺孔把内小盖拉住,否则端盖装好,很难对准内轴承盖的螺丝孔。

(6)电机前、后端盖及轴承盖装配完毕后应盘车检查电机有无卡涩现象,发现异常及时处理。

27. 答:绕组在冷态下对机座及其相互间绝缘电阻的测定(0.5 分);绕组冷态直流电阻测定(0.5 分);空转试验(0.5 分);电机冷却空气量与换向器室静风压的空气曲线测定(0.5 分);空载特性曲线的测定(0.5 分);温升试验(0.5 分);换向试验(0.5 分);速率特性测定(0.5 分);超速试验(0.5 分);检查换向器径向跳动量(0.5 分);无火花换向区的测定(1 分);效率特性的测定(0.5 分);转矩特性的绘制(0.5 分);振动试验(0.5 分);起动试验(0.5 分);匝间耐压试验(0.5 分);热态绝缘电阻测定(0.5 分);对地耐压试验(0.5 分);称重(0.5 分)。

28. 答:异步电机转差率 S 是指旋转磁场转速 n_1 与转子转速 n 之间的转速差(n_1-n)与旋转磁场转速 n_1 的比率,即 $S=\frac{n_1-n}{n_1}$(4 分)。

当 $+\infty>S>1$ 时为电磁制动运行状态(2 分);

当 $1>S>0$ 时为电动机运行状态(2 分);

当 $0>S>-\infty$ 时为发电机运行状态(2 分)。

29. 答:电动机稳定运行时,电磁转矩(T_{em})与负载转矩(T_L)平衡,当机械负载(即负载转矩)增加时,转子转速 n 势必下降,转差率 $S=\frac{n_1-n}{n_1}$ 增大(3 分)。这样转子切割气隙磁场速度增加,转子绕组感应电动势($E_{2s}=SE_2$)及电流 I_2 随之增大,因而转子磁动势 F_2 增大(2.5 分)。根据磁动势平衡关系,与转子磁动势 F_2 所平衡的定子负载分量磁动势 F_{1L} 相应增大,而励磁磁动势 F_0 基本不变,因而定子磁动势增大,定子电流 I_1 随之增大(2.5 分)。由于电源电压不变,则电动机的输入功率就随之增加,直至转子有功电流产生的电磁转矩又与负载转矩重新平衡为止(2 分)。

30. 答:异步电动机气隙小的目的是为了减小其励磁电流(空载电流),从而提高电动机功率因数(4 分)。因异步电动机的励磁电流是由电网供给的,故气隙越小,电网供给的励磁电流就小(3 分)。而励磁电流又属于感性无功性质,故减小励磁电流,相应就能提高电机的功率因数(3 分)。

31. 答:三相异步电动机的电磁转矩 M 是由转子电流 I_2 与定子旋转磁场的磁通 ϕ 相互作用而产生的(2 分)。由于转子绕组电路中电感的作用,使得转子电流落后于感应电动势一个相位角 ϕ_2,因此转矩 M 决定磁通 ϕ 和转子电流的有功分量值 $I_2\cos\phi_2$,用下式表示:$M=K\phi I_2\cos\phi_2$(K—常数;$\cos\phi_2$—转子电路的功率因数)(4 分);上式表明:M 与 ϕ 和 $I_2\cos\phi_2$ 的乘积成正比,而转子电流 I_2 又是转子导体切割磁通 ϕ 感应产生的,I_2 与 ϕ 成正比,故 M 将于 ϕ 的平方成正比(2分)。因为磁通ϕ是与外加电压U_1成正比的,所以$M\propto U_1^2$,即外加电压变化会引起转矩有较大的变化(2分)。

32. 答:(1)额定电流$I_N=\frac{P_1}{U_N}=\frac{P_N}{U_N}\times 1/\eta_N=\frac{10\times 10^3}{0.85\times 110}\approx 107A$(3分)

(2)电枢电流$I_a=I_N-I_E=107-\frac{110}{55}=105\ A$

电磁功率$P_M=E_a\times I_a=(U-I_aR_a)\times I_a=(110-105\times 0.1)\times 105=10\ 447.5\ W$(4分)

(3)电磁转矩$M=9.55\frac{P_M}{n}=9.55\frac{10\ 447.5}{1\ 000}=100\ N\cdot m$(3分)

33. 答:磁极对数:$n_N\approx n_1=\frac{60f}{p}$

$p\approx\frac{60f}{n_N}=\frac{60\times 50}{950}=3.16$,取$p=3$(1分)

同步转速:$n_1\approx\frac{60f}{p}=\frac{60\times 50}{3}=1\ 000\ r/min$

额定转差率:$S_N=\frac{n_1-n}{n_1}=\frac{1\ 000-950}{1\ 000}=0.05$(2分)

总机械功率:$P_{mec}=P_N+P_{mec}=28+1.1=29.1\ kW$

转子铜损:$\frac{P_{cu2}}{P_{mec}}=\frac{S_N}{1-S_N}$

$P_{cu2}=\frac{S_N}{1-S_N}P_{mec}=\frac{0.05}{1-0.05}\times 29.1=1.532\ kW$(2分)

输入功率:

$P_1=P_N+P_{mec}+P_{cu2}+P_{Fe}+P_{cu1}=28+1.1+1.532+2.2=32.832\ kW$

效率:$\eta=\frac{P_N}{P_1}\times 100\%=\frac{28}{32.832}\times 100\%=85.3\%$(2分)

定子电流:$I_{1N}=\frac{P_1}{\sqrt{3}U_N\cos\varphi_1}=\frac{32.832}{\sqrt{3}\times 380\times 0.88}=56.68\ A$

转子电动势频率:$f_2=S_Nf_1=0.05\times 50=2.5\ Hz$(3分)

34. 答:$U_{线}=\frac{U_{线}}{\sqrt{3}}=\frac{380}{\sqrt{3}}\approx 220\ V$(2分)　　$Z=\sqrt{R^2+X^2}=\sqrt{6^2+8^2}=10\ \Omega$(3分)

$I_{相}=\frac{U_{相}}{Z}=\frac{220}{10}=22\ A$　　$I_{线}=I_{相}=22\ A$(2分)

$P=\sqrt{3}U_{线}\ I_{线}\ \cos\varphi=\sqrt{3}\times 380\times 22\times\frac{6}{10}=8\ 664\ W$(3分)

35. 答:直流电动机的电枢磁势可以看成电枢磁势的交轴分量和电枢磁势的直轴分量的叠加(2分)。交轴分量与主极磁势轴线垂直,认为它不影响主极磁势。直轴分量的轴线与主极磁势轴线相重合,它必将影响主极磁势(2分)。当电枢磁势的直轴分量对主极磁势起到去磁的作用时,结果将使主极磁通量Φ下降,因而转速升高;当电枢磁势的直轴分量对主极磁势起到加磁的作用时,结果将使主极磁通量Φ增加,因而转速降低(3分)。由此可见,只有将电刷顺着转速高的方向旋转一定的角度,才能使电刷真正处于中性位上,从而才有可能消除电枢磁势直轴分量的影响,达到正、反转速均衡的效果(3分)。

电机装配工(初级工)技能操作考核框架

一、框架说明

1. 依据《国家职业标准》注,以及中国北车确定的“岗位个性服从于职业共性”的原则,提出电机装配工(初级工)技能操作考核框架(以下简称:技能考核框架)。

2. 本职业等级技能操作考核评分采用百分制。即:满分为 100 分,60 分为及格,低于 60 分为不及格。

3. 实施“技能考核框架”时,考核制件(活动)命题可以选用本企业的加工件(活动项目),也可以结合实际另外组织命题。

4. 实施“技能考核框架”时,考核的时间和场地条件等应依据《国家职业标准》,并结合企业实际确定。

5. 实施“技能考核框架”时,其“职业功能”的分类按以下要求确定:

(1)“加工与装配”属于本职业等级技能操作的核心职业活动,其“项目代码”为“E”。

(2)“工艺准备”、“检测工作”、“设备的维护保养”属于本职业等级技能操作的辅助性活动,其“项目代码”分别为“D”和“F”。

6. 实施“技能考核框架”时,其“鉴定项目”和“选考数量”按以下要求确定:

(1)按照《国家职业标准》有关技能操作鉴定比重的要求,本职业等级技能操作考核制件的“鉴定项目”应按“D”+“E”+“F”组合,其考核配分比例相应为:“D”占 35 分,“E”占 50 分,“F”占 15 分(其中:检测工作 8 分,设备维护保养 7 分)。

(2)依据中国北车确定的“核心职业活动选取 2/3,并向上取整”的规定,在“E”类鉴定项目——“装配加工”为必选项,“螺栓紧固”、“焊接绝缘处理”的 2 项中,至少选取 1 项。

(3)依据中国北车确定的“其余‘鉴定项目’的数量可以任选”的规定,“D”和“F”类鉴定项目——“工艺准备”中,至少选取 1 项,“检测工作”、“设备的维护与保养”中,至少分别选取 1 项。

(4)依据中国北车确定的“确定‘选考数量’时,所涉及‘鉴定要素’的数量占比,应不低于对应‘鉴定项目’范围内‘鉴定要素’总数的 60%,并向上取整”的规定,考核制件的鉴定要素“选考数量”应按以下要求确定:

①在“D”类“鉴定项目”中,在已选定的 1 个或全部鉴定项目中,至少选取已选鉴定项目所对应的全部鉴定要素的 60%项,并向上保留整数。

②在“E”类“鉴定项目”中,在已选的 2 个或全部鉴定项目所包含的全部鉴定要素中,至少选取总数的 60%项,并向上保留整数。

③在“F”类“鉴定项目”中,对应“装配精度检测”的 4 个鉴定要素,至少选取 3 项;对应“设备的维护保养”,在已选定的至少 1 个鉴定项目中,至少选取已选鉴定项目所对应的全部鉴定要素的 60%项,并向上保留整数。

举例分析：

按照上述“第 6 条”要求，若命题时按最少数量选取，即：在“D”类鉴定项目中选取了“读图绘图”1 项，在“E”类鉴定项目中选取了“装配加工”、“螺栓紧固”2 项，在“F”类鉴定项目中分别选取了“装配精度检测”和“设备维护与保养”2 项，则：

此考核制件所涉及的“鉴定项目”总数为 5 项，具体包括：“读图绘图”，“装配加工”、“螺栓紧固”，“装配精度检测”、“设备维护与保养”；

此考核制件所涉及的鉴定要素“选考数量”相应为 16 项，具体包括：“读图绘图”1 个鉴定项目包含的全部 4 个鉴定要素的 3 项，“装配加工”、“螺栓紧固”2 个鉴定项目包括的全部 13 个鉴定要素中的 8 项，“装配精度检测”1 个鉴定项目包含的全部 4 个鉴定要素中的 3 项，“设备的维护与保养”1 个鉴定项目包含的全部 3 个鉴定要素中的 2 项。

7. 本职业等级技能操作需要两人及以上共同作业的，可由鉴定组织机构根据“必要、辅助”的原则，结合实际情况确定协助人员的数量。在整个操作过程中，协助人员只能起必要、简单的辅助作用。否则，每违反一次，至少扣减应考者的技能考核总成绩 10 分，直至取消其考试资格。

8. 实施“技能考核框架”时，应同时对应考者在质量、安全、工艺纪律、文明生产等方面行为进行考核。对于在技能操作考核过程中出现的违章作业现象，每违反一项（次）至少扣减技能考核总成绩 10 分，直至取消其考试资格。

注：按照中国北车规定，各《职业技能操作考核框架》的编制依据现行的《国家职业标准》或现行的《行业职业标准》或现行的《中国北车职业标准》的顺序执行。

二、电机装配工（初级工）技能操作鉴定要素细目表

职业功能	鉴定项目				鉴定要素		
	项目代码	名　称	鉴定比重（%）	选考方式	要素代码	名　称	重要程度
工艺准备	D	读图绘图	35	任选	001	能读懂轴、套、螺纹、端盖等简单零件的工作图	Y
					002	能看懂一般交流异步电动机的铭牌数据	Y
					003	能看懂一般交流异步电动机定、转子下线的接线图	Y
					004	能根据接线图辨别定子是单路或双路	Y
		装配准备			001	能读懂一般交、直流电机定转子的嵌线、装配工艺规程图	X
					002	能制定简单工件的装配顺序	X
					003	能正确穿戴和使用劳动保护用品	Z
加工与装配	E	装配加工	30	必选	001	能对简单装配的配件表面进行清理	X
					002	能对装配的配件尺寸进行检查	X
					003	能对装配配件的尺寸进行简单处理	X
					004	能根据实际需要正确选择装配参数	X
					005	能用热装、冷压或冷套等任意一种方法进行装配	X
					006	能正确使用装配工具、工装	X
					007	能对装配后的尺寸进行检测	X
					008	能进行简单的机械加工	X

续上表

<table>
<tr><th rowspan="2">职业功能</th><th colspan="4">鉴定项目</th><th colspan="3">鉴定要素</th></tr>
<tr><th>项目代码</th><th>名　称</th><th>鉴定比重(%)</th><th>选考方式</th><th>要素代码</th><th>名　称</th><th>重要程度</th></tr>
<tr><td rowspan="12">加工与装配</td><td rowspan="12">E</td><td rowspan="5">螺栓紧固</td><td rowspan="12">20</td><td rowspan="12">至少选取一项</td><td>001</td><td>能正确判断螺纹的外观状态</td><td>X</td></tr>
<tr><td>002</td><td>能用通、止规正确检测螺纹的尺寸</td><td>X</td></tr>
<tr><td>003</td><td>能正确涂抹螺纹锁固剂等材料</td><td>X</td></tr>
<tr><td>004</td><td>能正确紧固螺栓、螺母等紧固件</td><td>X</td></tr>
<tr><td>005</td><td>能正确检查螺纹紧固的状态</td><td>X</td></tr>
<tr><td rowspan="7">焊接绝缘处理</td><td>001</td><td>能对焊接件的表面进行清理</td><td>X</td></tr>
<tr><td>002</td><td>能正确对焊接相关部位进行防护</td><td>X</td></tr>
<tr><td>003</td><td>能正确选择焊接参数</td><td>X</td></tr>
<tr><td>004</td><td>能正确填加焊接材料</td><td>X</td></tr>
<tr><td>005</td><td>能检查焊接外观质量</td><td>X</td></tr>
<tr><td>006</td><td>能对焊后的配件进行清洗</td><td>X</td></tr>
<tr><td>007</td><td>能正确包扎绝缘材料</td><td>X</td></tr>
<tr><td rowspan="4">检测工作</td><td rowspan="7">F</td><td rowspan="4">装配精度检测</td><td rowspan="4">8</td><td rowspan="4">必选</td><td>001</td><td>能够根据图纸及工艺文件要求选用合适的量具</td><td>X</td></tr>
<tr><td>002</td><td>能正确使用量具</td><td>X</td></tr>
<tr><td>003</td><td>能正确判断产品实际尺寸是否满足技术要求</td><td>X</td></tr>
<tr><td>004</td><td>能检测出常见的误差及缺陷</td><td>X</td></tr>
<tr><td rowspan="3">设备的维护保养</td><td rowspan="3">设备使用及维护</td><td rowspan="3">7</td><td rowspan="3">必选</td><td>001</td><td>能够正确使用和维护、保养自用设备</td><td>Y</td></tr>
<tr><td>002</td><td>能够及时发现运行及加工过程中设备出现的一般故障,并通知有关部门进行排除</td><td>Y</td></tr>
<tr><td>003</td><td>能正确使用工具、量具、测量仪器仪表,并能进行维护、保养</td><td>Y</td></tr>
</table>

注:重要程度中X表示核心要素,Y表示一般要素,Z表示辅助要素。下同。

电机装配工(初级工)
技能操作考核样题与分析

职业名称：________________

考核等级：________________

存档编号：________________

考核站名称：________________

鉴定责任人：________________

命题责任人：________________

主管负责人：________________

中国北车股份有限公司劳动工资部制

职业技能鉴定技能操作考核制件图示或内容

考核内容(按考核制件图示及要求制作):
(1)读图绘图;
(2)装配准备;
(3)轴承装配;
(4)螺栓紧固;
(5)焊接与绝缘处理;
(6)装配精度检测;
(7)设备使用及维护。

职业名称	电机装配工
考核等级	初级工
试题名称	YJ85A 牵引电动机总装配
材质等信息	

职业技能鉴定技能操作考核准备单

职业名称	电机装配工
考核等级	初级工
试题名称	YJ85A牵引电动机总装配

一、材料准备

1. 定子组装、三相引出线。
2. 传动端端盖、轴承外圈隔套、轴承、润滑油。
3. 螺栓。

二、主要设备、工、量、卡具准备清单

序号	名　　称	规　　格	数　　量	备　　注
1	油压机		1	
2	力矩扳手		各种	依据工艺文件准备
3	游标卡尺	1 m	1	
4	数显深度千分尺	0～150 mm	1	

三、考场准备

1. 相应的公用设备、设备与器具的润滑与冷却等。
2. 相应的场地及安全防范措施：场地宽敞、明亮、整洁、通风。
3. 其他准备。

四、考核内容及要求

1. 考核内容(按考核制件图示及要求制作)：
(1)读图绘图；
(2)装配准备；
(3)轴承装配；
(4)螺栓紧固；
(5)焊接与绝缘处理；
(6)装配精度检测；
(7)设备使用及维护。
2. 考核时限：8小时。
3. 考核评分(表)。

鉴定项目	序号	评分内容及要求	配分	评分标准	实测结果	扣分	得分
读图绘图	1	能读懂轴、套、螺纹、端盖等简单零件的工作图	10	对应图纸准备正确的零配件，不符合要求扣3分/项			
	2	能看懂一般交流异步电动机的铭牌数据					
	3	能根据接线图辨别定子是单路或双路					
装配准备	1	能制定简单工件的装配顺序	15	制定轴承装配的顺序，不符合要求扣5分/项			
	2	能正确穿戴和使用劳动保护用品	10	未正确穿戴和使用劳动保护用品的不得分			
轴承装配	1	能对传动端端盖、非传动端端盖、轴承外圈隔套表面进行清理	5	轴承室内有毛刺、高点扣除全部分数，其余部位毛刺、高点扣2分/个			
	2	能正确测量传动端端盖、非传动端端盖、轴承外圈隔套轴承室尺寸	5	测量误差≤0.005，不符合要求不得分			
	3	能正确选择压装参数	5	压力表读数小于4 MPa			
	4	能正确使用压装工装	5	对压装工装的表面油污、毛刺、高点进行清理，不符合要求扣2分/项			
	5	能正确压装轴承	5	轴承要轻拿轻放，放平；油缸升降匀速，不得有冲击；不符合要求扣2分/项			
	6	能对压装后的尺寸进行检测	5	十字测量轴承室端面距轴承端面的距离，最大与最小测量值之差小于0.02 mm，不符合要求扣1.5/项			
传动端轴承外盖螺栓紧固	1	能正确判断螺纹的外观状态	2	螺纹不得有断扣、磕碰伤，螺纹表面热处理外观，不符合要求扣1分/项			
	2	能正确涂抹螺纹锁固剂等材料	2	涂抹量与涂抹位置不正确的扣1分/项			
	3	能正确紧固螺栓、螺母等紧固件	2	交替、对称紧固，未执行的不得分			
	4	能正确检查螺纹紧固的状态	2	对力矩扳手校核，用力矩扳手进行检测，漏、错检的扣2分/项			
三相引出线焊接与绝缘处理	1	能对焊接件的表面进行清理	2	对焊接件表面进行去除氧化皮、绝缘漆处理，不符合要求不得分			
	2	能正确对焊接相关部位进行防护	2	用棉毡、陶瓷纤维带将三相引线头保护，不符合要求不得分			
	3	能正确选择焊接参数	2	按照TD 30-180选择焊接参数，不符合要求不得分			
	4	能正确填加焊接材料	2	涂抹焊剂，加银焊料，不符合要求不得分			
	5	能检查焊接外观质量	2	线圈绝缘不能烧伤、焊接部位不得有不紧密、气孔、错位、缺焊等焊接缺陷，不符合要求不得分			

续上表

鉴定项目	序号	评分内容及要求	配分	评分标准	实测结果	扣分	得分
轴承绝缘电阻检测	1	能够根据图纸及工艺文件要求选用合适的量具	2	选用 500 V 兆欧表，用错的不得分			
	2	能正确使用量具	2	轴承保持架与端盖之间绝缘电阻，测量位置、测量方法不符合要求不得分			
	3	能正确判断产品实际尺寸是否满足技术要求	2	绝缘电阻≥10 MΩ，不符合标准的不得分			
	4	能检测出常见的误差及缺陷	2	绝缘电阻不符合标准的返工后合格，给分			
设备维护与保养	1	能够正确使用和维护、保养自用设备	4	设备干净、工具使用过程未出现故障，不符合要求扣 2 分/项			
	2	能正确使用工具、量具、测量仪器仪表，并能进行维护、保养	3	工具、量具正确摆放，在有效期限内，不符合要求扣 1.5 分/项			
质量、安全、工艺纪律、文明生产等综合考核项目	1	考核时限	不限	每超时 10 分钟，扣 5 分			
	2	工艺纪律	不限	依据企业有关工艺纪律管理规定执行，每违反一次扣 10 分			
	3	劳动保护	不限	依据企业有关劳动保护管理规定执行，每违反一次扣 10 分			
	4	文明生产	不限	依据企业有关文明生产管理规定执行，每违反一次扣 10 分			
	5	安全生产	不限	依据企业有关安全生产管理规定执行，每违反一次扣 10 分，有重大安全事故，取消成绩			

职业技能鉴定技能考核制件(内容)分析

职业名称	电机装配工
考核等级	初级工
试题名称	YJ85A牵引电动机总装
职业标准依据	《国家职业标准》

试题中鉴定项目及鉴定要素的分析与确定

分析事项 \ 鉴定项目分类	基本技能“D”	专业技能“E”	相关技能“F”	合计	数量与占比说明
鉴定项目总数	2	3	3	8	核心技能“E”应满足占比高于2/3的要求,但基本技能和相关技能可不做此要求
选取的鉴定项目数量	2	3	2	7	
选取的鉴定项目数量占比	100%	100%	66.7%	87.5%	
对应选取鉴定项目所包含的鉴定要素总数	7	20	7	34	
选取的鉴定要素数量	5	15	6	25	
选取的鉴定要素数量占比	71%	75%	86%	76%	

所选取鉴定项目及相应鉴定要素分解与说明

鉴定项目类别	鉴定项目名称	国家职业标准规定比重(%)	《框架》中鉴定要素名称	本命题中具体鉴定要素分解	配分	评分标准	考核难点说明
“D”	读图绘图	35	能读懂轴、套、螺纹、端盖等简单零件的工作图	传动端端盖零件图	10	对应图纸准备正确的零配件,不符合要求扣3分/项	
				非传动端端盖零件图			
				轴承外圈隔套零件图			
			能看懂一般交流异步电动机的铭牌数据	正确选择铭牌			
			能根据接线图辨别定子是单路或双路	正确选择定子			
	装配准备		能制定简单工件的装配顺序	传动端轴承装配顺序	15	制定轴承装配的顺序,不符合要求扣5分/项	难点
				非传动端轴承装配顺序			
			能正确穿戴和使用劳动保护用品	正确穿戴工作服	10	未正确穿戴和使用劳动保护用品的不得分	
				正确使用劳保用品,例如:手套等			
“E”	装配加工	30	能对简单装配的配件表面进行清理	传动端端盖表面进行清理	5	轴承室内有毛刺、高点扣除全部分数,其余部位毛刺、高点扣2分/项	
				非传动端端盖表面清理			
				轴承外圈隔套表面进行清理			
			能对装配的配件尺寸进行检查	测量传动端端盖轴承室尺寸	5	测量误差≤0.005,不符合要求不得分	难点
				测量非传动端端盖轴承室尺寸			
				轴承外圈隔套轴承室尺寸			

续上表

鉴定项目类别	鉴定项目名称	国家职业标准规定比重(%)	《框架》中鉴定要素名称	本命题中具体鉴定要素分解	配分	评分标准	考核难点说明
"E"	装配加工	30	能根据实际需要正确选择装配参数	压力表读数小于4 MPa	5	不符合要求不得分	
			能正确使用装配工具、工装	对压装工装的表面油污清理	5	不符合要求扣2分/项	
				对压装工装的表毛刺进行清理			
				对压装工装的表面高点进行清理			
			能用热装、冷压或冷套等任意一种方法进行装配	轴承要轻拿轻放，放平	5	不符合要求扣2分/项	难点
				油缸升降匀速，不得有冲击			
			能对装配后的尺寸进行检测	十字测量轴承室端面距轴承端面的距离	5	最大与最小测量值之差小于0.02 mm，不符合要求扣1.5/项	难点
	螺栓紧固	20	能正确判断螺纹的外观状态	螺纹不得有断扣、磕碰伤	2	不符合要求扣1分/项	
				螺纹表面热处理外观判断			
			能正确涂抹螺纹锁固剂等材料	涂抹量符合要求	2	不符合要求的扣1分/项	
				涂抹位置符合要求			
			能正确紧固螺栓、螺母等紧固件	交替紧固	3	操作不符合要求的不得分	难点
				对称紧固			
			能正确检查螺纹紧固的状态	对力矩扳手进行校核	2	漏、错检的扣2分/项	难点
				用力矩扳手进行检测			
	焊接绝缘处理		能对焊接件的表面进行清理	焊接件表面去除氧化皮	2	不符合要求不得分	
				表面绝缘漆处理			
			能正确对焊接相关部位进行防护	用棉毡将三相引线头防护	2	不符合要求不得分	
				用浸湿水的陶瓷纤维带防护定子引出线根部			
			能正确选择焊接参数	按照TD30-180选择焊接参数	2	不符合要求不得分	难点
			能正确填加焊接材料	正确涂抹焊剂	2	不符合要求不得分	难点
				正确填加银焊料			
			能检查焊接外观质量	线圈绝缘不能烧伤	3	不符合要求不得分	难点
				焊接部位不得有不紧密、气孔、错位、缺焊等焊接缺陷			
				表面擦拭干净			

续上表

鉴定项目类别	鉴定项目名称	国家职业标准规定比重(%)	《框架》中鉴定要素名称	本命题中具体鉴定要素分解	配分	评分标准	考核难点说明
"F"	装配精度检测	8	能够根据图纸及工艺文件要求选用合适的量具	选用500 V兆欧表	2	不符合要求不得分	
			能正确使用量具	轴承保持架、与端盖之间绝缘电阻	2	不符合要求不得分	难点
				测量方法正确			
			能正确判断产品实际尺寸是否满足技术要求	测量值≥10 MΩ	2	不符合要求不得分	
			能检测出常见的误差及缺陷	绝缘电阻值不符合标准返工	2	合格的给分	难点
	设备使用及维护	7	能够正确使用和维护、保养自用设备	设备干净	4	不符合要求扣2分/项	
				工具使用过程未出现故障			
			能正确使用工具、量具、测量仪器仪表,并能进行维护、保养	工具、量具正确摆放 在有效期限内	3	不符合要求扣1.5分/项	
质量、安全、工艺纪律、文明生产等综合考核项目				考核时限	不限	每超时10分钟,扣5分	
				工艺纪律	不限	依据企业有关工艺纪律管理规定执行,每违反一次扣10分	
				劳动保护	不限	依据企业有关劳动保护管理规定执行,每违反一次扣10分	
				文明生产	不限	依据企业有关文明生产管理规定执行,每违反一次扣10分	
				安全生产	不限	依据企业有关安全生产管理规定执行,每违反一次扣10分,有重大安全事故,取消成绩	

电机装配工(中级工)技能操作考核框架

一、框架说明

1. 依据《国家职业标准》注,以及中国北车确定的“岗位个性服从于职业共性”的原则,提出电机装配工(中级工)技能操作考核框架(以下简称:技能考核框架)。

2. 本职业等级技能操作考核评分采用百分制。即:满分为 100 分,60 分为及格,低于 60 分为不及格。

3. 实施“技能考核框架”时,考核制件(活动)命题可以选用本企业的加工件(活动项目),也可以结合实际另外组织命题。

4. 实施“技能考核框架”时,考核的时间和场地条件等应依据《国家职业标准》,并结合企业实际确定。

5. 实施“技能考核框架”时,其“职业功能”的分类按以下要求确定:

(1)“加工与装配”属于本职业等级技能操作的核心职业活动,其“项目代码”为“E”。

(2)“工艺准备”、“电机检测”、“设备的维护保养”属于本职业等级技能操作的辅助性活动,其“项目代码”分别为“D”和“F”。

6. 实施“技能考核框架”时,其“鉴定项目”和“选考数量”按以下要求确定:

(1)按照《国家职业标准》有关技能操作鉴定比重的要求,本职业等级技能操作考核制件的“鉴定项目”应按“D”+“E”+“F”组合,其考核配分比例相应为:“D”占 35 分,“E”占 50 分,“F”占 15 分(其中:电机检测 8 分,设备维护保养 7 分)。

(2)依据中国北车确定的“核心职业活动选取 2/3,并向上取整”的规定,“E”类鉴定项目——“装配加工”为必选项,“螺栓紧固”、“焊接绝缘处理”的 2 项中,至少选取 1 项。

(3)依据中国北车确定的“其余‘鉴定项目’的数量可以任选”的规定,“D”和“F”类鉴定项目——“工艺准备”中,至少选取 1 项,“电机检测”、“设备的维护保养”中,至少分别选取 1 项。

(4)依据中国北车确定的“确定‘选考数量’时,所涉及‘鉴定要素’的数量占比,应不低于对应‘鉴定项目’范围内‘鉴定要素’总数的 60%,并向上取整”的规定,考核制件的鉴定要素“选考数量”应按以下要求确定:

①在“D”类“鉴定项目”中,在已选定的 1 个或全部鉴定项目中,至少选取已选鉴定项目所对应的全部鉴定要素的 60%项,并向上保留整数。

②在“E”类“鉴定项目”中,在已选的 2 个或全部鉴定项目所包含的全部鉴定要素中,至少选取总数的 60%项,并向上保留整数。

③在“F”类“鉴定项目”中,对应“装配精度检测及误差分析”的 4 个鉴定要素,至少选取 3 项;对应“设备的维护保养”,在已选定的至少 1 个鉴定项目中,至少选取已选鉴定项目所对应的全部鉴定要素的 60%项,并向上保留整数。

举例分析：

按照上述“第6条”要求，若命题时按最少数量选取，即：在“D”类鉴定项目中选取了“读图绘图”1项，在“E”类鉴定项目中选取了“装配加工”、“螺栓紧固”2项，在“F”类鉴定项目中分别选取了“装配精度检测及误差分析”和“设备维护与保养”2项，则：

此考核制件所涉及的“鉴定项目”总数为5项，具体包括：“读图绘图”，“装配加工”、“螺栓紧固”，“装配精度检测及误差分析”、“设备维护与保养”；

此考核制件所涉及的鉴定要素“选考数量”相应为16项，具体包括：“读图绘图”1个鉴定项目包含的全部4个鉴定要素的3项，“装配加工”、“螺栓紧固”2个鉴定项目包括的全部13个鉴定要素中的8项，“装配精度检测”、“设备的维护与保养”2个鉴定项目包含的全部7个鉴定要素中的5项。

7. 本职业等级技能操作需要两人及以上共同作业的，可由鉴定组织机构根据“必要、辅助”的原则，结合实际情况确定协助人员的数量。在整个操作过程中，协助人员只能起必要、简单的辅助作用。否则，每违反一次，至少扣减应考者的技能考核总成绩10分，直至取消其考试资格。

8. 实施“技能考核框架”时，应同时对应考者在质量、安全、工艺纪律文明生产、等方面行为进行考核。对于在技能操作考核过程中出现的违章作业现象，每违反一项(次)至少扣减技能考核总成绩10分，直至取消其考试资格。

注：按照中国北车规定，各《职业技能操作考核框架》的编制依据现行的《国家职业标准》或现行的《行业职业标准》或现行的《中国北车职业标准》的顺序执行。

二、电机装配工(中级工)技能操作鉴定要素细目表

职业功能	鉴定项目				鉴定要素		
	项目代码	名称	鉴定比重(%)	选考方式	要素代码	名称	重要程度
工艺准备	D	读图绘图	35	任选	001	能读懂机座、集电环等较复杂的零件图	Y
					002	能读懂换向器装配、定转子装配、轴承装配等简单部件的装配图	Y
					003	能看懂交、直流电机等中等复杂程度的电机接线图	Y
					004	能绘制交、直流电机绕组的展开图	Y
					005	能绘制轴、套、螺钉等简单零件的加工图及草图	Y
		装配工艺			001	能读懂较复杂电机的加工工艺规程	Y
					002	能制定中小型异步电动机的绕线、接线、钎焊、包扎、干燥、浸渍、和轴承装配的加工工序	Y
加工与装配	E	装配加工	30	必选	001	能对一般装配的配件表面进行清理	X
					002	能对配件的装配尺寸进行检查	X
					003	能对装配配件的尺寸进行正确处理	X
					004	能根据实际需要正确选择装配参数	X
					005	能用热装、冷压或冷套等任意一种方法进行装配	X
					006	能正确使用装配工具、工装	X

续上表

职业功能	鉴定项目				鉴定要素		
	项目代码	名　称	鉴定比重（%）	选考方式	要素代码	名　称	重要程度
加工与装配	E	装配加工	30	必选	007	能对装配后的尺寸进行检测	X
					008	能对装配缺陷进行分析	X
		螺栓紧固	20	至少选取一项	001	能正确识别所使用螺纹	X
					002	能用通、止规正确检测螺纹的尺寸	X
					003	能正确涂抹螺纹锁固剂等材料	X
					004	能正确紧固关键部位螺栓、螺母等紧固件	X
					005	能正确检查螺纹紧固的状态并做标识	X
		焊接绝缘处理			001	能正确处理焊接件的表面	X
					002	能对焊接相关部位采取相应的防护措施	X
					003	能根据实际情况正确选择焊接参数	X
					004	能根据实际情况正确填加相应焊接材料	X
					005	能检查焊接质量	X
					006	能对焊接缺陷进行分析	X
					007	能正确包扎绝缘材料	X
电机检测	F	装配精度检测及误差分析	8	必选	001	能够根据图纸及工艺文件要求选用合适的量具	X
					002	能正确使用量具	X
					003	能正确判断产品实际尺寸是否满足技术要求	X
					004	能根据分析出常见的误差及缺陷产生的原因	X
设备的维护保养及安全文明生产		设备维护与保养	7	任选	001	能够根据加工需要对所用设备进行调整	Y
					002	能在加工前对所用设备进行常规检查	Y
					003	能排除所用设备的一般机械故障	Y

电机装配工(中级工)
技能操作考核样题与分析

职业名称：______________________

考核等级：______________________

存档编号：______________________

考核站名称：______________________

鉴定责任人：______________________

命题责任人：______________________

主管负责人：______________________

中国北车股份有限公司劳动工资部制

职业技能鉴定技能操作考核制件图示或内容

考核内容：
(1)读懂 YJ85A 电机总装配；
(2)制定转子装配工艺；
(3)轴承装配；
(4)转子装配；
(5)三相引出线焊接；
(6)轴锥接触面精度检测；
(7)设备使用及维护。

职业名称	电机装配工
考核等级	中级工
试题名称	YJ85A 牵引电动机总装配
材质等信息	

职业技能鉴定技能操作考核准备单

职业名称	电机装配工
考核等级	中级工
试题名称	YJ85A 牵引电动机总装配

一、材料准备

1. 定子组装、三相引出线。
2. 转子组装、非传动端内轴套、轴承内圈隔套、非传动端轴套、非传动端外封环。
3. 传动端端盖、轴承外圈隔套、轴承、润滑油。
4. 各种螺栓。

二、主要设备、工、量、卡具准备清单

序号	名　称	规　格	数　量	备　注
1	油压机		1	
2	力矩扳手		各种	依据工艺文件准备
3	游标卡尺	1 m	1	
4	数显深度千分尺	0～150 mm	1	
5	环塞规	专用	1	

三、考场准备

1. 相应的公用设备、设备与器具的润滑与冷却等。
2. 相应的场地及安全防范措施:场地宽敞、明亮、整洁、通风。
3. 其他准备。

四、考核内容及要求

1. 考核内容(按考核制件图示及要求制作):
(1)读懂 YJ85A 电机总装配;
(2)制定转子装配工艺;
(3)轴承装配;
(4)转子装配;
(5)三相引出线焊接;
(6)轴锥接触面精度检测;
(7)设备使用及维护。
2. 考核时限:8 小时。
3. 考核评分(表)。

鉴定项目	序号	评分内容及要求	配分	评分标准	实测结果	扣分	得分
读图绘图	1	能读懂YJ85A牵引电机总装的工作图	10	对应图纸准备正确的零配件，不符合要求扣2分/项			
	2	能读懂机座、集电环等较复杂的零件图					
	3	能看懂交、直流电机等中等复杂程度的电机接线图					
装配工艺	1	能读懂总装工艺守则的轴承装配、转子装配工艺	15	根据工艺要求准备相应的设备与工具，不符合要求扣5分/项			
	2	能制定转子装配以及轴承装配的顺序	10	不符合要求扣5分/项			
装配加工	1	能对一般装配的配件表面进行清理	5	轴承室内有毛刺、高点扣除全部分数，其余部位毛刺、高点扣2分/项			
	2	能对转轴轴承位的尺寸进行检测	5	测量误差≤0.005，不符合要求不得分			
	3	能正确选择装配参数	5	1. 压力表读数小于4 MPa。 2. 轴承内圈加热温度（100±5）℃，不符合要求扣2分/项			
	4	能正确使用装配工具、工装	5	对压装工装的表面油污、毛刺、高点进行清理，不符合要求扣2分/项			
	5	能用热装、冷压或冷套等任意一种方法进行装配	5	1. 轴承压装：轴承要轻拿轻放，放平；油缸升降匀速，不得有冲击。 2. 轴承内圈热套。不符合要求扣2分/项			
	6	能对压装后的尺寸进行检测	5	十字测量非传动端轴头端面距轴承内套E圈端面的距离，计算值与实测值之差小于0.03 mm，转子各配件之间间隙小于0.02 mm，不符合要求扣1.5/项			
螺栓紧固	1	能正确识别所使用螺纹	2	正确选用螺栓，不符合要求扣1分/项			
	2	能正确涂抹螺纹锁固剂等材料	2	涂抹量与涂抹位置不正确的扣1分/项			
	3	能正确紧固关键部位螺栓、螺母等紧固件	2	交替、对称紧固，未执行的不得分			
	4	能正确检查螺纹紧固的状态并做标识	2	对力矩扳手校核，用力矩扳手进行检测，漏、错检、未做标识的扣2分/项			
三相引出线焊接与绝缘处理	1	能正确处理焊接件的表面	2	对焊接件表面进行去除氧化皮、绝缘漆处理，不符合要求不得分			
	2	能对焊接相关部位采取相应的防护措施	2	用棉毡、陶瓷纤维带将三相引线头保护，不符合要求不得分			
	3	能根据实际情况正确选择焊接参数	2	与TD 30-180焊接参数一致，不符合要求不得分			
	4	能根据实际情况正确填加相应焊接材料	2	涂抹焊剂，加银焊料，不符合要求不得分			
	5	能对焊接缺陷进行分析	2	焊接部位不紧密、气孔、错位、缺焊等焊接缺陷产生原因分析，不符合要求不得分			

续上表

鉴定项目	序号	评分内容及要求	配分	评分标准	实测结果	扣分	得分
轴锥接触面检测	1	能够根据图纸及工艺文件要求选用合适的量具	2	选用 YJ85A 专用环塞规,用错的不得分			
	2	能正确使用量具	2	涂层涂抹厚度、检测方法,不符合要求不得分			
	3	能正确判断产品实际尺寸是否满足技术要求	2	轴锥接触面≥85%,不符合标准的不得分			
	4	能根据分析出常见的误差及缺陷产生的原因	2	能对接触面超差的进行返工,合格给分			
设备维护与保养	1	能在加工前对所用设备进行常规检查	4	设备、工具干净,设备检查记录表符合规范,不符合要求扣 2 分/项			
	2	能排除所用设备的一般机械故障	3	烘箱不加热的故障原因分析与排除,不符合要求扣 1.5 分/项			
质量、安全、工艺纪律、文明生产等综合考核项目	1	考核时限	不限	每超时 10 分钟,扣 5 分			
	2	工艺纪律	不限	依据企业有关工艺纪律管理规定执行,每违反一次扣 10 分			
	3	劳动保护	不限	依据企业有关劳动保护管理规定执行,每违反一次扣 10 分			
	4	文明生产	不限	依据企业有关文明生产管理规定执行,每违反一次扣 10 分			
	5	安全生产	不限	依据企业有关安全生产管理规定执行,每违反一次扣 10 分,有重大安全事故,取消成绩			

职业技能鉴定技能考核制件(内容)分析

职业名称	电机装配工				
考核等级	中级工				
试题名称	YJ85A 牵引电动机总装				
职业标准依据	《国家职业标准》				
试题中鉴定项目及鉴定要素的分析与确定					
分析事项 \ 鉴定项目分类	基本技能“D”	专业技能“E”	相关技能“F”	合计	数量与占比说明
鉴定项目总数	2	3	3	8	
选取的鉴定项目数量	2	3	2	7	核心技能“E”应满足占比高于 2/3 的要求，但基本技能和相关技能可不做此要求
选取的鉴定项目数量占比	100%	100%	66.7%	87.5%	
对应选取鉴定项目所包含的鉴定要素总数	7	20	9	36	
选取的鉴定要素数量	5	15	6	26	
选取的鉴定要素数量占比	71%	75%	67%	72%	

所选取鉴定项目及鉴定要素分解

鉴定项目类别	鉴定项目名称	国家职业标准规定比重(%)	鉴定要素名称	要素分解	配分	评分标准	考核难点说明
“D”	读图绘图	35	能读懂换向器装配、定转子装配、轴承装配等简单部件的装配图	转子装配图	10	对应图纸准备正确的零配件，不符合要求扣 3 分/项	
				定子装配图			
			能读懂机座、集电环等较复杂的零件图	了解机座的结构			
			能看懂交、直流电机等中等复杂程度的电机接线图	判断电机定子的连线状况			
	装配工艺		能读懂较复杂电机的加工工艺规程	能读懂轴承装配	15	根据工艺要求准备相应的设备与工具，不符合要求扣 5 分/项	难点
				能读懂转子装配工艺			
			能制定中小型异步电动机的绕线、接线、钎焊、包扎、干燥、浸渍、和轴承装配的加工工序	能制定转子装配的顺序	10	不符合要求扣 5 分/项	难点
				能制定轴承装配的顺序			
“E”	装配加工	30	能对一般装配的配件表面进行清理	传动端端盖表面进行清理	5	轴承室内有毛刺、高点扣除全部分数，其余部位毛刺、高点扣 2 分/项	
				非传动端端盖表面清理			
				轴承外圈隔套表面进行清理			
			能对装配的配件尺寸进行检查	测量转子传动端 NU330 轴承位尺寸	5	测量误差≤0.005，不符合要求不得分	难点
				测量转子非传动端 NU320 轴承位尺寸			
				QJ318 轴承轴承位尺寸			

续上表

鉴定项目类别	鉴定项目名称	国家职业标准规定比重(%)	鉴定要素名称	要素分解	配分	评分标准	考核难点说明
“E”	装配加工	30	能根据实际需要正确选择装配参数	压力表读数小于4 MPa	5	不符合要求扣2分/项	
				轴承内圈加热温度(100±5)℃			
			能正确使用装配工具、工装	对压装工装的表面油污清理	5	不符合要求扣2分/项	
				对压装工装的表毛刺进行清理			
				对压装工装的表面高点进行清理			
			能用热装、冷压或冷套等任意一种方法进行装配	轴承压装：轴承要轻拿轻放，放平；油缸升降匀速，不得有冲击	5	不符合要求扣2分/项	难点
				轴承内圈热套实际温度(100±5)℃			
			能对装配后的尺寸进行检测	十字测量非传动端轴头端面距轴承内套E圈端面的距离，计算值与实测值之差小于0.03 mm	5	不符合要求扣1.5/项	难点
				转子各配件之间间隙小于0.02 mm			
	螺栓紧固	20	能正确识别所使用螺纹	螺纹直径一致	2	不符合要求扣1分/项	
				螺纹机械强度一致			
			能正确涂抹螺纹锁固剂等材料	涂抹量符合要求	2	不符合要求的扣1分/项	
				涂抹位置符合要求			
			能正确紧固关键部位螺栓、螺母等紧固件	交替紧固	3	操作不符合要求的不得分	难点
				对称紧固			
			能正确检查螺纹紧固的状态并做标识	对力矩扳手进行校核	2	漏、错检、未做标识的扣2分/项	
				用力矩扳手进行检测并做标识			
	焊接与绝缘处理		能正确处理焊接件的表面	焊接件表面去除氧化皮	2	不符合要求不得分	
				表面绝缘漆处理			
			能对焊接相关部位采取相应的防护措施	用棉毡将三相引线头防护	2	不符合要求不得分	
				用浸湿水的陶瓷纤维带防护定子引出线根部			
			能根据实际情况正确选择焊接参数	与TD30-180焊接参数一致	2	不符合要求不得分	难点
			能根据实际情况正确填加相应焊接材料	正确涂抹焊剂	2	不符合要求不得分	
				正确填加银焊料			
			能对焊接缺陷进行分析	焊接部位不紧密、气孔、错位、缺焊等焊接缺陷产生原因分析	3	不符合要求不得分	难点

续上表

鉴定项目类别	鉴定项目名称	国家职业标准规定比重(%)	鉴定要素名称	要素分解	配分	评分标准	考核难点说明
“F”	装配精度检测及误差分析	8	能够根据图纸及工艺文件要求选用合适的量具	选用 YJ85A 专用环塞规	2	不符合要求不得分	
			能正确使用量具	涂层涂抹厚度	2	不符合要求不得分	难点
				测量方法正确			
			能正确判断产品实际尺寸是否满足技术要求	接触面值≥85%	2	不符合要求不得分	
			能根据分析出常见的误差及缺陷产生的原因	超差返工	2	合格给分	难点
	设备维护与保养	7	能在加工前对所用设备进行常规检查	设备、工具干净	4	不符合要求扣2分/项	
				设备检查记录表符合规范			
			能排除所用设备的一般机械故障	烘箱不加热的故障原因分析	3	不符合要求扣1.5分/项	
				烘箱不加热的故障排除			
质量、安全、工艺纪律、文明生产等综合考核项目				考核时限	不限	每超时10分钟，扣5分	
				工艺纪律	不限	依据企业有关工艺纪律管理规定执行，每违反一次扣10分	
				劳动保护	不限	依据企业有关劳动保护管理规定执行，每违反一次扣10分	
				文明生产	不限	依据企业有关文明生产管理规定执行，每违反一次扣10分	
				安全生产	不限	依据企业有关安全生产管理规定执行，每违反一次扣10分，有重大安全事故，取消成绩	

电机装配工(高级工)技能操作考核框架

一、框架说明

1. 依据《国家职业标准》注,以及中国北车确定的“岗位个性服从于职业共性”的原则,提出电机装配工(高级工)技能操作考核框架(以下简称:技能考核框架)。

2. 本职业等级技能操作考核评分采用百分制。即:满分为 100 分,60 分为及格,低于 60 分为不及格。

3. 实施“技能考核框架”时,考核制件命题可以选用本企业的加工件,也可以结合实际另外组织命题。

4. 实施“技能考核框架”时,考核的时间和场地条件等应依据《国家职业标准》,并结合企业实际确定。

5. 实施“技能考核框架”时,其“职业功能”的分类按以下要求确定:

(1)“加工与装配”属于本职业等级技能操作的核心职业活动,其“项目代码”为“E”。

(2)“工艺准备”、“检测工件”、“培训与指导”属于本职业等级技能操作的辅助性活动,其“项目代码”分别为“D”和“F”。

6. 实施“技能考核框架”时,其“鉴定项目”和“选考数量”按以下要求确定:

(1)按照《国家职业标准》有关技能操作鉴定比重的要求,本职业等级技能操作考核制件的“鉴定项目”应按“D”+“E”+“F”组合,其考核配分比例相应为:“D”占 30 分,“E”占 47 分,“F”占 23 分(其中:检测工件 15 分,培训与指导 8 分)。

(2)依据中国北车确定的“核心职业活动选取 2/3,并向上取整”的规定,“E”类鉴定项目——“装配加工”为必选项,“螺栓紧固”、“焊接绝缘处理”的 2 项中,至少选取 1 项。

(3)依据中国北车确定的“其余‘鉴定项目’的数量可以任选”的规定,“D”和“F”类鉴定项目——“工艺准备”、“检测工件”、“培训与指导”中,至少分别选取 1 项。

(4)依据中国北车确定的“确定‘选考数量’时,所涉及‘鉴定要素’的数量占比,应不低于对应‘鉴定项目’范围内‘鉴定要素’总数的 60%,并向上取整”的规定,考核制件的鉴定要素“选考数量”应按以下要求确定:

①在“D”类“鉴定项目”中,在已选定的 1 个或全部鉴定项目中,至少选取已选鉴定项目所对应的全部鉴定要素的 60%项,并向上保留整数。

②在“E”类“鉴定项目”中,在已选的 2 个或全部鉴定项目中所包含的全部鉴定要素中,至少选取总数的 60%项,并向上保留整数。

③在“F”类“鉴定项目”中,对应“检测工件”,在已选定的 1 个或全部鉴定项目中,至少选取已选鉴定项目所对应的全部鉴定要素的 60%项,并向上保留整数;对应“培训与指导”,在已选定的 1 个或全部鉴定项目中,至少选取已选定的鉴定项目所对应的全部鉴定要素的 60%项,并向上保留整数。

举例分析：

按照上述“第 6 条”要求，若命题时按最少数量选取，即：在“D”类鉴定项目中选取了“读图绘图”1 项，在“E”类鉴定项目中选取了“装配加工”、“螺栓紧固”2 项，在“F”类鉴定项目中分别选取了“装配精度检测及误差分析”、“指导操作”2 项，则：

此考核制件所涉及的“鉴定项目”总数为 5 项，具体包括：“读图绘图”，“装配加工”、“螺栓紧固”，“装配精度检测及误差分析”、“指导操作”；

此考核所涉及的鉴定要素“选考数量”相应为 14 项，具体包括：“读图绘图”1 个鉴定项目包含的全部 3 个鉴定要素中的 2 项，“装配加工”、“螺栓紧固”2 个鉴定项目包括的全部 13 个鉴定要素中的 8 项，“装配精度检测及误差分析”1 个鉴定项目包含的全部 4 个鉴定要素中的 3 项，“指导操作”1 个鉴定项目包含的全部 1 个鉴定要素中的 1 项。

7. 本职业等级技能操作需要两人及以上共同作业的，可由鉴定组织机构根据“必要、辅助”的原则，结合实际情况确定协助人员的数量。在整个操作过程中，协助人员只能起必要、简单的辅助作用。否则，每违反一次，至少扣减应考者的技能考核总成绩 10 分，直至取消其考试资格。

8. 实施“技能考核框架”时，应同时对应考者在质量、安全、工艺纪律、文明生产等方面行为进行考核。对于在技能操作考核过程中出现的违章作业现象，每违反一项(次)至少扣减技能考核总成绩 10 分，直至取消其考试资格。

注：按照中国北车规定，各《职业技能操作考核框架》的编制依据现行的《国家职业标准》或现行的《行业职业标准》或现行的《中国北车职业标准》的顺序执行。

二、电机装配工(高级工)技能操作鉴定要素细目表

职业功能	鉴定项目				鉴定要素		
	项目代码	名称	鉴定比重(%)	选考方式	要素代码	名称	重要程度
工艺准备	D	读图绘图	30	任选	001	能看懂交、直流电动机启动控制线路图和激磁控制线路图	Y
					002	能看懂直驱风电、风力发电机、牵引电机、工矿、油田电机等复杂电机的装配图与分装图	Y
					003	能绘制零部件的轴测图	Y
		装配工艺			001	能制定复杂零件的加工工艺规程	X
					002	能制定交、直流电机的嵌线、装配加工工序	X
					003	能制定特种电机的加工工序	X
加工与装配	E	装配加工	30	必选	001	能对复杂装配的配件表面进行清理	X
					002	能对复杂配件的尺寸进行检查	X
					003	能根据实际需要正确选择装配参数	X
					004	能用热装、冷压或冷套等任意一种方法进行装配	X
					005	能正确使用装配工具、工装	X
					006	能正确处理装配过程中的技术问题	X
					007	能对装配后的精度进行检测	X
					008	能对装配缺陷进行分析、处理	X

续上表

职业功能	鉴定项目				鉴定要素		
	项目代码	名　称	鉴定比重(%)	选考方式	要素代码	名　称	重要程度
加工与装配	E	螺栓紧固	17	至少选取一项	001	能正确判断螺纹的外观状态并对螺纹进行处理	X
					002	能用通、止规正确检测螺纹的状态	X
					003	能正确使用螺纹锁固剂等材料	X
					004	能正确选择和紧固关键部位螺栓、螺母等紧固件	X
					005	能对螺栓联接的松动进行分析并采取措施	X
		焊接绝缘处理			001	能正确处理焊接件的表面	X
					002	能对焊接相关部位采取相应的防护措施	X
					003	能根据实际情况正确选择焊接参数	X
					004	能根据实际情况正确填加焊接材料	X
					005	能检查焊接质量	X
					006	能对焊接缺陷进行分析、处理	X
					007	能正确的使用、包扎绝缘材料	X
检测工件	F	装配精度检测及误差分析	15	任选	001	能够根据图纸及工艺文件要求选用合适的量具	X
					002	能正确使用量具	X
					003	能正确判断产品实际尺寸是否满足技术要求	X
					004	能对常见的误差及缺陷采取工艺措施	X
培训与指导		设备使用及维护			001	能排除所用设备复杂的机械故障和一般电路故障	Y
					002	能合理选用、调整测量仪器、仪表	Y
		指导操作	8	任选	001	能指导初、中级工进行电机嵌线、装配、浸渍的任意一种操作	Z
		理论培训			001	能对初、中级工进行电机嵌线、装配、浸渍的任意一种进行理论培训	Z

电机装配工(高级工)技能操作考核样题与分析

职业名称：________________

考核等级：________________

存档编号：________________

考核站名称：________________

鉴定责任人：________________

命题责任人：________________

主管负责人：________________

中国北车股份有限公司劳动工资部制

职业技能鉴定技能操作考核制件图示或内容

考核内容：
(1)读懂 YJ85A 电机总装配；
(2)制定转子装配工艺；
(3)轴承装配；
(4)转子装配；
(5)三相引出线焊接；
(6)装配精度检测；
(7)电机总装配。

职业名称	电机装配工
考核等级	高级工
试题名称	YJ85A 牵引电动机总装配
材质等信息	

职业技能鉴定技能操作考核准备单

职业名称	电机装配工
考核等级	高级工
试题名称	YJ85A 牵引电动机总装配

一、材料准备

1. 定子组装、三相引出线。
2. 转子组装、非传动端内轴套、轴承内圈隔套、非传动端轴套、非传动端外封环。
3. 传动端端盖、轴承外圈隔套、轴承、润滑油。
4. 各种螺栓。

二、主要设备、工、量、卡具准备清单

序号	名　称	规　格	数　量	备　注
1	油压机		1	
2	力矩扳手		各种	依据工艺文件准备
3	游标卡尺	1 m	1	
4	数显深度千分尺	0～150 mm	1	
5	环塞规	专用	1	

三、考场准备

1. 相应的公用设备、设备与器具的润滑与冷却等。
2. 相应的场地及安全防范措施:场地宽敞、明亮、整洁、通风。
3. 其他准备。

四、考核内容及要求

1. 考核内容(按考核制件图示及要求制作):
(1)读懂 YJ85A 电机总装配;
(2)制定转子装配工艺;
(3)轴承装配;
(4)转子装配;
(5)三相引出线焊接;
(6)装配精度检测;
(7)电机总装配。
2. 考核时限:8 小时。
3. 考核评分(表)。

鉴定项目	序号	评分内容及要求	分数	评分标准	实测结果	扣分	得分
读图绘图	1	能读懂 YJ85A 牵引电机总装的工作图	10	对应图纸准备正确的零配件,不符合要求扣 2 分/项			
	2	能根据产品图纸了解零件的结构					
装配工艺	1	能制定 YJ85A 电机轴承装配、转子装配加工工序	10	根据产品图纸准备相应的设备与工具,不符合要求扣 5 分/项			
	2	能制定 YJ85A 电机总装配的加工工序	10	不符合要求扣 5 分/项			
装配加工	1	定子装配、传动端端盖、非传动端端盖止口及配合面毛刺、高点清理	5	止口及配合面有毛刺、高点扣除全部分数,其余部位毛刺、高点扣 2 分/项			
	2	定子装配传动端止口的尺寸测量	5	测量误差≤0.005,不符合要求不得分			
	3	能正确选择装配参数	5	1. 压力表读数小于 4 MPa。 2. 轴承内圈加热温度(100±5)℃,不符合要求扣 2 分/项			
	4	能正确使用装配工具、工装	5	对压装工装的表面油污、毛刺、高点进行清理,不符合要求扣 2 分/项			
	5	1. 轴承压装:轴承要轻拿轻放,放平;油缸升降匀速,不得有冲击; 2. 轴承内圈热套,加热实际温度(100±5)℃; 3. 定转子装配,两端紧固,晃动吊弓,吊弓不允许卡死	5	不符合要求扣 2 分/项			
	6	能对压装后的尺寸进行检测	5	十字测量非传动端轴头端面距轴承内套 E 圈端面的距离,计算值与实测值之差小于 0.03 mm,转子各配件之间间隙小于 0.02 mm,吊挂面与齿轮罩孔距离 360.8±0.7,不符合要求扣 1.5/项			
螺栓紧固	1	能正确判断螺纹的外观状态并对螺纹进行处理	2	检测螺纹的外观并对有磕碰伤的螺纹进行修复,螺纹不符合要求扣 1 分/项			
	2	能正确使用螺纹锁固剂等材料	1	涂抹量与涂抹位置不正确的扣 1 分/项			
	3	能正确选择和紧固关键部位螺栓、螺母等紧固件	2	交替、对称紧固,未执行的不得分			
	4	能对螺栓联接的松动进行分析并采取措施	2	垫圈、轴头扣片安装齐全,漏、错装的扣 2 分/项			
三相引出线焊接与绝缘处理	1	能正确处理焊接件的表面	2	对焊接件表面进行去除氧化皮、绝缘漆处理,不符合要求不得分			
	2	能对焊接相关部位采取相应的防护措施	2	用棉毡、陶瓷纤维带将三相引线头保护,不符合要求不得分			
	3	能根据实际情况正确选择焊接参数	2	与 TD 30-180 焊接参数一致,不符合要求不得分			

鉴定项目	序号	评分内容及要求	分数	评分标准	实测结果	扣分	得分
三相引出线焊接与绝缘处理	4	能根据实际情况正确填加相应焊接材料	2	涂抹焊剂，加银焊料，不符合要求不得分			
	5	能对焊接缺陷进行分析、处理	2	焊接部位无不紧密、气孔、错位、缺焊等焊接缺陷，可以进行修复，不符合要求不得分			
装配精度检测及误差分析	1	用500 V兆欧表测量转轴与机座间的绝缘电阻	5	测量值≥5 MΩ，超差的可以返工处理，不符合要求不得分			
	2	用百分表传动端外封环端面跳动量	5	测量值小于0.1 mm，超差的可以返工处理，不符合要求不得分			
	3	用百分表传动端轴承外盖端面跳动量	5	测量值小于0.1 mm，不符合要求不得分			
指导与培训	1	指导初、中级工进行电机嵌线、浸渍、总装的任意一项操作	4	带徒并能独立操作			
	2	对初、中级工进行电机嵌线、浸渍、总装任意一项理论培训	4	带徒并能独立操作			
质量、安全、工艺纪律、文明生产等综合考核项目	1	考核时限	不限	每超时10分钟，扣5分			
	2	工艺纪律	不限	依据企业有关工艺纪律管理规定执行，每违反一次扣10分			
	3	劳动保护	不限	依据企业有关劳动保护管理规定执行，每违反一次扣10分			
	4	文明生产	不限	依据企业有关文明生产管理规定执行，每违反一次扣10分			
	5	安全生产	不限	依据企业有关安全生产管理规定执行，每违反一次扣10分，有重大安全事故，取消成绩			

职业技能鉴定技能考核制件(内容)分析

职业名称	电机装配工
考核等级	高级工
试题名称	YJ85A牵引电动机总装
职业标准依据	《国家职业标准》

试题中鉴定项目及鉴定要素的分析与确定

分析事项 \ 鉴定项目分类	基本技能“D”	专业技能“E”	相关技能“F”	合计	数量与占比说明
鉴定项目总数	2	3	4	9	
选取的鉴定项目数量	2	3	2	7	核心技能“E”应满足占比高于2/3的要求，但基本技能和相关技能可不做此要求
选取的鉴定项目数量占比	100%	100%	50%	77.8%	
对应选取鉴定项目所包含的鉴定要素总数	6	20	6	32	
选取的鉴定要素数量	4	14	5	23	
选取的鉴定要素数量占比	66.7%	70%	83.3%	72%	

所选取鉴定项目及鉴定要素分解

鉴定项目类别	鉴定项目名称	国家职业标准规定比重(%)	鉴定要素名称	要素分解	配分	评分标准	考核难点说明
“D”	读图绘图	30	能看懂直驱风电、风力发电机、牵引电机、工矿、油田电机等复杂电机的装配图与分装图	能读懂YJ85A牵引电机总装的工作图	10	对应图纸准备正确的零配件，不符合要求扣3分/项	
				转子装配图			
			能绘制零部件的轴测图	能根据产品图纸了解零件的结构			
	装配工艺		能制定交、直流电机的嵌线、装配加工工序	能制定YJ85A电机总装配的加工工序	10	根据工艺要求准备相应的设备与工具，不符合要求扣5分/项	难点
			能制定复杂零件的加工工艺规程	能制定YJ85A电机转子装配加工工序	10	不符合要求扣5分/项	难点
				能制定轴承装配的加工工序			
“E”	装配加工	30	能对复杂装配的配件表面进行清理	定子装配止口及配合面毛刺、高点清理	5	止口及配合面有毛刺、高点扣除全部分数，其余部位毛刺、高点扣2分/项	
				传动端端盖止口及配合面毛刺、高点清理			
				非传动端端盖止口及配合面毛刺、高点清理			
			能对复杂配件的尺寸进行检查	定子装配传动端止口的尺寸测量	5	测量误差≤0.005，不符合要求不得分	难点
			能根据实际需要正确选择装配参数	压力表读数小于4 MPa	5	不符合要求扣2分/项	
				轴承内圈加热温度(100±5)℃			

续上表

鉴定项目类别	鉴定项目名称	国家职业标准规定比重(%)	鉴定要素名称	要素分解	配分	评分标准	考核难点说明
"E"	装配加工	30	能根据实际需要正确选择装配参数	对压装工装的表面油污清理	5	不符合要求扣2分/项	
				对压装工装的表毛刺进行清理			
				对压装工装的表面高点进行清理			
			能用热装、冷压或冷套等任意一种方法进行装配	轴承压装：轴承要轻拿轻放，放平；油缸升降匀速，不得有冲击	5	不符合要求扣2分/项	难点
				轴承内圈热套实际温度(100±5)℃			
				定转子装配，两端紧固，晃动吊弓，吊弓不允许卡死			
			能对装配后的精度进行检测	十字测量非传动端轴头端面距轴承内套E圈端面的距离，计算值与实测值之差小于0.03 mm	5	不符合要求扣1.5/项	难点
				转子各配件之间间隙小于0.02 mm			
				吊挂面与齿轮罩孔距离360.8±0.7			
	螺栓紧固	17	能正确判断螺纹的外观状态并对螺纹进行处理	检测螺纹的外观并对有磕碰伤的螺纹进行修复	2	不符合要求扣1分/项	
			能正确涂抹螺纹锁固剂等材料	涂抹量符合要求	1	不符合要求的不得分	
				涂抹位置符合要求			
			能正确紧固关键部位螺栓、螺母等紧固件	交替紧固	2	操作不符合要求的不得分	难点
				对称紧固			
			能对螺栓联接的松动进行分析并采取措施	垫圈、轴头扣片安装齐全	2	漏、错装的扣1分/项漏	难点
	焊接与绝缘处理		能正确处理焊接件的表面	焊接件表面去除氧化皮	2	不符合要求不得分	
				表面绝缘漆处理			
			能对焊接相关部位采取相应的防护措施	用棉毡将三相引线头防护	2	不符合要求不得分	
				用浸湿水的陶瓷纤维带防护定子引出线根部			
			能根据实际情况正确选择焊接参数	与TD30-180焊接参数一致	2	不符合要求不得分	难点
			能根据实际情况正确填加相应焊接材料	正确涂抹焊剂	2	不符合要求不得分	
				正确填加银焊料			
			能对焊接缺陷进行分析、处理	焊接部位无不紧密、气孔、错位、缺焊等焊接缺陷，可以进行修复	2	不符合要求不得分	难点

续上表

鉴定项目类别	鉴定项目名称	国家职业标准规定比重(%)	鉴定要素名称	要素分解	配分	评分标准	考核难点说明
“F”	装配精度检测及误差分析	15	能够根据图纸及工艺文件要求选用合适的量具	500 V兆欧表、百分表	3	不符合要求不得分	
			能正确使用量具	用500 V兆欧表测量转轴与机座间的绝缘电阻	3	测量值≥5 MΩ,超差的可以返工处理,不符合要求不得分	
				用百分表传动端外封环端面跳动量	3	测量值小于0.1 mm,超差的可以返工处理,不符合要求不得分	难点
				用百分表传动端轴承外盖端面跳动量	3	测量值小于0.1 mm,不符合要求不得分	难点
			能对常见的误差及缺陷采取工艺措施	可以返工处理	3	返工后合格给得分	难点
	培训与指导	8	指导初、中级工进行电机嵌线、浸渍、总装操作	带徒并能独立操作	4	带徒给分	
			对初、中级工进行电机嵌线、浸渍、总装理论培训	带徒并能独立操作	4	带徒给分	
质量、安全、工艺纪律、文明生产等综合考核项目				考核时限	不限	每超时10分钟,扣5分	
				工艺纪律	不限	依据企业有关工艺纪律管理规定执行,每违反一次扣10分	
				劳动保护	不限	依据企业有关劳动保护管理规定执行,每违反一次扣10分	
				文明生产	不限	依据企业有关文明生产管理规定执行,每违反一次扣10分	
				安全生产	不限	依据企业有关安全生产管理规定执行,每违反一次扣10分,有重大安全事故,取消成绩	